Mathematik 10

Unterrichtswerk für das G 8

Brigitte Distel
Rainer Feuerlein

Bayerischer Schulbuch Verlag · München

Inhalt

Die Kreiszahl π

Geometrische und funktionale Aspekte der Trigonometrie

Wahrscheinlichkeitsrechnung

Exponentielles Wachstum und Logarithmen

Ausbau der Funktionenlehre

Mit * gekennzeichnete Inhalte sind fakultativ.

Bildquellenverzeichnis

Seite 2.1: Jeff Yang/wikimedia commons, Seite 2.2: plainpicture/J. Powell, Seite 2.3: A1Pix/RES, Seite 2.4: Look-Foto/Rainer Martini – Seite 3: Jos Leys – Seite 5: Jeff Yang/wikimedia commons – Seite 10: akg-images – Seite 11: NAS/Calvin Larsen/Okapia – Seite 19: Brigitte Distel – Seite 22: picture alliance/dpa – Seite 23.1, 2, 3, 5, 6: Brigitte Distel, Seite 23.4: Fotolia/Focal point, Seite 23.7: Haag & Kropp GbR/artpartner-images.de – Seite 24.1a: Heiko Jegodtka, 24.1b: Fotolia/E. Schäfer; Seite 24.2 Ullstein Bild, Seite 24.3: Brigitte Distel – Seite 31: plainpicture/J. Powell – Seite 38: Ullstein Bild/Horstmüller – Seite 48: Brigitte Distel – Seite 61: Mauritius Images/age – Seite 62: Getty/Arnulf Husmo – Seite 65: A1Pix/RES – Seite 68: Caro/Aufschlager – Seite 77: A1Pix/BIS – Seite 79: Caro/Sorge – Seite 81: © Rosenthal AG, Germany – Seite 83: Look-Foto/Rainer Martini – Seite 84: Das Fotoarchiv/Torsten Krueger – Seite 87: Mauritius Images/Photo Researchers – Seite 88.1: Mauritius Images/Foodpix, Seite 88.2: NASA/wikimedia commons – Seite 89: Ullstein Bild/Granger Coll. – Seite 90: Hans Reinhard/Okapia – Seite 96: Avenue Images - Seite 97.1: Avenue Images/Index Stock/M. Burgess, Seite 97.2: Peter Widmann, Tutzing – Seite 99.1: Bildagentur online, Seite 100.2: Schapowalow/Huber – Seite 108: picture alliance/jazzarchiv – Seite 114: Blickwinkel/R. Bela – Seite 116: Archiv H. Holzhauser, Zürich – Seite 118: Fotolia/Y. Labbe – Seite 119: Jos Leys – Seite 127: Roland Birke/Okapia – Seite 137: Detlev Schilke/detschilke.de – Seite 138: Corbis/DLILLC – Seite 143: SV-Bilderdienst/Blanc Kunstverlag – Seite 158: argus/Frischmuth – Seite 115.1: bridgemanart.com, Seite 115.2: Fotolia/C. Dirizia.

Trotz entsprechender Bemühungen ist es nicht in allen Fällen gelungen, den Rechtsinhaber ausfindig zu machen. Gegen Nachweis der Rechte zahlt der Verlag für die Abdruckerlaubnis die gesetzlich geschuldete Vergütung.

Zur Arbeit mit diesem Buch

„Manche Menschen haben einen Gesichtskreis vom Radius Null und nennen ihn ihren Standpunkt."
David Hilbert (1862–1943)

Liebe Kollegin, lieber Kollege,

dieses Buch stellt abwechslungsreiches Material für eine stärkere Hinwendung zu eigenverantwortlichem und selbstständigem Lernen zur Verfügung.

- Am Anfang jedes Kapitels steht ein **Arbeitsblatt**. Es übernimmt häufig die Motivation für den folgenden Lehrstoff. Die Schüler sollen in **Einzel-, Partner-** oder **Gruppenarbeit** die mathematischen Zusammenhänge möglichst selbstständig finden. Das kann in der **Schule** oder **zu Hause** geschehen.
- Bei der methodischen Aufbereitung des Lehrstoffs haben wir uns um einen klaren, logisch konsequenten Aufbau bemüht, um die Mathematik nicht auf ein Rechnen von Aufgaben zu reduzieren. Die mit einem **Smiley gekennzeichneten Aufgaben**, auf die im Lehrtext hingewiesen wird, ermöglichen das selbstständige Entdecken von Teilergebnissen. Wenn Sie sich an unserem methodischen Vorgehen orientieren, sollten Sie diese Aufgaben in Ihren fragend-entwickelnden Unterricht integrieren.
- Die Anleitungen für den **Einsatz des Computers** in der Geometrie, beim Plotten von Funktionsgraphen und bei der Verwendung von Tabellenkalkulationen sind ausführlich gehalten. Die Aufgaben zur dynamischen Geometrie lassen sich notfalls auch ohne Computer bearbeiten.
- Die ersten der **an den Lehrtext anschließenden Aufgaben** orientieren sich an den Beispielen, die im Lehrtext zu finden sind. Dann wird der Schwierigkeitsgrad behutsam gesteigert. Die anschließenden, weiterführenden Aufgaben sollen die Schüler an problemlösendes Denken heranführen.

- Alle Aufgabenblöcke enden mit **Aufgaben zum Intensivieren**. Diese Aufgaben dienen zum Festigen des Gelernten, aber auch zum Weiterdenken. Zur **Selbstkontrolle** sind die **Ergebnisse** der Rechenaufgaben und Tipps zu den Denkaufgaben am **Ende des Buchs** angegeben.
- Das Aufgabenangebot ist umfangreich. Bitte wählen Sie für Ihren Unterricht geeignet aus.
- Auf den Seiten 166ff. finden Sie eine Zusammenstellung des **Grundwissens**. Jeder Schüler kann sich damit eine Grundwissenskartei anlegen, die er im Verlauf des Schuljahrs nach und nach ergänzt.
- Eine das Buch begleitende CD enthält weitere Aufgaben und Arbeitsblätter.

Viel Erfolg beim Arbeiten mit diesem Buch wünschen

Brigitte Distel und Rainer Feuerlein.

Die Kreiszahl π

Die Möndchen des Hippokrates

Im 5. Jahrhundert v. Chr. begannen griechische Mathematiker, sich mit der **Quadratur des Kreises** zu befassen. Darunter versteht man, zu einem Kreis ein flächengleiches Quadrat nur mit Zirkel und Lineal zu konstruieren. Dabei stieß HIPPOKRATES von Chios (nicht zu verwechseln mit Hippokrates von Kos, auf den der Eid der Mediziner zurückgeht) auf ein überraschendes Ergebnis.

Er untersuchte die Fläche von „Möndchen" über den Katheten eines rechtwinkligen Dreiecks. Die Möndchen werden von Halbkreisen über den Katheten a und b und einem Halbkreis über der Hypotenuse c begrenzt.

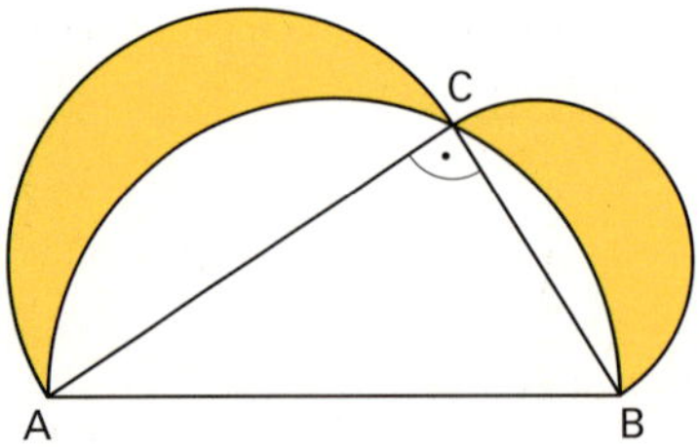

a) Wie lässt sich die Summe der Flächeninhalte der beiden Möndchen mithilfe der drei Halbkreisflächen und der Dreiecksfläche berechnen?
b) Ermittle den Flächeninhalt der beiden Möndchen in Abhängigkeit von a, b und c.
c) Vereinfache diesen Term. Welches überraschende Ergebnis erhältst du?

Dieses Resultat können wir auf elegante Weise auch ohne Rechnerei ermitteln.
Wir benötigen dazu eine Verallgemeinerung des Satzes von Pythagoras. Der Satz von Pythagoras lässt sich nämlich von Quadraten über den Katheten und der Hypotenuse des rechtwinkligen Dreiecks auf beliebige ähnliche Figuren über diesen Seiten erweitern. In der rechts dargestellten Zeichnung wurden die Quadrate durch Halbkreise ersetzt.

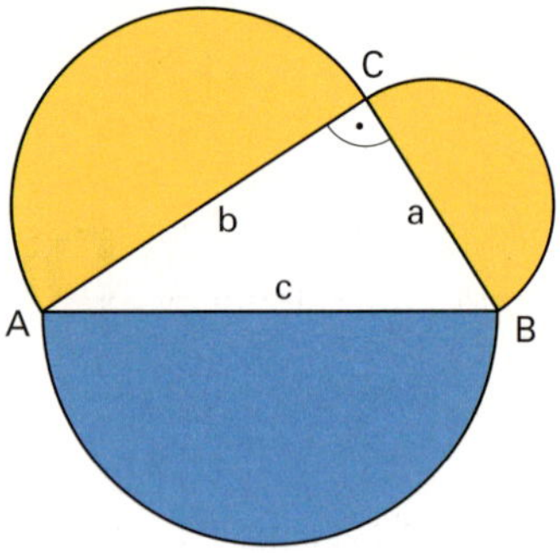

d) Was besagt die Verallgemeinerung des Satzes von Pythagoras für diese Halbkreisflächen?

Damit können wir die Fläche der gelben Möndchen nun ohne zu rechnen ermitteln:

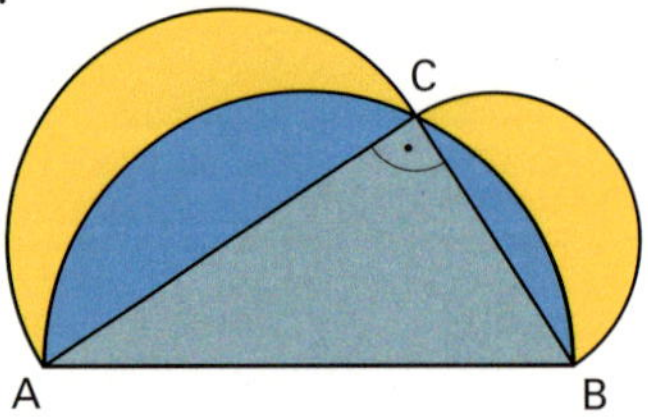

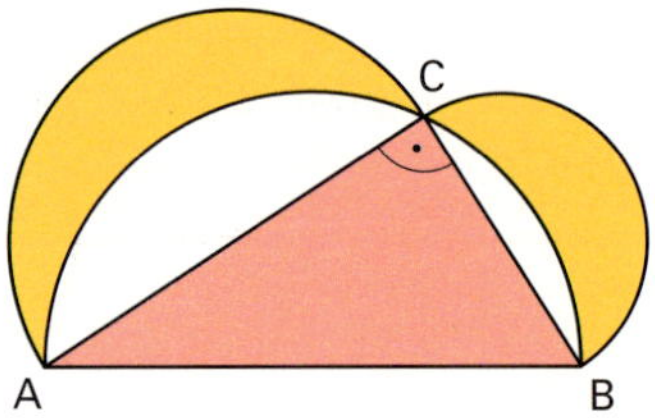

e) Beschreibe das abgebildete Verfahren in Worten. Wie groß ist der Flächeninhalt der beiden Möndchen?

1.1 Wie, o dies π

Umfang und Flächeninhalt des Kreises

Die Frage, wie man bei bekanntem Durchmesser eines Kreises den Umfang berechnen kann, beschäftigte Menschen für mehrere tausend Jahre. Alle Kreise sind zueinander ähnlich. In ähnlichen Figuren hat das Verhältnis der Längen gleich liegender Stücke den gleichen Wert. Deshalb ist bei allen Kreisen das Verhältnis „Umfang durch Durchmesser" die gleiche Zahl. Diese Zahl heißt Kreiszahl π. So erhalten wir die uns bereits bekannte Umfangsformel:

$$\frac{u}{d} = \pi \Rightarrow u = \pi \cdot d = 2 \cdot \pi \cdot r$$

Eine ähnliche Figur mit k-fachen Seitenlängen hat den k^2-fachen Flächeninhalt. Also ist der Flächeninhalt eines Kreises proportional zu r^2. Zum Ermitteln des Proportionalitätsfaktors zerlegten wir den Kreis in sehr viele Kreissektoren und bauten daraus näherungsweise ein Rechteck. Es ergab sich der Faktor π.

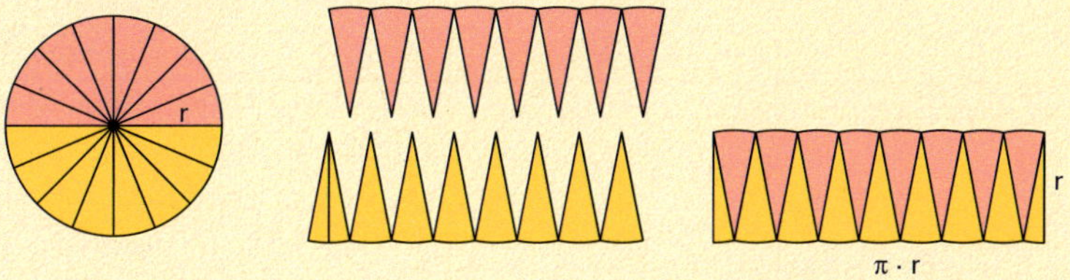

Der Kreis

Ein Kreis mit dem Radius r hat den Umfang $u_{Kreis} = 2\pi r$

und den Flächeninhalt $A_{Kreis} = \pi \cdot r^2$.

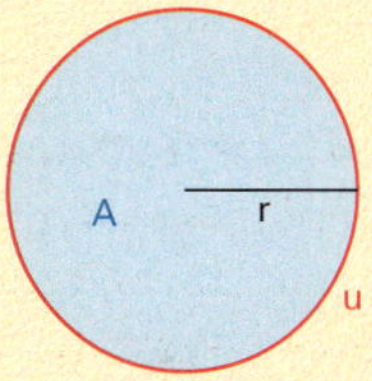

In der Bibel steht für die Kreiszahl der Näherungswert 3 (Aufgabe 4a). Wir benutzen bei unseren Rechnungen den genaueren Wert $\pi \approx 3{,}14$. Mit dem folgenden Vers kannst du dir sogar die ersten 23 Dezimalen von π merken. Die Anzahl der Buchstaben jedes Wortes liefert jeweils eine Ziffer:

„Wie, o dies π macht ernstlich so vielen viele Müh!
3 , 1 4 1 5 9 2 6 5 3
Lernt immerhin, Mägdelein, leichte Verselein,
5 8 9 7 9
wie so zum Beispiel dies dürfte zu merken sein!"
3 2 3 8 4 6 2 6 4

Ein Blick in die Geschichte der Kreiszahl π

Für das praktische Rechnen genügen häufig ein paar Dezimalen von π. Mathematiker beschäftigten sich genauer mit π und bewiesen immer wieder interessante Ergebnisse, die für die Entwicklung der Mathematik von großer Bedeutung waren.

Näherungswerte für π

$\pi \approx 3\frac{1}{8} = 3{,}125$	**Babylon**, um 2200 v. Chr. Häufig wurde anstatt $3\frac{1}{8}$ der Wert 3 benutzt, der auch in der Bibel steht.
$\pi \approx (\frac{16}{9})^2 = 3{,}1605\ldots$	**Ägypten**, um 2000 v. Chr. Der Wert wurde auf dem Papyrus Rhind überliefert (Aufgabe 4b).
$\pi \approx \sqrt{2} + \sqrt{3} = 3{,}1462\ldots$	**Platon** (427 bis 348 v. Chr.)
$3\frac{10}{71} < \pi < 3\frac{10}{70}$ $(3{,}1410\ldots < \pi < 3{,}1422\ldots)$	**Archimdes** von Syrakus (287 bis 212 v. Chr.) schloss den Kreis zwischen zwei regelmäßige 96-Ecke ein. Der so gewonnene Wert von $\pi \approx \frac{22}{7} \approx 3{,}14$ wird auch heute noch häufig verwendet.
$\pi \approx \frac{355}{113} = 3{,}14159292\ldots$	**Zu Chong-Zhi**, chinesischer Mathematiker (430 bis 501)

Stellenjagd

Es entwickelte sich ein Wettbewerb um möglichst viele Dezimalen von π:

12 Dezimalen	1427, **Al-Kasi**, arabischer Astronom
35 Dezimalen	1609, Ludolph van **Ceulen**, Fechtmeister
2 073 Dezimalen	1949, erste elektronische Großrechner
100 000 000 Dezimalen	1987
1 242 000 000 000 Dezimalen oder mehr	heute

Erkenntnisse über π

π ist eine **irrationale Zahl**. D. h.: π lässt sich nicht durch einen Bruch darstellen. π wird durch einen unendlichen, nicht periodischen Dezimalbruch beschrieben.	Beweis von Johann Heinrich **Lambert** im Jahr 1766
π ist eine **transzendente Zahl**. D. h.: π ist auch nicht mithilfe von Wurzeln aus rationalen Zahlen ausdrückbar. Dagegen ist z. B. $\sqrt{2}$ eine irrationale, aber keine transzendente Zahl.	Beweis von Ferdinand **Lindemann** im Jahr 1882

Die ersten 100 Dezimalen von π lauten:

$$\pi \approx 3{,}14159\ 26535\ 89793\ 23846\ 26433\ 83279\ 50288\ 41971\ 69399\ 37510$$
$$58209\ 74944\ 59230\ 78164\ 06286\ 20899\ 86280\ 34825\ 34211\ 70679\ldots$$

Das Verfahren des Archimedes*

Archimedes hat den Kreis systematisch durch ein- und umbeschriebene regelmäßige Vielecke angenähert. Er berechnete zunächst den Umfang des ein- und des umbeschriebenen Sechsecks. Dann verdoppelte er nach und nach die Anzahl der Ecken: Der Umfang der einbeschriebenen Vielecke nimmt zu, der der umbeschriebenen ab.

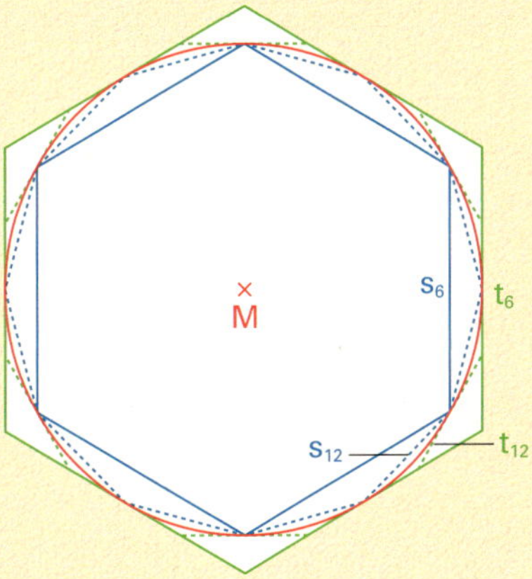

So konnte Archimedes den Kreisumfang und damit die Kreiszahl π immer genauer einschachteln. Dabei ging er sehr geschickt vor: Bei jeder Verdoppelung der Eckenzahl berechnete er den Umfang der neuen ein- und umbeschriebenen Vielecke mit den gleichen Rechenschritten mithilfe der Seitenlängen der alten Vielecke. Man nennt ein solches Rechenverfahren **rekursiv** (nach dem lat. *recurrere, auf etwas zurückgreifen*).

Um die dazu notwendigen Formeln abzuleiten, betrachten wir den Einheitskreis. Sein Umfang ist $u = 2\pi r = 2\pi$. Dem Kreis ist ein regelmäßiges n-Eck mit der Seitenlänge s_n einbeschrieben und eines mit der Seitenlänge t_n umbeschrieben. Wie kann man damit die Seiten s_{2n} bzw. t_{2n} des ein- bzw. umbeschriebenen 2n-Ecks berechnen?

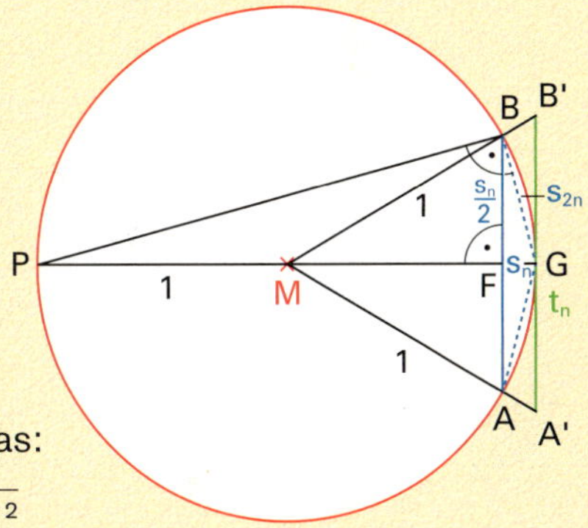

Aus der rechts abgebildeten Figur entnehmen wir:
Im rechtwinkligen Dreieck MFB gilt nach Pythagoras:

$$\overline{MF}^2 + \left(\frac{s_n}{2}\right)^2 = 1^2 \quad\Rightarrow\quad \overline{MF} = \sqrt{1 - \left(\frac{s_n}{2}\right)^2}$$

Im rechtwinkligen Dreieck PGB ist nach dem Kathetensatz das Quadrat der Kathete $\overline{GB} = s_{2n}$ gleich dem Produkt aus der Hypotenuse $\overline{PG}$ und dem anliegenden Hypotenusenabschnitt $\overline{FG}$:

$$s_{2n}^2 = \overline{PG} \cdot \overline{FG} = 2 \cdot (1 - \overline{MF}) = 2 \cdot \left(1 - \sqrt{1 - \left(\frac{s_n}{2}\right)^2}\right) = 2 - \sqrt{4 - s_n^2}$$

Also: $$s_{2n} = \sqrt{2 - \sqrt{4 - s_n^2}}$$

Mithilfe des Strahlensatzes erhalten wir die Seite t_n des umbeschriebenen n-Ecks:

$$\frac{t_n}{s_n} = \frac{\overline{MG}}{\overline{MF}} \quad\Rightarrow\quad t_n = \frac{1 \cdot s_n}{\sqrt{1 - \left(\frac{s_n}{2}\right)^2}} = \frac{2\,s_n}{\sqrt{4 - s_n^2}}$$

Für das 2n-Eck gilt entsprechend: $t_{2n} = \dfrac{2\,s_{2n}}{\sqrt{4 - s_{2n}^2}}$

Nun sind wir in der Lage, π systematisch einzuschachteln. Den Rechenaufwand übertragen wir einer Tabellenkalkulation und verwenden dabei die Rekursionsformeln für s_{2n} und t_{2n}. Wir beschreiben, wie Archimedes, dem Einheitskreis zunächst ein regelmäßiges Sechseck ein. Seine Seitenlänge ist $s_6 = 1$. Die Seitenlänge des umbeschriebenen Sechsecks ist

$$t_6 = \frac{2 \cdot 1}{\sqrt{4-1}} = \frac{2}{\sqrt{3}} \approx 1{,}1547$$

B3 | fx =WURZEL(2-WURZEL(4-B2*B2))

	A	B	C	D	E
1	n	s_n	t_n	u_n/2	w_n/2
2	6	1	1,15470054	3,00000000	3,46410162
3	12	0,51763809	0,53589838	3,10582854	3,21539031
4	24	0,26105238	0,26330500	3,13262861	3,15965994
5	48	0,13080626	0,13108693	3,13935020	3,14608622
6	96	0,06543817	0,06547322	3,14103195	3,14271460
7	192	0,03272346	0,03272784	3,14145247	3,14187305
8	384	0,01636228	0,01636283	3,14155761	3,14166275
9	768	0,00818121	0,00818128	3,14158389	3,14161018
10	1536	0,00409061	0,00409062	3,14159046	3,14159703

Der Umfang des einbeschriebenen n-Ecks ist $u_n = n \cdot s_n$, der des umbeschriebenen $w_n = n \cdot t_n$. Der halbe Umfang des ein- und des umbeschriebenen n-Ecks liefern ein Intervall, in dem der halbe Umfang des Einheitskreises, d. h. π, liegt.

Archimedes erhielt nach einer viermaligen Verdoppelung der Eckenzahl des 6-Ecks das 96-Eck und damit einen ausgezeichneten Näherungswert für π. Sein Verfahren bewährte sich. Ungefähr 1700 Jahre später verdoppelte Al-Kasi für seinen Näherungswert die Eckenzahl des 6-Ecks 27-mal, weitere 180 Jahre später Ludolph van Ceulen die Eckenzahl des Quadrats 60-mal.

__Archimedes von Syrakus__ (287 bis 212 v. Chr.) war der einfallsreichste Mathematiker, Physiker und Ingenieur der Antike. Er schätzte nicht nur die Kreiszahl π mit hervorragender Genauigkeit ab. Er leitete auch die Formel für die Berechnung des Volumens und der Oberfläche der Kugel ab. Wir verdanken ihm die Entdeckung des Hebelgesetzes und des Auftriebs in Flüssigkeiten. Er erfand den Flaschenzug. Als die Römer im Jahr 212 v. Chr. die Stadt Syrakus einnahmen, sah ihn ein Legionär, wie er mit einem Stab Kreise in den Sand zeichnete. In seine Überlegungen vertieft, soll er dem Soldaten zugerufen haben: „Störe meine Kreise nicht!" Daraufhin erschlug ihn der Legionär.

Die Quadratur des Kreises

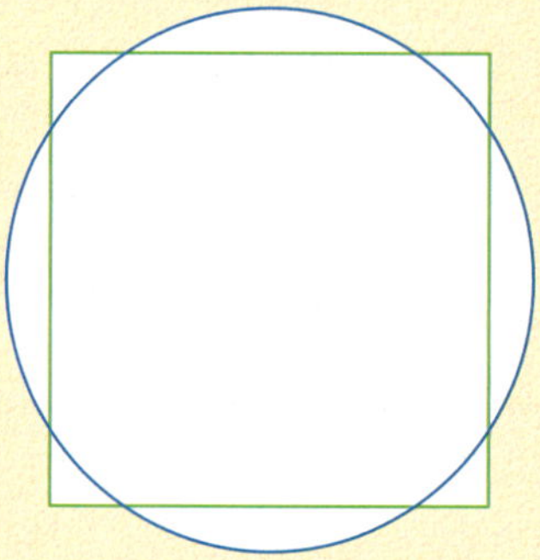

Die Quadratur des Kreises ist ein klassisches Problem der Geometrie. Die Aufgabe besteht darin, nur mit Zirkel und Lineal zu einem gegebenen Kreis ein flächengleiches Quadrat zu konstruieren. Seit dem 5. Jahrhundert v. Chr. beschäftigten sich die Mathematiker damit. Die Möndchen des Hippokrates haben den gleichen Flächeninhalt wie das zugehörige rechtwinklige Dreieck (Seite 6). Dieses Ergebnis nährte die Hoffnung, dass die Quadratur des Kreises doch gelingen könnte. Im Jahr 1882 bewies aber der deutsche Mathematiker Ferdinand von Lindemann, dass sich π nicht mithilfe von Wurzeln aus rationalen Zahlen ausdrücken lässt. Damit war gleichzeitig der Nachweis erbracht, dass die Quadratur des Kreises unlösbar ist.
Im täglichen Leben vergleicht man ein sehr schwer zu lösendes oder gar unlösbares Problem häufig mit der Quadratur des Kreises.

Aufgaben

1 Umfang und Flächeninhalt

a) Ein 100 m langes Seil wird als Kreis ausgelegt. Welchen Flächeninhalt hat der Kreis?

b) Welcher Flächeninhalt ergibt sich für ein 200 m langes Seil?

2 Der Barringer-Krater

Vor etwa 50 000 Jahren schlug in der Wüste von Arizona ein Meteorit ein. Es entstand ein Krater, der heute einen Durchmesser von 1,5 km und eine Tiefe von 170 m hat.

a) Welchen Umfang hat der Krater? Welche Fläche nimmt er ein?

b) Nach dem Einschlag betrug diese Fläche nur 1,2 km^2. Warum hat sie im Lauf der Zeit zugenommen? Um wie viel Prozent? Um wie viel Prozent hat sich der Durchmesser vergrößert?

3 Geostationärer Satellit

Dieser umkreist die Erde in einer Höhe von 36 000 km und scheint – von der Erde aus gesehen – stets über dem gleichen Ort am Äquator zu stehen. (Erdradius $r_E = 6370$ km)

a) Wie lang ist der Äquator? Wie viel mal so lang ist die Satellitenbahn?

b) Berechne die Geschwindigkeit des Satelliten in $\frac{km}{s}$.

4 Näherungen für π in der Bibel und im Papyrus Rhind

a) Das alte Testament beschreibt im Bericht über König Salomons Tempelbau ein Wasserbecken, das für die Waschungen der Priester gedacht war (1. Könige 7.23; 2. Chronik 4.2): „Dann machte er das Meer (Becken). Es wurde aus Bronze gegossen und maß 10 Ellen von einem Rand zum anderen; es war völlig rund und 5 Ellen hoch. Eine Schnur von 30 Ellen konnte es rings umspannen." Welcher Näherungswert für π steckt in diesem Bibeltext?

b) Der Schotte Alexander Henry Rhind kaufte 1858 in Luxor eine 5,5 m lange und 32 cm breite Schriftrolle. Sie wurde nach ihm *Papyrus Rhind* genannt. Sie ist die wichtigste Quelle für die Mathematik der Ägypter um 2000 v. Chr. Darauf findet man auch die Herleitung des ägyptischen Näherungswertes für π mithilfe der rechts wiedergegebenen Zeichnung. Ein Kreis vom Radius d wird durch ein Achteck angenähert.
Zeige: Der Flächeninhalt des Achtecks ist $\frac{63}{81}d^2$.
Die Ägypter gingen davon aus, dass die Kreisfläche etwas größer als die Achtecksfläche ist und nahmen dafür $\frac{64}{81}d^2$ an. Welchen Näherungswert für π verwendeten die Ägypter?

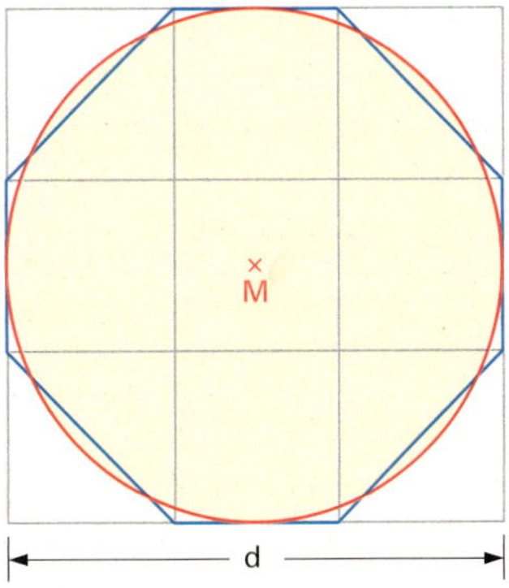

5 Das Verfahrens des Archimedes mit einem Quadrat beim Start*

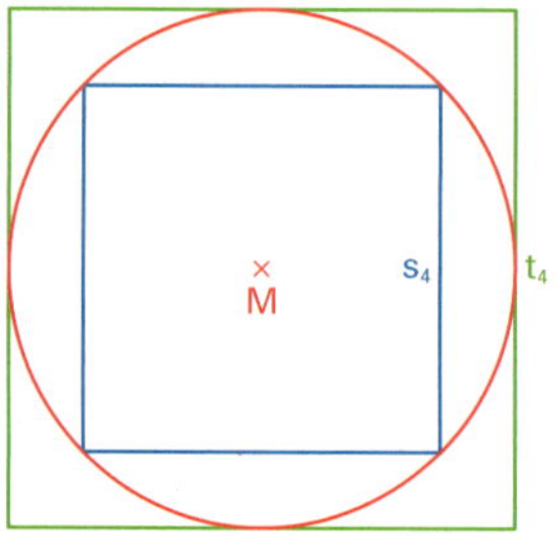

Der Einheitskreis soll zur Bestimmung eines Näherungswertes für π nach dem archimedischen Verfahren durch ein- und umbeschriebene n-Ecke angenähert werden. Benutze eine Tabellenkalkulation und starte mit einem Quadrat.

a) Gib die Seitenlänge s_4 des einbeschriebenen und die Seitenlänge t_4 des umbeschriebenen Quadrats an.

b) Übernimm die Rekursionsformeln für s_{2n} und t_{2n} aus dem Lehrtext. Verdopple die Eckenzahl des Quadrats 18-mal.

c) Mit welchem n-Eck endet dieses Verfahren? Gib π mit der erreichten Genauigkeit an.

6 Die Monte-Carlo-Methode: Durch Zufall erzeugte Näherungswerte für π*

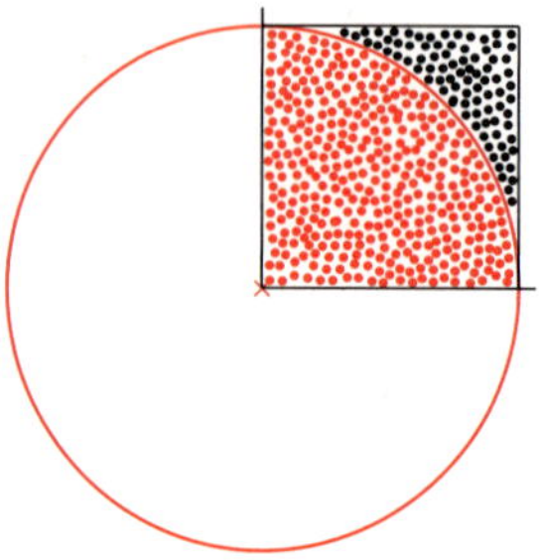

Wir betrachten ein Viertel eines Einheitskreises und ein diesem umbeschriebenes Quadrat. Mithilfe eines Computers lassen wir auf das Quadrat zufällig „Punkte regnen".

a) Zeige mithilfe der Flächeninhalte des Viertelkreises und des Quadrats: Die Wahrscheinlichkeit, dass ein Punkt in den Viertelkreis regnet, ist $\frac{1}{4}\pi$.

Wir lassen sehr viele Punkte auf das Quadrat regnen, bestimmen deren Gesamtzahl q und davon die Anzahl k der Punkte, die im Viertelkreis liegen.

b) Warum ist das Verhältnis k/q ein Näherungswert für $\frac{1}{4}\pi$?

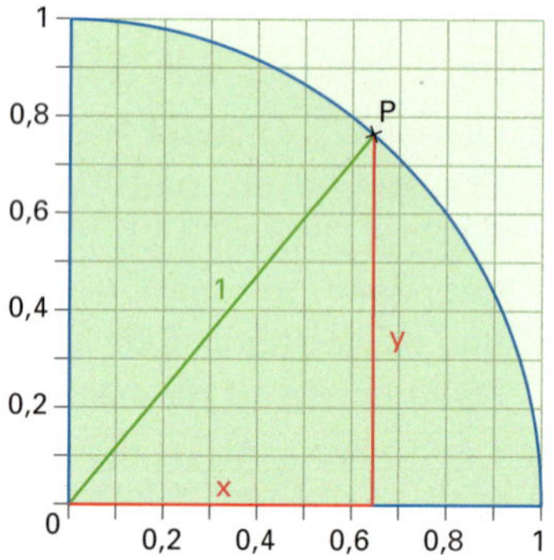

Nun zur Durchführung: Mit einem Computer erzeugen wir Paare von Zufallszahlen zwischen 0 und 1 und deuten sie als Koordinaten von Punkten, die innerhalb des Quadrats liegen.
Durch Eingabe des Befehls „=ZUFALLSZAHL()" in die Zellen A2 und B2 erhalten wir beispielsweise den Punkt Q(0,35224968|0,54293259), der sogar innerhalb des Viertelkreises liegt.

Wir wollen die Punkte innerhalb des Viertelkreises zählen. Für Punkte auf dem Viertelkreis gilt nach Pythagoras $x^2 + y^2 = 1$ bzw. $y = \sqrt{1 - x^2}$. Für Punkte innerhalb des Viertelkreises ist somit $y < \sqrt{1 - x^2}$. Durch die Abfrage „=WENN(B2 <=D2;1;0)" im Feld E2 erhalten wir deshalb die

E2 =WENN(B2<=D2;1;0)

	A	B	C	D	E
1	x	y		Wurzel(1-x^2)	
2	0,35224962	0,54293259		0,935906086	1
3	0,83838647	0,65488515		0,54507625	0
4	0,30478534	0,004897		0,952421071	1
5	0,85924654	0,50816087		0,511561713	1
6	0,98429017	0,87157855		0,176558399	0
7	0,13626101	0,9250509		0,990672972	1
8	0,33779539	0,43072258		0,941219566	1
9	0,83063595	0,69988996		0,556815873	0
10	0,51259403	0,88700756		0,858631098	0
11	0,78142237	0,39726811		0,624002469	1

Zahl 1, falls der Punkt im oder auf dem Viertelkreis liegt, andernfalls die Zahl 0.

c) Erzeuge mithilfe einer Tabellenkalkulation eine Tabelle nach dem abgebildeten Vorbild.

d) Berechne mithilfe der Befehle „=SUMME(E2:E11)“ und „=ANZAHL(E2:E11)“ das Verhältnis $\frac{k}{q} = \frac{\text{Anzahl der Punkte im Viertelkreis}}{\text{Gesamtzahl der Punkte im Quadrat}}$

e) Erhöhe die Gesamtzahl der Punkte auf 100, 500 bzw. 1000 und notiere jeweils das Verhältnis k/q. Gib jeweils den zugehörigen Näherungswert für π an.

7 Dürers Näherungskonstruktion zur Quadratur des Kreises

Die jahrhundertelangen Bemühungen um die Quadratur des Kreises haben zu interessanten Konstruktionen geführt, die das Problem annähernd lösen. Rechts ist Albrecht Dürers Vorschlag von 1525 zu sehen. Die nummerierten Strecken sind gleich lang.

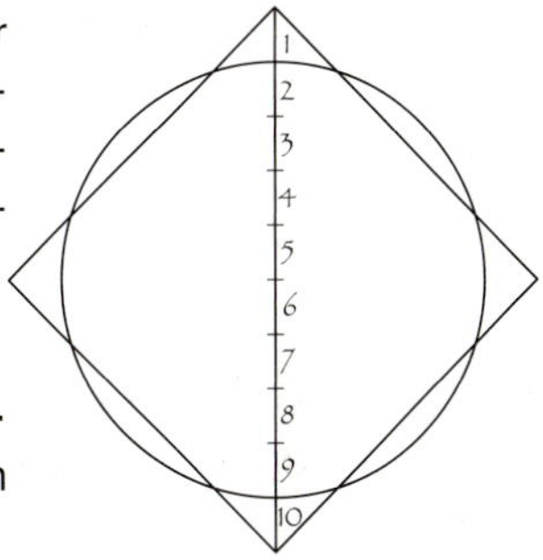

a) Beschreibe Dürers Verfahren.

b) Führe Dürers Konstruktion nur mit Zirkel und Lineal aus.

c) Welcher Näherungswert für π liegt Dürers Konstruktion zugrunde?

8 Aus Eins mach Zwei

Ein Vieleck mit dem Umfang 91 cm wird durch eine Diagonale in zwei Vielecke zerlegt. Das eine hat den Umfang 51 cm, das andere den Umfang 60 cm. Wie lang ist die Diagonale?

9 Wellblech

Ein 176 cm langes Blech wird zu einem Wellblech geformt, das aus aneinandergesetzten Halbkreisen besteht. Wie lang ist das Wellblech, wenn der Radius der Halbkreise

a) 4 cm b) 2 cm c) 1 cm d) 0,5 cm ist?

10 Das Tischtuch zerschneiden?

Antonia kauft für einen runden Couchtisch mit dem Durchmesser 1 m ein quadratisches Tischtuch der Seitenlänge 1,5 m. Werden die Ecken des Tischtuchs bis zum Boden reichen?

11 Yin und Yang

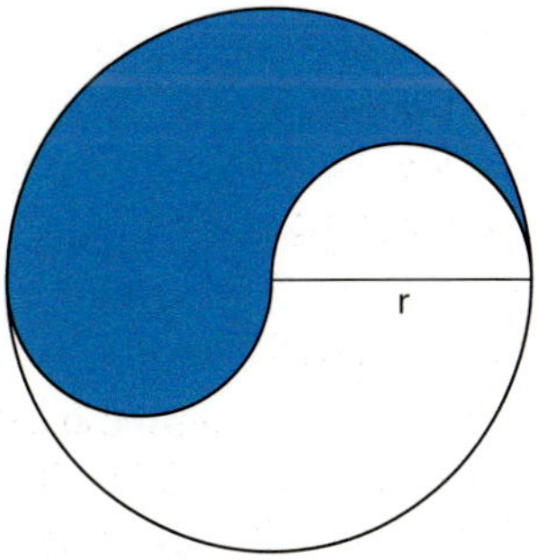

a) Berechne Umfang und Flächeninhalt von Yin und Yang in Abhängigkeit von r.

b) Kannst du eine den Kreis halbierende Gerade finden, die gleichzeitig auch Yin und Yang halbiert?

Zum Intensivieren

12 Die „Subtraktionskatastrophe“ beim Verfahren des Archimedes*

Wir haben den hohen Rechenaufwand des archimedischen Verfahrens an einen Computer übertragen. Weil er intern mit einer bestimmten Stellenzahl rechnet und rundet, kann er π nicht mit beliebiger Genauigkeit berechnen.

a) Führe das Verfahren mit einer Tabellenkalkulation aus: Verwende die im Lehrtext entwickelten Rekursionsformeln für s_{2n} und t_{2n}. Starte mit dem 6-Eck. Erhöhe die Anzahl der Verdoppelungen und beobachte, wie sich die Näherungswerte für π entwickeln. Beschreibe deine Beobachtung.

b) Die Rekursionsformel für s_{2n} lässt sich wie folgt trickreich umformen:

$$s_{2n} = \sqrt{2 - 2\sqrt{1 - \left(\frac{s_n}{2}\right)^2}} = \sqrt{1 + \frac{s_n}{2} - 2\sqrt{1 + \frac{s_n}{2}} \cdot \sqrt{1 - \frac{s_n}{2}} + 1 - \frac{s_n}{2}}$$

$$= \sqrt{1 + \frac{s_n}{2}} - \sqrt{1 - \frac{s_n}{2}}$$

Erläutere die einzelnen Schritte der Umformung.

c) Führe nun die Tabellenkalkulation mit der Rekursionsformel von b) aus. Welchen Unterschied zum Fall a) stellst du fest?

d) Versuche anhand der beiden Rekursionsformeln für s_{2n} zu erklären, warum die Verschlechterung der Näherungswerte für π, die sogenannte „Subtraktionskatastrophe“, nicht in beiden Fällen mit dem gleichen n-Eck beginnt.

13 Getriebe

Zwei Zahnräder greifen ineinander. Das eine hat eine viermal so große Fläche wie das andere. Wie viele Umdrehungen macht das kleine Rad, wenn sich das große einmal dreht?

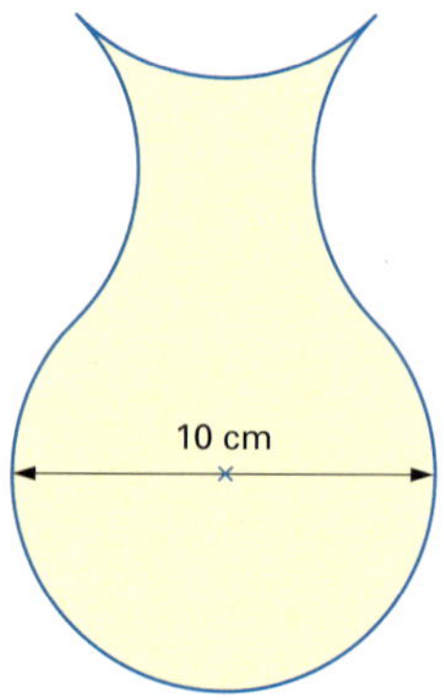

14 Knifflig: Quadratur der Vase

Der untere Teil der „Vase“ wird von einem Dreiviertelkreis mit Durchmesser 10 cm begrenzt, der obere Teil von drei Viertelkreisen mit dem gleichen Durchmesser. Die Vase hat den gleichen Flächeninhalt wie ein Quadrat der Seitenlänge 10 cm. Übertrage die Zeichnung in dein Heft und ergänze sie so, dass man die Flächengleichheit erkennt.

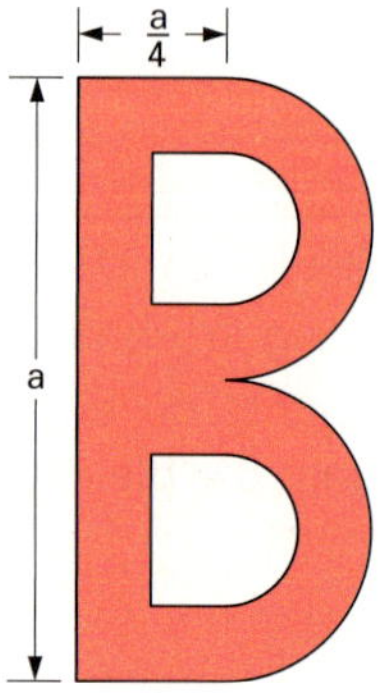

15 Grundwissen: Buchstaben-Zauber

Rechts ist ein B zu sehen. Für die Konstruktion dieser Figur sollst du weißes Papier (ohne Kästchen) benutzen.

a) Gib dir eine beliebige Strecke vor und bezeichne ihre Länge mit a. **Konstruiere** anschließend den Buchstaben B nach den Angaben der Zeichnung.

b) Stelle einen Term $A_B(a)$ für den Flächeninhalt des B in Abhängigkeit von a auf. Vereinfache diesen Term soweit wie möglich.

1.2 Von Kreisbögen begrenzte Figuren

Der Kreissektor

Wir haben bisher die Bogenlänge b und den Flächeninhalt A nur von einfachen Kreisteilen berechnet, z. B. von Halbkreisen (Seite 6).

$$b_{Halbkreis} = \frac{1}{2} \cdot 2 \cdot \pi \cdot r = \pi \cdot r \quad \text{bzw.} \quad A_{Halbkreis} = \frac{1}{2} \pi \cdot r^2.$$

Dies können wir auf beliebige **Kreissektoren** (Kreisausschnitte) verallgemeinern. Der **Mittelpunktswinkel** μ und die **Bogenlänge** b bzw. der Mittelpunktswinkel μ und die Sektorfläche sind zueinander direkt proportional: Zum Mittelpunktswinkel 1° gehört der 360-ste Teil der Bogenlänge bzw. der Fläche des Vollkreises. Zum Mittelpunktswinkel μ gehört das μ-fache davon.

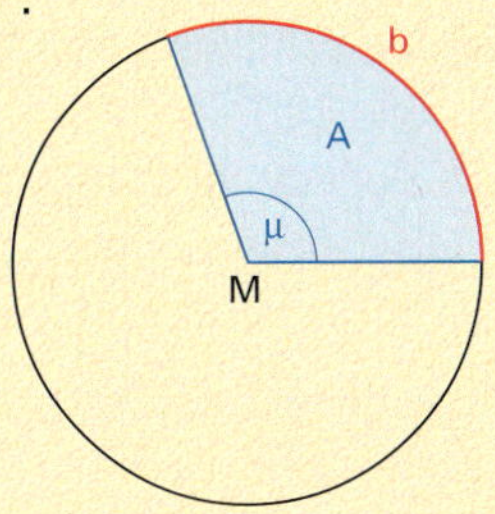

Ein **Kreissektor** mit Radius r und Mittelpunktswinkel μ hat

die Bogenlänge $b_{Sektor} = \frac{\mu}{360°} \cdot 2\pi \cdot r$ und

den Flächeninhalt $A_{Sektor} = \frac{\mu}{360°} \cdot \pi \cdot r^2$.

Aufgaben

1 **Quadratteile**

Bestimme Umfang und Inhalt der farbigen Figuren in Abhängigkeit von der Seitenlänge a der Quadrate.

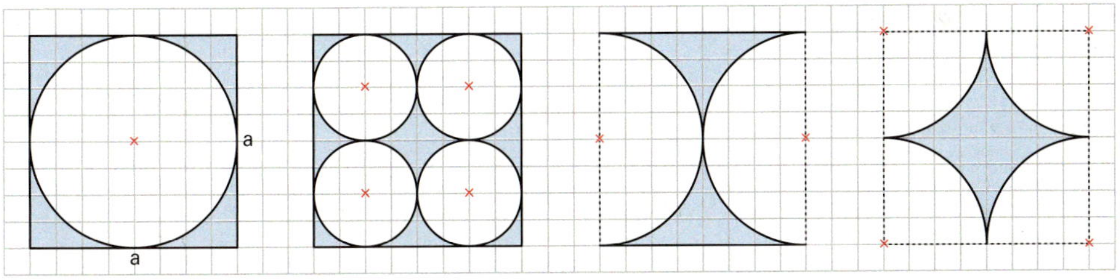

2 **Kreisteile**

Bestimme Umfang und Inhalt der farbigen Figuren in Abhängigkeit von a.

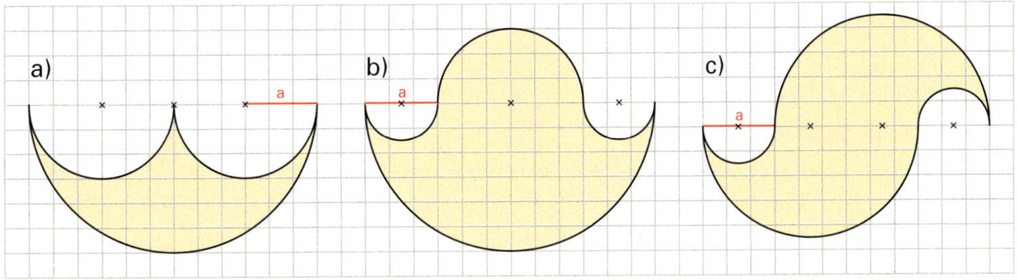

3 Lippe

Rechts ist eine „Lippe" abgebildet, die einem Quadrat mit der Seitenlänge a einbeschrieben ist.

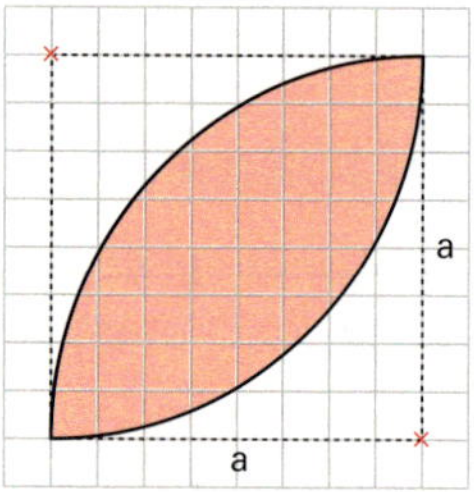

a) Bestimme den Umfang u der Lippe in Abhängigkeit von a.

Ermittle den Flächeninhalt A der Lippe in Abhängigkeit von a auf zwei Arten:

b) Subtrahiere vom Flächeninhalt des Quadrats die Inhalte zweier Flächen.

c) Zerlege die Lippe durch eine Diagonale des Quadrats in Unter- und Oberlippe. Berechne den Flächeninhalt einer halben Lippe, indem du vom Inhalt eines Viertelkreises den Inhalt einer Dreiecksfläche subtrahierst.

4 Lippen und Blüten

Ermittle Umfang und Inhalt der farbigen Figuren in Abhängigkeit von der Seitenlänge a des Quadrats bzw. des gleichseitigen Dreiecks.

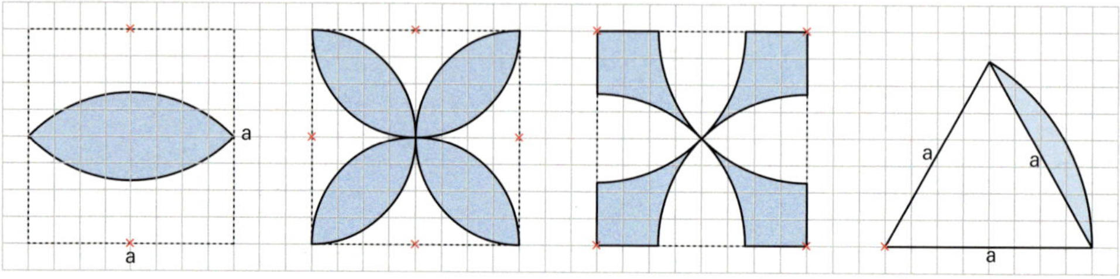

5 Fläche im Dreieck

Berechne Umfang und Inhalt der gefärbten Fläche in Abhängigkeit von der Seitenlänge a des gleichseitigen Dreiecks.

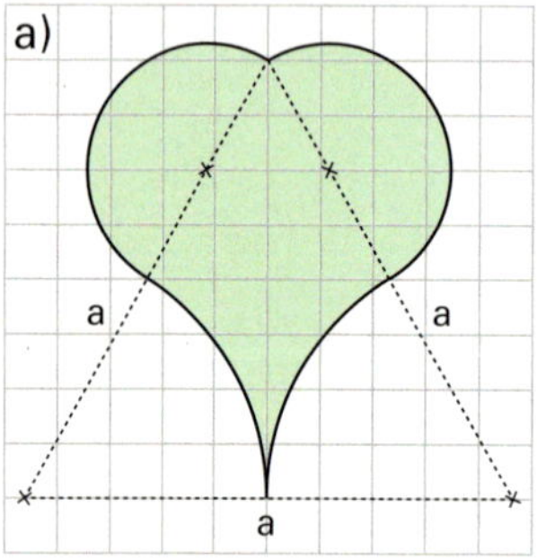

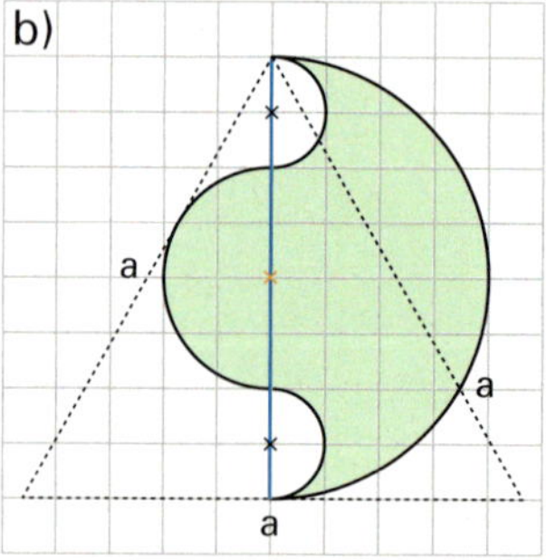

6 Möndchen des Hippokrates

Hippokrates von Chios (um 450 v. Chr.) zeigte, dass der Flächeninhalt der Möndchen gleich dem Flächeninhalt des zugehörigen rechtwinkligen Dreiecks ist (Seite 6). Er untersuchte auch die auf der nächsten Seite oben abgebildeten Figuren. Berechne jeweils die Flächeninhalte der Möndchen und deute das Ergebnis.

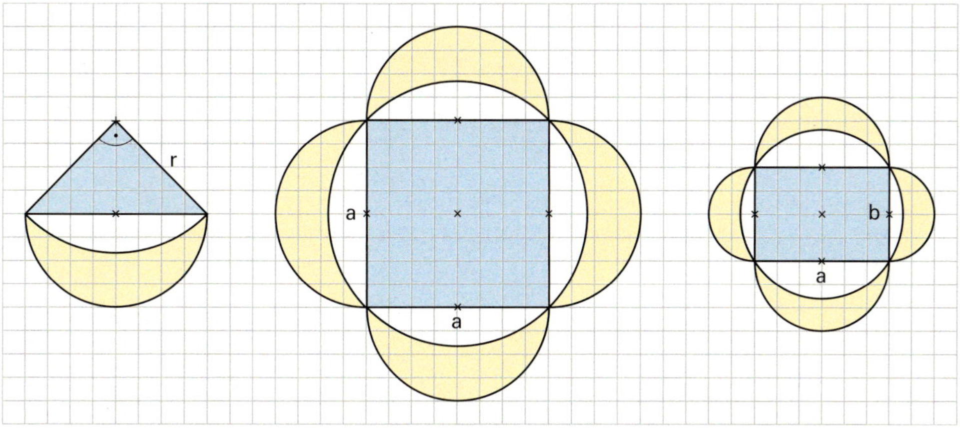

7 Sichel des Archimedes

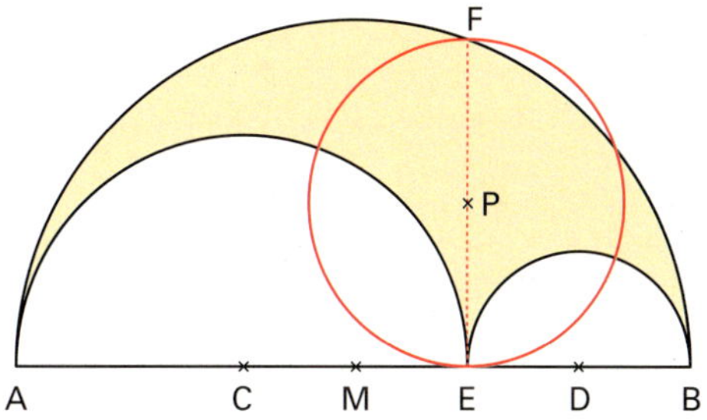

Die gelbe Fläche bezeichnet man als „Sichel des Archimedes".

a) Zeichne die Sichel mit den Radien $r = \overline{MA} = 3$ cm, $r_1 = \overline{CA} = 2$ cm und $r_2 = \overline{DB} = 1$ cm und berechne ihren Flächeninhalt. Zeichne auch den roten Kreis ein und berechne seinen Flächeninhalt. Berechne dazu seinen Radius $\overline{PF}$ über den Höhensatz im rechtwinkligen Dreieck ABF. Fällt dir etwas auf?

b) Verallgemeinere deine Rechnung von Aufgabe a), indem du mit r und r_1 rechnest. Zeige so, dass dein Ergebnis von a) unabhängig von der Lage des Punktes E ist.

8 Quadrat im Sektor

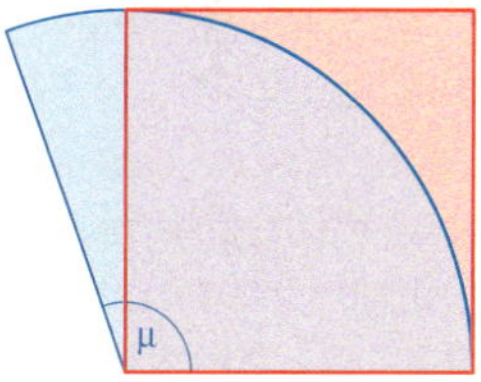

Wie groß muss der Mittelpunktswinkel μ des Kreissektors sein, damit der Sektor denselben Inhalt hat wie das Quadrat?

9 Kreisring-Teil

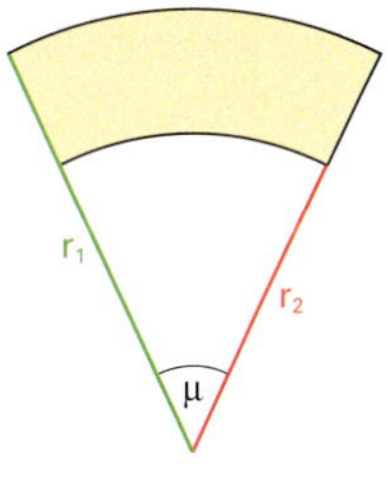

In der Abbildung gilt $r_1 = 15$ cm und $r_2 = 10$ cm.

a) Bestimme Umfang und Flächeninhalt der farbigen Fläche für $\mu = 72°$.

b) Für welchen Mittelpunktswinkel ist die farbige Fläche $314\ cm^2$ groß?

10 Scheibenwischer

Der Scheibenwischer eines Autos ist mit Wischblatt 80 cm lang, das Wischblatt allein 55 cm. Der Wischer überstreicht einen Winkel von 110°.

a) Wie groß ist der Inhalt der gewischten Fläche?

b) Wie lang sind die Bögen, welche die Enden des Wischers beschreiben?

Zum Intensivieren

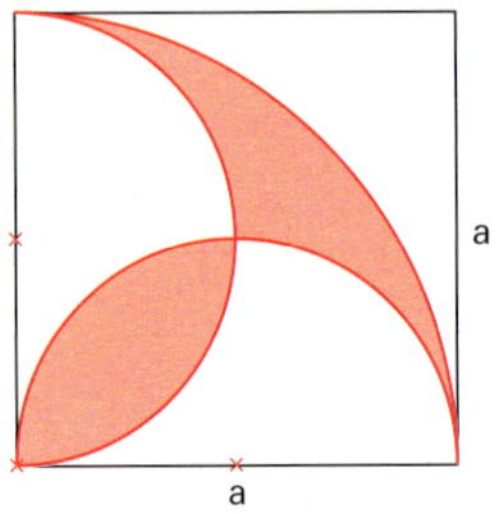

11 Umgestürzter Pilz

Einem Quadrat mit der Seitenlänge a ist eine „pilzförmige" Figur einbeschrieben.

a) Bestimme den Umfang des Pilzes in Abhängigkeit von a.

b) Zeige: Der Stiel und die Kappe haben den gleichen Flächeninhalt.

12 Ein wichtiges Hilfsmittel der Geometrie: der Umfangswinkelsatz

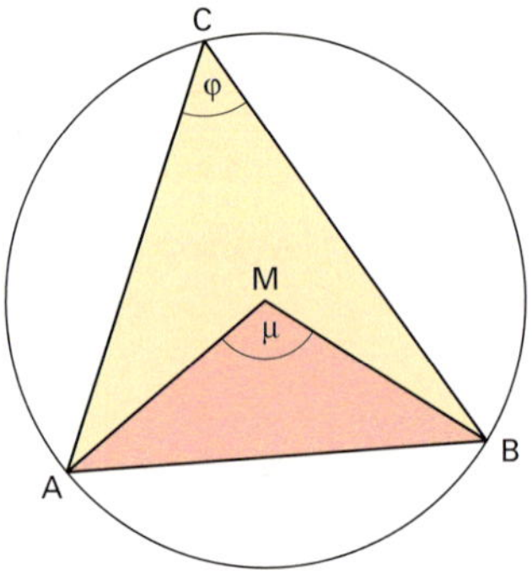

Zeichne mit GeoGebra einen beliebigen Kreis mit Mittelpunkt M durch den Punkt A . Zeichne eine beliebige Sehne [AB] des Kreises ein. Definiere C als weiteren Punkt auf der Kreislinie  und verbinde C mit A und B.

a) Lass dir die Größe des **Umfangswinkels** φ anzeigen 

. Beobachte diese, wenn du C im Zugmodus auf der Kreislinie wandern lässt. Was stellst du fest? Führe das Gleiche auch mit einer anderen Sehne durch, indem du B veränderst.

b) Lass dir auch den zur Sehne [AB] gehörigen Mittelpunktswinkel μ anzeigen und vergleiche ihn mit dem Umfangswinkel φ. Formuliere deine Beobachtung in einem Satz.

c) Beweise deinen Satz aus Aufgabe b): Betrachte dazu die Dreiecke ABM, BCM und CAM. Warum sind diese gleichschenklig? Summiere alle 6 Basiswinkel auf und drücke sie durch μ und φ aus.

d) Untersuche den Zusammenhang zwischen φ und dem Umfangswinkel ψ, dessen Scheitel D auf dem Kreisbogen auf der anderen Seite der Sehne [AB] liegt.

13 Eine Aufgabe aus dem Bundeswettbewerb Mathematik 2007

Auf den Seiten [AC] und [BC] eines Dreiecks ABC liegen die Punkte E und F so, dass die Strecken [AE] und [BF] gleich lang sind und sich die Kreise durch A, C und F bzw. durch B, C und E außer in C in einem weiteren Punkt D schneiden. Beweise, dass die Gerade CD den Winkel ACB halbiert.

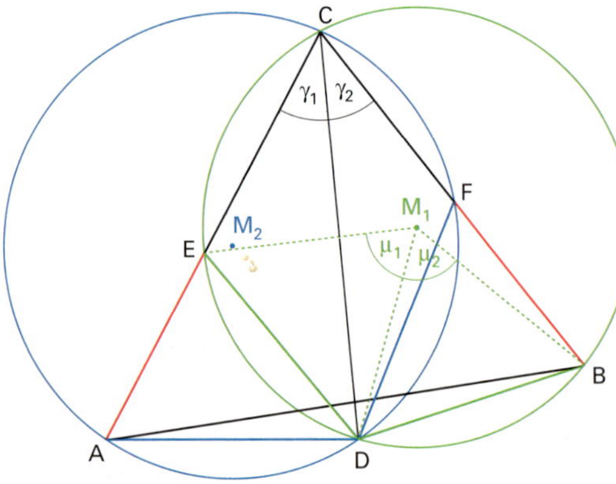

a) Überprüfe diese Behauptung mithilfe von GeoGebra.

b) Begründe, warum die Dreiecke ADE und DBF kongruent sind.

c) Wie kann man aus der Kongruenz der Dreiecke die Gleichheit $\mu_1 = \mu_2$ folgern?

d) Wie folgt daraus die Behauptung?

Das Volumen der Kugel

Ein ähnlicher Körper mit k-fachen Kantenlängen hat die k^2-fache Oberfläche und das k^3-fache Volumen. Kugeln lassen sich beliebig genau durch Polyeder annähern. Deshalb gilt die Aussage auch für Kugeln.
Alle Kugeln sind zueinander ähnlich. Also ist das Volumen der Kugel proportional zur dritten Potenz des Radius. Außerdem wird die Kreiszahl π eine Rolle spielen. Wir setzen deshalb an: $V_{Kugel} = k \cdot \pi \cdot r^3$

Experimentelle Bestimmung des Faktors k

Lies Radius und Volumen des Gummiballs ab. Bestimme mit diesen Werten die Konstante k in der Formel

$$V_{Kugel} = k \cdot \pi \cdot r^3.$$

Abschätzung des Faktors k durch Kegel und Zylinder

Wir wollen das Volumen einer Halbkugel mithilfe eines Kegels und eines Zylinders mit dem gleichen Grundkreisradius r und der Höhe r abschätzen:

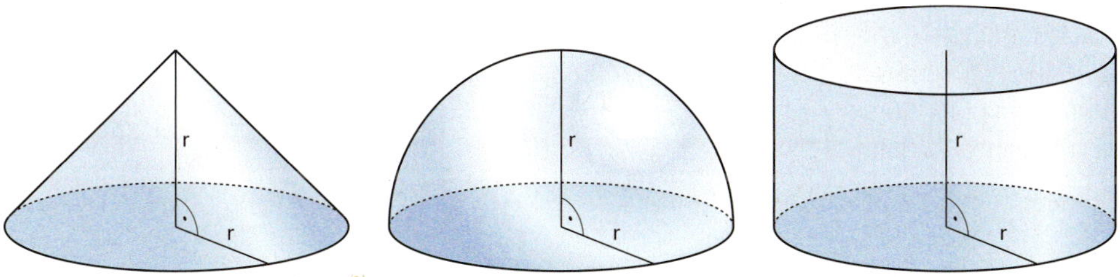

Der Kegel kann der Halbkugel einbeschrieben und der Zylinder der Halbkugel umbeschrieben werden. Deshalb ist $V_{Kegel} < V_{Halbkugel} < V_{Zylinder}$.

a) Gib das Volumen V_{Kegel} des Kegels und das Volumen $V_{Zylinder}$ des Zylinders an. Schätze das Volumen der Halbkugel als Mittelwert der beiden ab.

b) Wie lautet vermutlich die Formel für das Kugelvolumen?

2.1 Volumen und Oberfläche der Kugel

Volumen der Kugel

Da alle Kugeln ähnlich zueinander sind, haben wir für das Kugelvolumen $V_{Kugel} = k \cdot \pi \cdot r^3$ angesetzt (Seite 19). Dann schätzten wir auf zwei Arten ab, dass $k \approx \frac{4}{3}$ ist. Ist $\frac{4}{3}$ der exakte Wert?

Wir betrachten dazu wieder eine Halbkugel mit dem Radius r. Das geschätzte Volumen $V_{Halbkugel} = \frac{2}{3} \cdot \pi \cdot r^3$ ergab sich als Mittelwert des Volumens des umbeschriebenen Zylinders und des Volumens des einbeschriebenen Kegels.

$\frac{2}{3} \cdot \pi \cdot r^3$ ist aber auch die Differenz der Volumina dieser beiden Körper. Das bringt uns auf die Idee, die Halbkugel mit diesem „Differenzkörper" zu vergleichen:

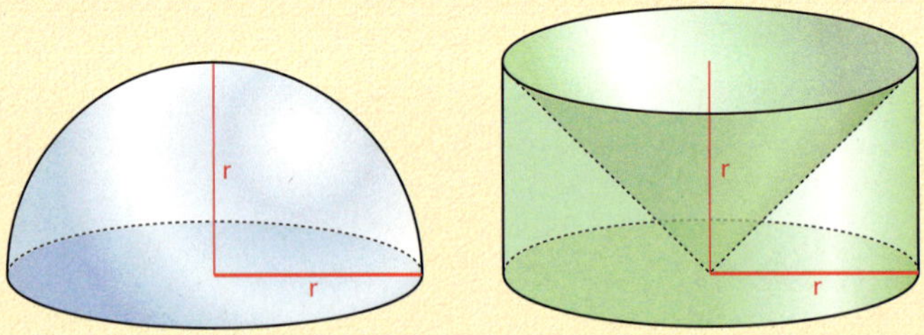

Wir schneiden beide Körper in dünne, zur Grundfläche parallele Scheiben. Nun betrachten wir in beiden Körpern die Scheibe in der Höhe x:

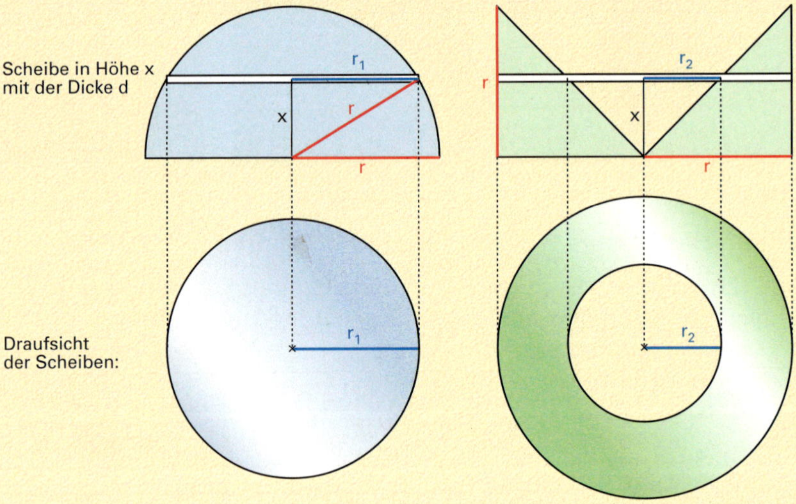

Für die Volumina der beiden Scheiben erhalten wir:

$$V_1 = \pi \cdot r_1^2 \cdot d \qquad \text{bzw.} \qquad V_2 = \pi \cdot (r^2 - r_2^2) \cdot d$$

Nach dem Satz des Pythagoras gilt $r_1^2 = r^2 - x^2$. Außerdem ist $r_2 = x$, weil r_2 und x Katheten eines gleichschenklig-rechtwinkligen Dreiecks sind. Damit folgt:

$$V_1 = \pi \cdot (r^2 - x^2) \cdot d \qquad \text{bzw.} \qquad V_2 = \pi \cdot (r^2 - x^2) \cdot d$$

Auf jeder beliebigen Höhe x haben die beiden Scheiben das gleiche Volumen. Zerlegen wir beide Körper in zylinderförmige Scheiben und lassen die Scheiben dünner und dünner werden, nähern sich die Scheibenköper beliebig genau den beiden Körpern an (Aufgabe 1). Somit haben auch die beiden Körper das gleiche Volumen:

$V_{Halbkugel} = V_{Differenzkörper} = V_{Zylinder} - V_{Kegel} = \pi \cdot r^3 - \frac{1}{3}\pi \cdot r^3 = \frac{2}{3}\pi \cdot r^3$.

Also: $V_{Kugel} = \frac{4}{3}\pi \cdot r^3$

Oberfläche der Kugel

Alle gekrümmten Flächen, die wir bisher kennengelernt haben, konnten in die Ebene abgewickelt werden. Damit haben wir z. B. die Formeln für die Oberfläche des Kegels und des Zylinders hergeleitet. Das ist bei der Kugeloberfläche nicht möglich. Nur wenn wir sie in sehr kleine Stücke zerschneiden, können wir diese näherungsweise als eben annehmen.
Da alle Kugeln zueinander ähnlich sind, ist ihre Oberfläche proportional zu r^2. Außerdem wird die Kreiszahl π eine Rolle spielen.

Wir setzen an: $O_{Kugel} = k \cdot \pi \cdot r^2$.

Das Zerlegen einer Orangenschale führt uns auf die Vermutung $k = 4$ (Aufgabe 7).
Für die Herleitung der Formel nähern wir die Kugeloberfläche durch kleine umbeschriebene Vielecke an (Aufgabe 8). Verbinden wir die Ecken der Vielecke geradlinig mit dem Kugelmittelpunkt, so erhalten wir Pyramiden mit den Grundflächen $G_1, \ldots, G_n$ und der Höhe r.

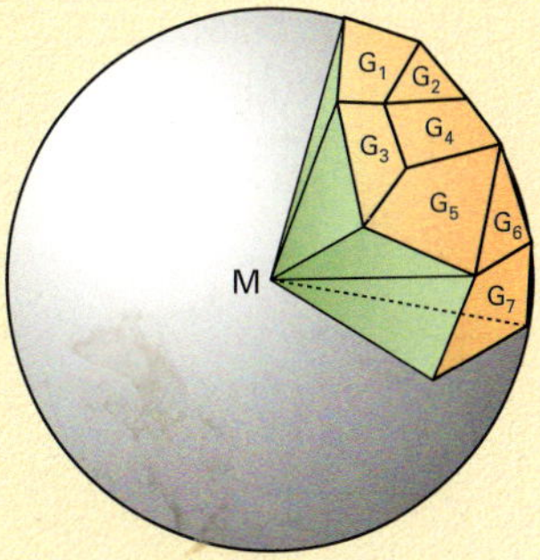

Für das Gesamtvolumen der Pyramiden ergibt sich somit: $V_{Pyramiden} = \frac{1}{3}(G_1 + G_2 + \ldots + G_n) \cdot r$

Je kleiner wir die Vielecksflächen wählen, desto besser nähern sich die Pyramiden der Kugel an. Dabei nähert sich die Summe der Vielecksflächen immer genauer der Kugeloberfläche und das Volumen $V_{Pyramiden}$ immer genauer dem Kugelvolumen:

$$\begin{aligned} V_{Pyramiden} &= \tfrac{1}{3} \cdot \underset{\downarrow}{(G_1 + G_2 + \ldots + G_n)} \cdot r \\ \downarrow \quad & \\ V_{Kugel} &= \tfrac{1}{3} \cdot O_{Kugel} \cdot r \\ \tfrac{4}{3}\pi \cdot r^3 &= \tfrac{1}{3} \cdot O_{Kugel} \cdot r \end{aligned}$$

Lösen wir diese Gleichung nach O_{Kugel} auf, erhalten wir: $O_{Kugel} = 4\pi \cdot r^2$

Die Kugel

Eine Kugel mit dem Radius r hat das Volumen $V_{Kugel} = \frac{4}{3}\pi \cdot r^3$.

Ihre Oberfläche lässt sich nicht in die Ebene abwickeln.

Der Flächeninhalt der Kugeloberfläche beträgt $O_{Kugel} = 4\pi \cdot r^2$.

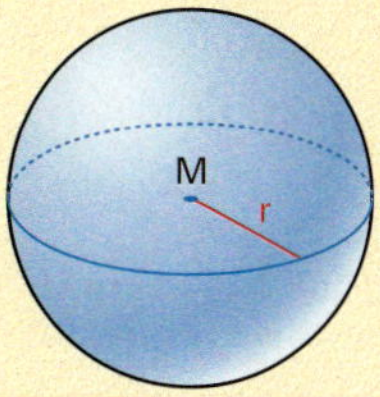

Aufgaben

1 **In Scheiben geschnitten**
Beschreibe, wie man mit dem abgebildeten Verfahren das Volumen einer Kugel bestimmen kann.

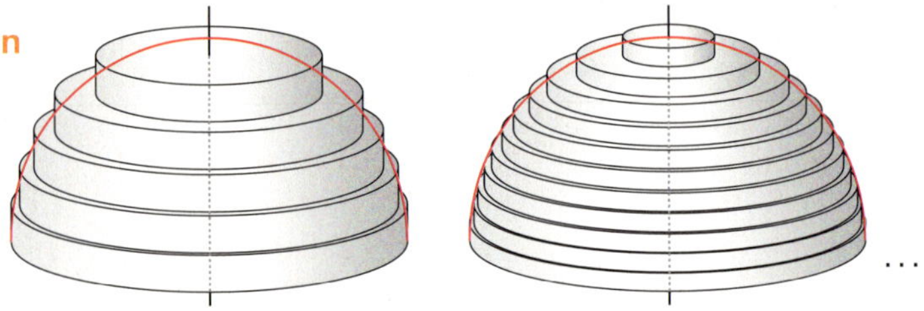

2 **Schätze und berechne!**
Einer Kugel vom Radius r ist

a) ein Würfel, b) ein Zylinder umbeschrieben.

Wie viel Prozent des Würfel- bzw. Zylindervolumens nimmt die Kugel ein?

3 Berechne für jede Kugel die in Klammern angegebene Größe:

a) $r = 1\,cm$; [V] b) $r = 10\,cm$; [V] c) $d = 10\,cm$; [V]
d) $V = 4{,}5\,\pi\,dm^3$; [r] e) $V = 1\,l$; [r] f) $V = 1\,hl$; [d]

4 **Verpackungskunst**
In einem Würfel der Kantenlänge a sind Kugeln zu verpacken. Dabei haben in jedem Würfel alle Kugeln jeweils die gleiche Größe und sind exakt übereinandergeschichtet:

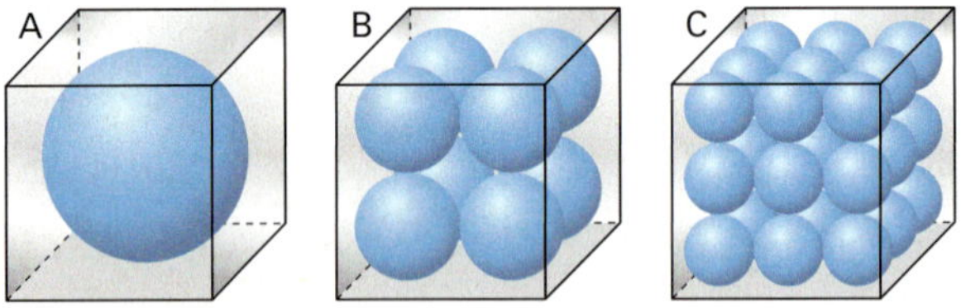

Berechne für die Fälle A, B und C jeweils den Anteil des Kugelvolumens am Volumen des Würfels. Versuche, dein Ergebnis zu begründen.

5 **Kugelgürteltier**
Das Kugelgürteltier lebt in Südamerika. Wird es bedroht, kann es sich zu einer Kugel zusammenrollen. Wie viel wiegt das unten abgebildete Kugelgürteltier ungefähr?

6 Kugelstoßen

a) Die abgebildete Eisenkugel wird zum Kugelstoßen benutzt. Eisen hat die Dichte $\rho_{Eisen} = 7{,}86\,\frac{g}{cm^3}$.
Berechne den Durchmesser der Kugel. Vergleiche mit dem Durchmesser deiner Handfläche.

b) Wie groß muss eine Kugel aus Kork ($\rho_{Kork} = 0{,}2\,\frac{g}{cm^3}$) sein, damit sie genauso viel wiegt wie die Eisenkugel?

7 Vom Puzzle zur Formel

Nimm eine Orange und bestimme ihren Durchmesser. Zeichne einen Kreis mit diesem Durchmesser. Schäle nun die Orange. Zerschneide die Schale in kleine Stücke.

a) Wie viele Kreise kannst du mit der Schale auslegen? Wie kann man somit die Oberfläche der Orange abschätzen?

b) Wie kannst du deine Messung verbessern?

8 Der Ball ist rund

a) Warum ist ein Fußball nicht rund?

b) Beschreibe, wie man die Oberfläche einer Kugel möglichst genau bestimmen könnte.

9 Indiz: Körpervolumen

Von kugelförmigen Körpern ist jeweils das Volumen bekannt. Berechne den Durchmesser. Um welchen Körper aus dem Alltag könnte es sich handeln? Berechne anschließend die Oberfläche und gib Länge und Breite eines flächengleichen Rechtecks an.

a) $V = 520\,mm^3$ b) $V = 29\,cm^3$ c) $V = 460\,cm^3$ d) $V = 5800\,cm^3$

10 Tennisbälle – dicht gepackt

Vier Tennisbälle werden in einer zylinderförmigen Verpackung verkauft. Dabei hat die Dose den Durchmesser d eines Tennisballs und die Höhe der vier Bälle. Wie viel Prozent des Volumens der Verpackung entfällt auf die Zwischenräume?

11 Fehlende Stücke

Berechne die fehlenden Stücke einer Kugel mit Radius r, Durchmesser d, Umfang u, Volumen V und Oberfläche O:

a) $d = 1\,m$	b) $O = 36\,\pi\ cm^2$	c) $O = \pi\ dm^2$
d) $O = 5{,}76\,\pi\ cm^2$	e) $O = 1\ m^2$	f) $V = 972\,\pi\ dm^3$
g) $V = 1\,m^3$	h) $u = 13\,cm$	i) $u = 40\,000\,km$

12 Oberflächenvergleich (zur Partnerarbeit geeignet)

Die folgenden Körper haben jeweils das Volumen $V = 1000\,cm^3$. Berechne den Inhalt der Oberflächen und ordne die Körper nach ihrer Oberfläche.

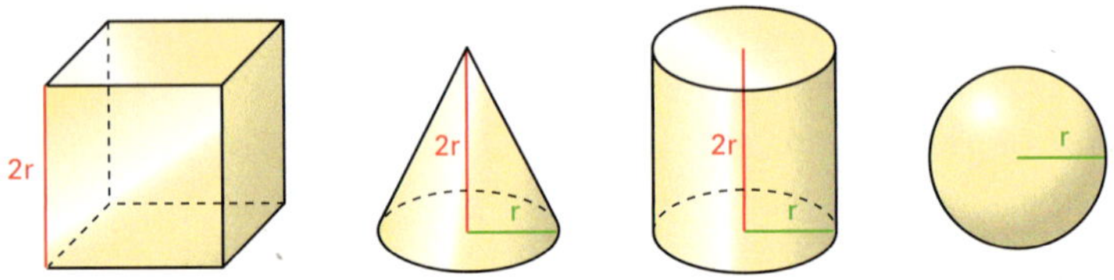

13 11 000 Meter unter dem Meer

Der Schweizer Tiefseeforscher Jacques Piccard drang im Pazifischen Ozean mit seiner Tauchkugel bis zu einer Tiefe von etwa 11 000 m vor.

a) Der Durchmesser der Kugel betrug 2,18 m. Berechne den Inhalt ihrer Oberfläche.

b) Welchen Flächeninhalt hat die Oberfläche eines umbeschriebenen Würfels? Um wie viel Prozent ist dieser größer als jener der Kugel?

c) Zeige: Für alle Kugeln ist die Oberfläche des umbeschriebenen Würfels um den gleichen Prozentsatz größer als jener der Kugel.

d) Warum hat Piccard für sein Tauchgerät Kugel- und nicht Würfelform gewählt?

14 Kugelbrunnen

Am Erlanger Hugenottenplatz findet man einen Kugelbrunnen. Er besteht aus einer Marmorkugel mit dem Durchmesser d = 1 m, die schwimmend in einem Wasserbecken rotiert.

a) Berechne die Masse der Kugel ($\rho_{Marmor} = 2{,}7\,\frac{g}{cm^3}$).

b) Berechne das Volumen des ca. 5 mm dicken Wasserfilms, der die Kugel benetzt.

15 Wie viel wiegt die Erde?

Die mittlere Dichte der Erde ist größer als die von Stein ($\rho_{Granit} = 2{,}90\,\frac{t}{m^3}$) und kleiner als die von Eisen ($\rho_{Eisen} = 7{,}86\,\frac{t}{m^3}$). Ihr Wert wird mit $\rho_{Erde} = 5{,}54\,\frac{t}{m^3}$ angegeben.

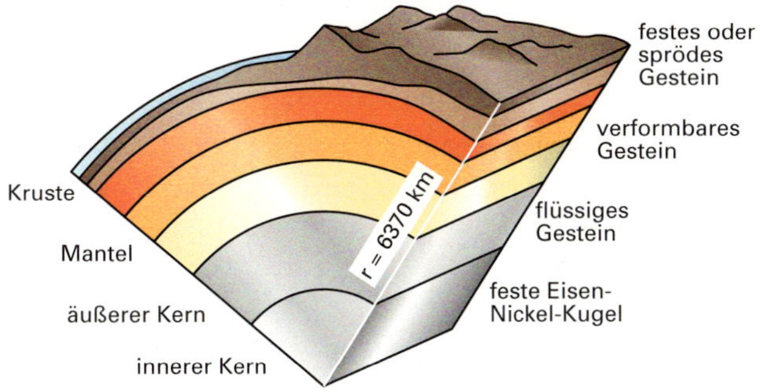

a) Wie viel Kilogramm wiegt die Erde? (Erdradius: $r_{Erde} = 6370$ km)

b) Wie groß wäre der Radius einer reinen Granitkugel bzw. Eisenkugel, die die gleiche Masse wie die Erde hätte?

c) Die Fläche aller Meere beträgt 360 Millionen km².
Wie viel Prozent der Erdoberfläche sind mit Meeren bedeckt?

16 Füllkurven

A, B, C und D zeigen die Seitenansicht von vier rotationssymmetrischen Gefäßen. In jedes fließt pro Sekunde gleich viel Wasser. Nach jeweils 8 Sekunden sind die Gefäße vollständig gefüllt.

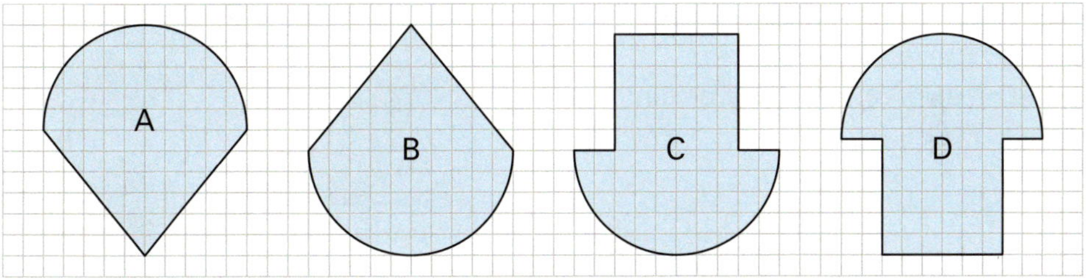

a) Ordne jedem Gefäß eine der unten abgebildeten Füllkurven zu.

b) Wie viel Wasser fließt pro Sekunde in die Gefäße?

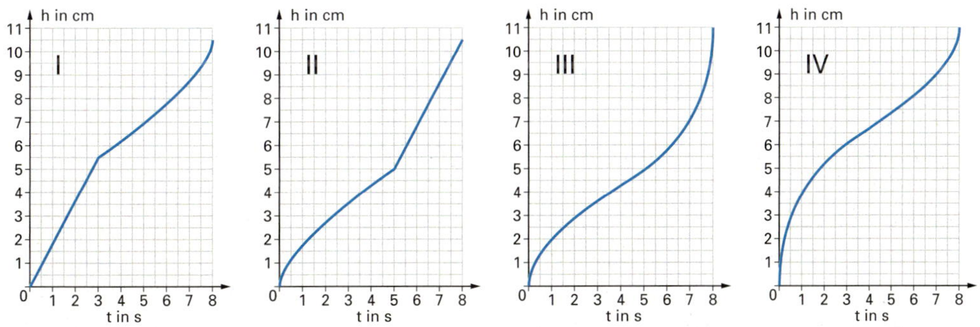

17 Rotationskörper I

Beschreibe den durch die angedeutete Rotation entstehenden Körper. Stelle die Formel für sein Volumen V und seine Oberfläche O in Abhängigkeit von r auf:

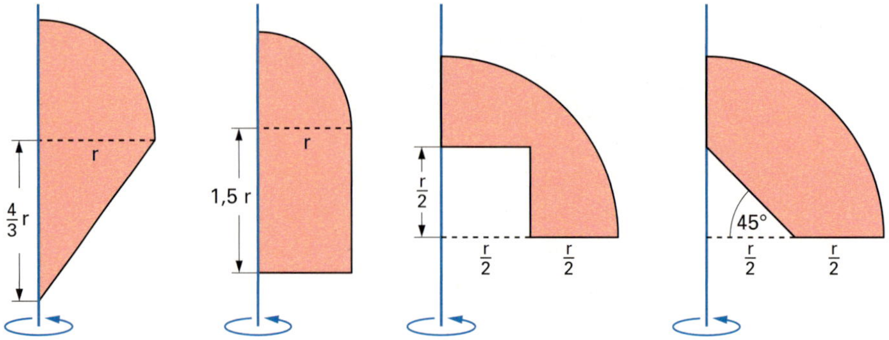

Zum Intensivieren

18 Formeln aufstellen

Stelle für die Kugel folgende Formeln auf:

a) das Volumen V in Abhängigkeit vom Durchmesser d,

b) die Oberfläche O in Abhängigkeit vom Durchmesser d,

c) das Volumen V in Abhängigkeit vom Umfang U,

d) die Oberfläche O in Abhängigkeit vom Umfang U.

19 Rotationskörper II

Beschreibe den durch die angedeutete Rotation entstehenden Körper. Berechne sein Volumen und seine Oberfläche.

a)

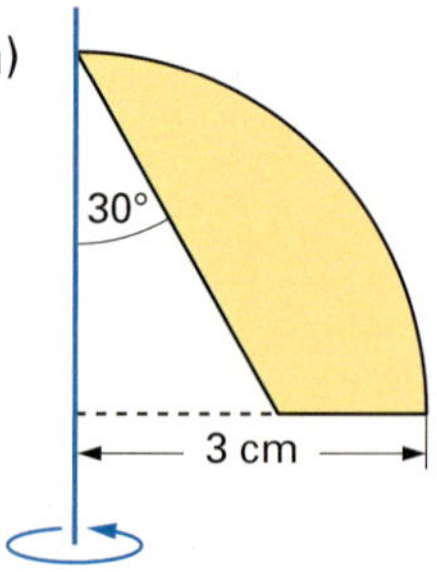

b)

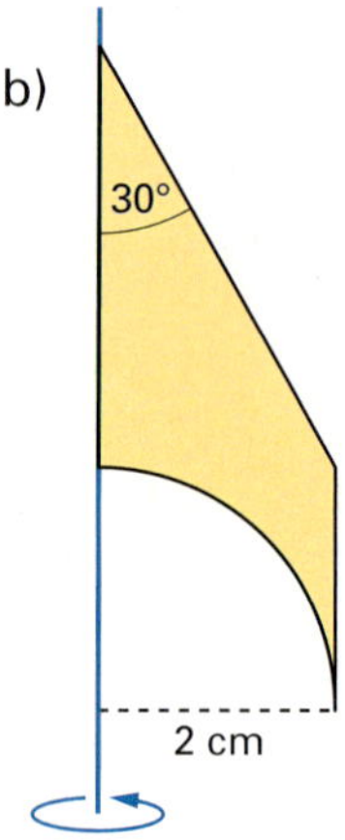

20 Strecken gesucht

Berechne die Länge der eingezeichneten Strecke a bei gegebenem Volumen V des zugehörigen Rotationskörpers.

a) $V = 36\,\pi\ \text{cm}^3$ b) $V = 3\,\pi\ \text{cm}^3$

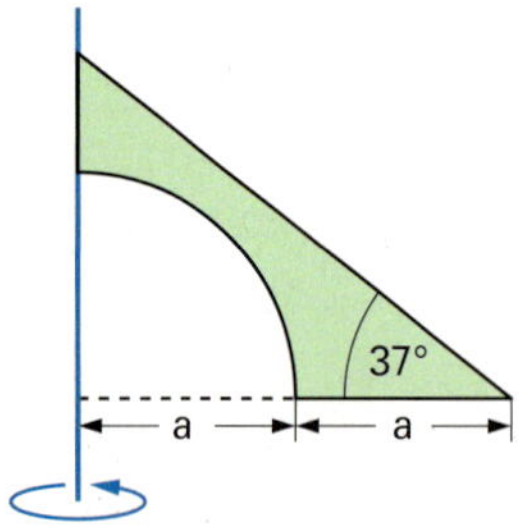

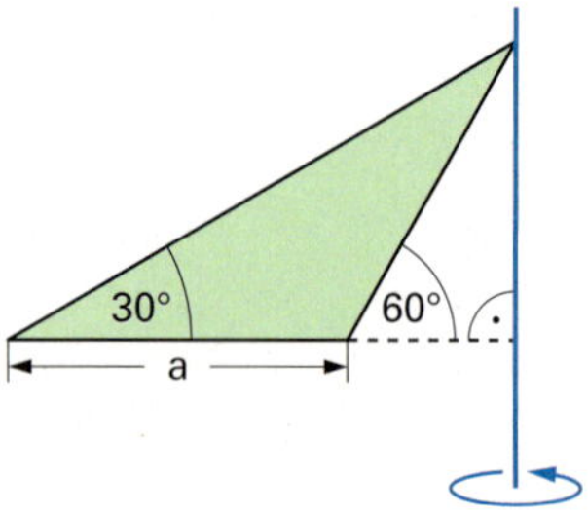

2.2 Groß- und Kleinkreise auf der Kugel*

Das geografische Koordinatensystem der Erde

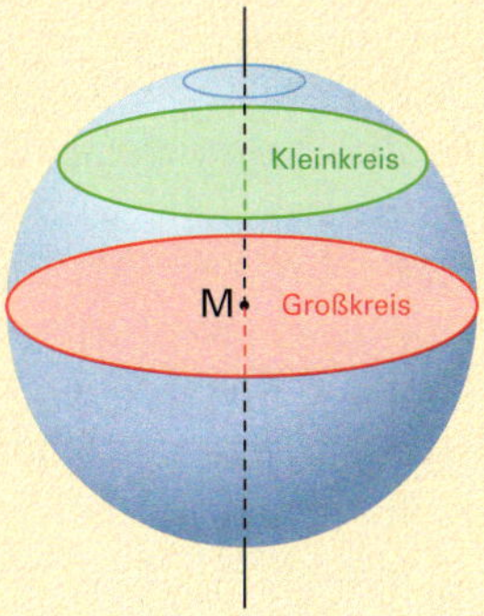

Schneidet eine Ebene eine Kugel, so entsteht als Schnittlinie ein Kreis. Enthält die Ebene den Kugelmittelpunkt M, ist M gleichzeitig der Mittelpunkt des Schnittkreises und sein Radius r ist gleich dem Kugelradius R. In diesem Fall heißt der Schnittkreis **Großkreis**.
Liegt der Kugelmittelpunkt M nicht in der Schnittebene, ist der Radius r des Kreises kleiner als der Kugelradius R. Der Schnittkreis heißt deshalb **Kleinkreis**.

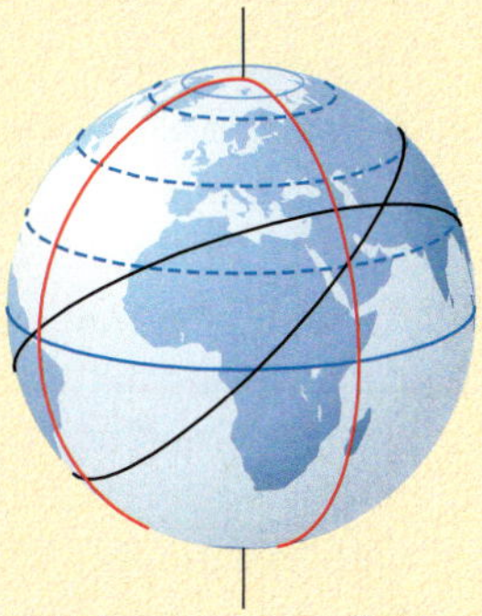

Wir betrachten Kreise auf der Erde. In der nebenstehenden Abbildung sind Großkreise (durchgezogene Linien) und Kleinkreise (gestrichelte Linien) zu sehen. Der blaue Großkreis stellt den Äquator dar. Die roten halben Großkreise, die von Pol zu Pol verlaufen, heißen **Längenkreise** oder **Meridiane**. Die gestrichelten Kleinkreise sind **Breitenkreise**. Man unterteilt die Erde in 360 halbe Längenkreise, die vom Nullmeridian durch Greenwich (London) bis 180° in westlicher bzw. östlicher Richtung gezählt werden. Die Breitenkreise werden vom Äquator aus bis 90° in nördlicher bzw. südlicher Richtung gezählt. Die Längen- und die Breitenkreise bilden zusammen ein geografisches Koordinatensystem.

Entfernungen auf der Erdkugel

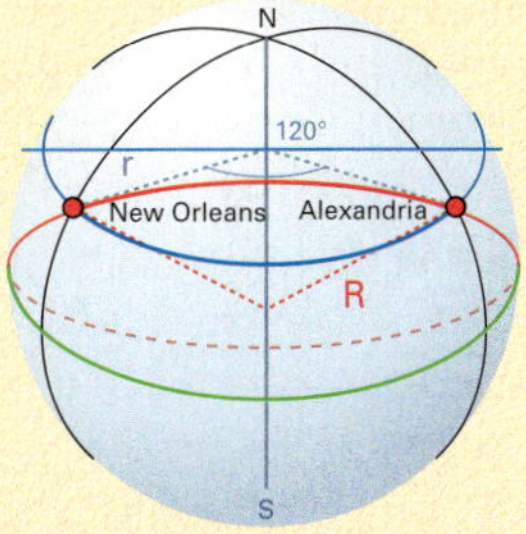

New Orleans (USA) und Alexandria (Ägypten) liegen ungefähr auf dem gleichen Breitengrad (30° nördlicher Breite). New Orleans liegt auf 90° westlicher Länge, Alexandria auf 30° östlicher Länge. Alexandria liegt folglich 120° östlicher als New Orleans. Will man die Länge des Weges von New Orleans nach Alexandria auf dem gemeinsamen Breitenkreis bestimmen, muss man deshalb ein Drittel seines Umfangs berechnen.

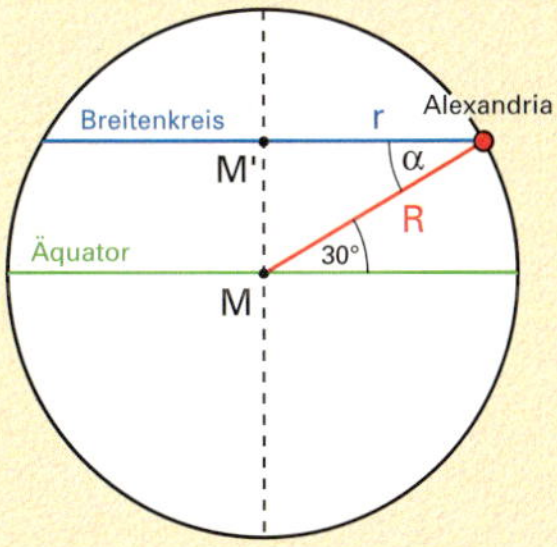

Der Radius r des Breitenkreises ergibt sich mithilfe des Kosinus: $\cos\alpha = \frac{r}{R}$.
Da $\alpha = 30°$ und der Erdradius $R = 6370$ km ist, erhalten wir $r = 6370\,\text{km} \cdot \cos 30° = 3185\sqrt{3}\,\text{km} \approx 5517\,\text{km}$.

Damit berechnen wir die Entfernung zwischen den beiden Städten entlang des Breitenkreises (Aufgabe 2a) und bekommen 11550 km.

Der Weg entlang des Breitenkreises ist aber nicht der kürzeste. Der kürzeste Weg verläuft entlang eines Großkreises. Das lässt sich mit einer Schnur an einem Globus veranschaulichen. Der kürzeste Weg zwischen New Orleans und Alexandria entlang des zugehörigen Großkreises ist nur 10 800 km lang (Aufgabe 2c).

Aufgaben

1 Bestimmung des Erdumfangs

Der griechische Mathematiker **Eratosthenes** (etwa 275 bis 194 v. Chr.) hat als Erster den Erdumfang bestimmt.
Er wusste, dass sich zur Sommersonnwende in Syene (dem heutigen Assuan) die Sonne mittags in einem tiefen Brunnen spiegelt. Das bedeutet, dass die Sonnenstrahlen zu diesem Zeitpunkt genau senkrecht auf Syene treffen. Zum gleichen Zeitpunkt wirft eine Säule in Alexandria, das auf dem gleichen Längenkreis nördlich von Syene liegt, einen Schatten.

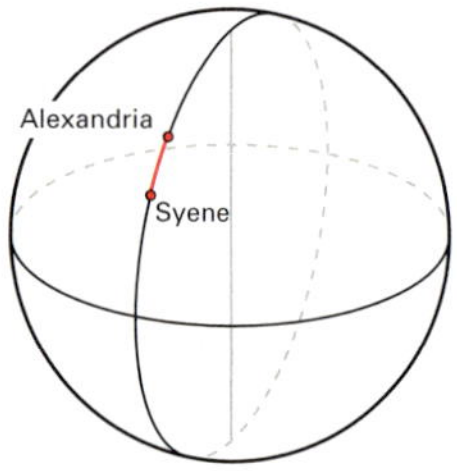

a) Warum folgt daraus, dass die Erdoberfläche nicht eben, sondern krumm sein muss? (Tipp: Bedenke, dass die Sonnenstrahlen parallel sind.)

b) Eratosthenes hat den Winkel, den die Sonnenstrahlen mit der Säule einschließen, zu $\alpha = 7{,}2°$ bestimmt. Warum ist der Mittelpunktswinkel des Bogens s zwischen Syene und Alexandria gleich α?

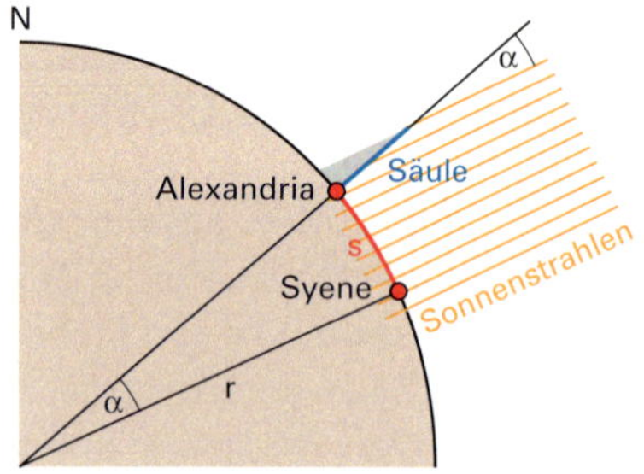

c) Syene und Alexandria sind s = 5000 Stadien voneinander entfernt. Bestimme den Erdumfang in Stadien.

d) Heute lässt sich nicht mehr genau rekonstruieren, welcher Länge 1 Stadion entspricht. Annahmen schwanken zwischen 160 und 185 Metern. Berechne die zugehörigen Werte des Erdumfangs in km. Um wie viel Prozent weichen diese vom heutigen Wert ab?

2 Der kürzeste Weg von New Orleans nach Alexandria

Alexandria und New Orleans liegen auf dem gleichen Breitenkreis (30° nördliche Breite). Dieser hat einen Radius von $r = 3185 \cdot \sqrt{3}$ km. Alexandria liegt 120° östlicher als New Orleans.

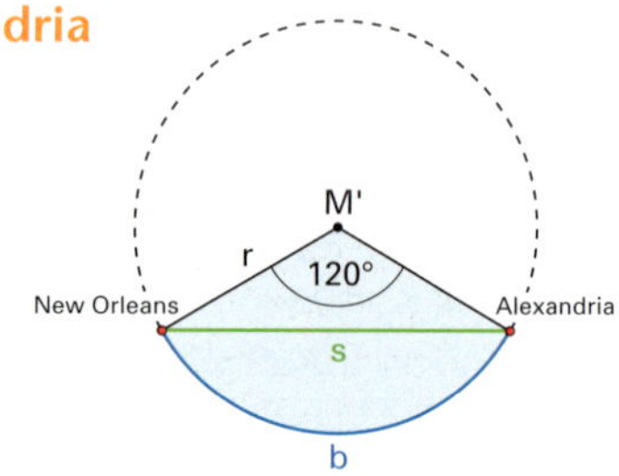

a) Berechne die Länge b des Wegs von New Orleans nach Alexandria entlang des gemeinsamen Breitenkreises.

b) Berechne die Länge s eines geraden Tunnels von New Orleans nach Alexandria.

c) Wir betrachten nun den Großkreis, der durch die beiden Städte verläuft. Für die Berechnung der Länge des Wegs g auf diesem Großkreis benötigen wir den zugehörigen Mittelpunktswinkel α.
Berechne α mithilfe von s aus Aufgabe b).
Berechne die Länge g des Wegs.
Um wie viel Prozent ist der kürzeste Weg g auf dem Großkreis kürzer als der Weg b auf dem Breitenkreis?

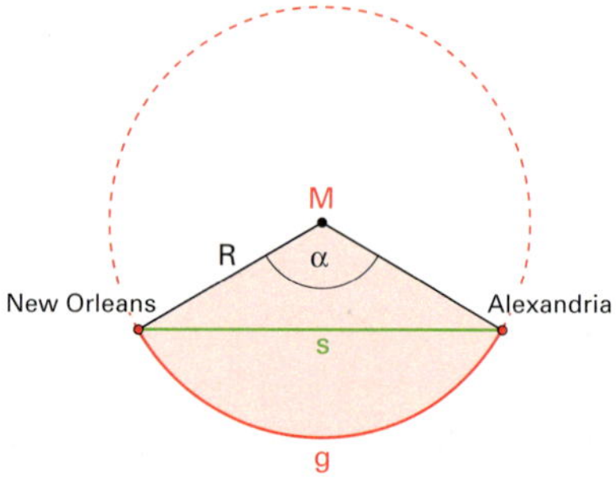

3 Viele Wege führen von Neapel nach New York

Neapel und New York liegen auf dem 41. Breitengrad ($\varphi = 41°$). Neapel hat ungefähr die geografische Länge 15° Ost, New York etwa 75° West.

a) Berechne den Radius r und die Länge des 41. Breitenkreises.

b) A ist der Schnittpunkt der Ebene des 41. Breitengrades mit der Erdachse. Wie groß ist der Winkel α, den die Verbindungsstrecken von A mit Neapel bzw. New York einschließen? Wie weit ist es auf dem 41. Breitengrad von Neapel nach New York?

c) Wie lang wäre ein gerader Tunnel von Neapel bis New York?

d) Berechne den kürzesten Weg von Neapel nach New York auf dem zugehörigen Großkreis.

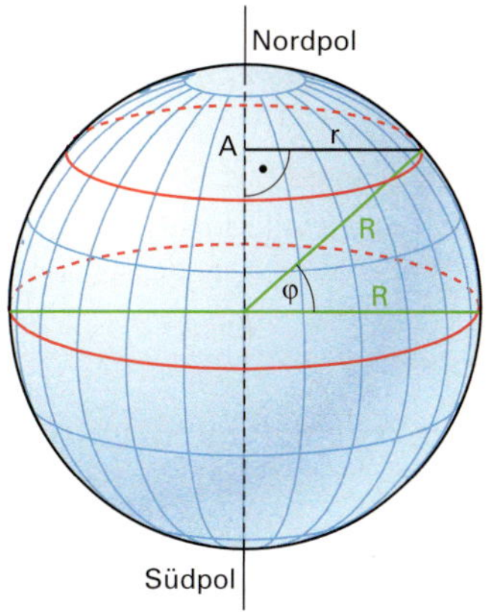

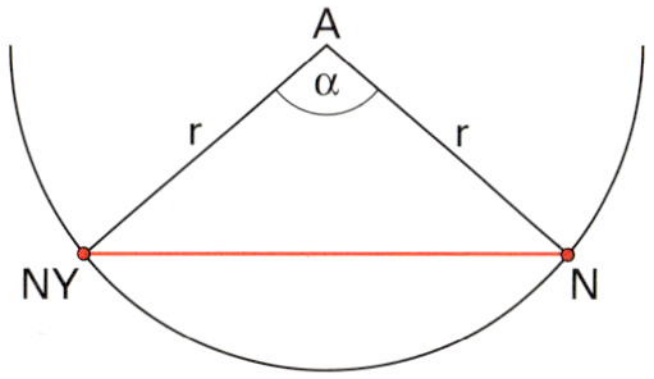

4 Ortszeit und Zeitzonen

Die Ortszeit t hängt vom Längengrad ab. Die geografische Länge λ ist östlich des 0°-Meridians durch Greenwich positiv und westlich negativ. Bei dem rechts dargestellten λ-t-Diagramm ist es in Greenwich 12 Uhr.

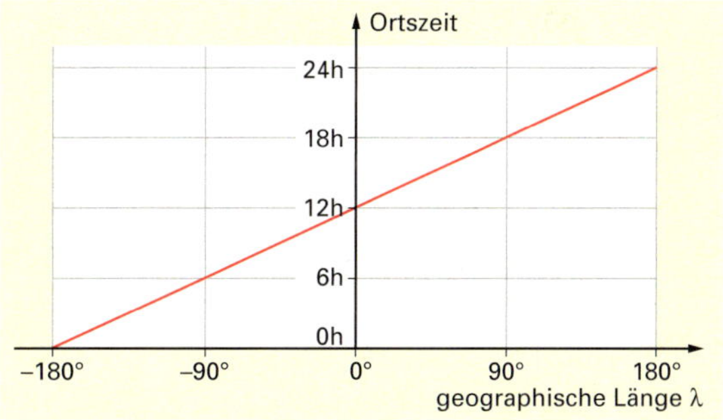

a) Um wie viele Minuten nimmt die Ortszeit pro Längengrad zu? Um wie viele Grad unterscheiden sich geografische Längen mit einem Unterschied der Ortszeit von 1 Stunde?

b) Stelle die Gleichung auf, die den Zusammenhang zwischen der Ortszeit t und der geografischen Länge λ beschreibt. (Tipp: Wie lautet die Gleichung einer Geraden mit der Steigung m und dem y-Abschnitt t?)

c) In Greenwich ist es 12 Uhr. Berechne die Ortszeit von München ($\lambda = 12°$), Kairo ($\lambda = 31°$), Sydney ($\lambda = 151°$), Madrid ($\lambda = -4°$), New York ($\lambda = -74°$) und San Francisco ($\lambda = -122°$).

Da die Ortszeit für das tägliche Leben sehr unpraktisch ist, hat man alle 15° Zonen mit einer einheitlichen Zeit eingerichtet: z. B. um den 0°-Meridian die Zone mit der Westeuropäischen Zeit und um den 15°-Meridian die Zone mit der Mitteleuropäischen Zeit.

d) Um wie viele Minuten unterscheiden sich benachbarte Zeitzonen? Warum hat man als Grenzen der Zeitzonen nicht immer den genauen Verlauf von Längengraden gewählt?

e) In München zeigen die Uhren 12 Uhr an. Wie viel Uhr ist es in Madrid, Kairo, Sydney, New York und San Francisco?

Zum Intensivieren

5 Grundwissen: Sinus, Kosinus und Tangens

Im rechtwinkligen Dreieck ist:

$$\text{Tangens} = \frac{\text{Gegenkathete}}{\text{Ankathete}}; \quad \text{Sinus} = \frac{\text{Gegenkathete}}{\text{Hypotenuse}}; \quad \text{Kosinus} = \frac{\text{Ankathete}}{\text{Hypotenuse}}$$

a) Berechne die Seite b des abgebildeten Dreiecks ABC. Bestimme α mithilfe des Sinus, des Kosinus und des Tangens. Welcher Zusammenhang gilt allgemein zwischen $\tan\alpha$, $\sin\alpha$ und $\cos\alpha$?

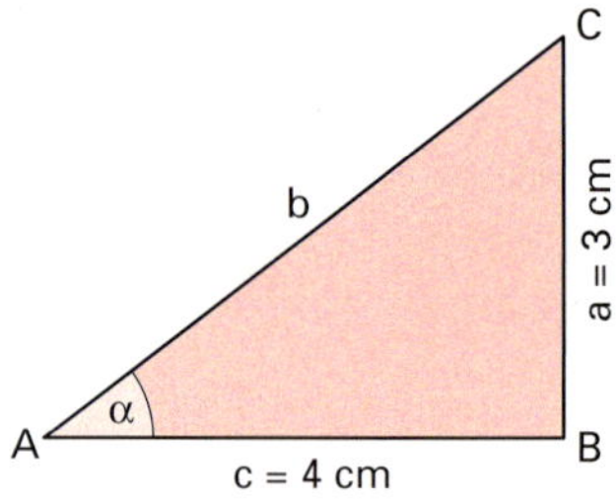

b) Berechne die Seiten a und b des abgebildeten Dreiecks mithilfe von $\sin\alpha$ und $\cos\alpha$.
Berechne $(\sin\alpha)^2 + (\cos\alpha)^2$. Warum ergibt sich für jedes beliebige, bei C rechtwinklige Dreieck für diesen Term der gleiche Wert?

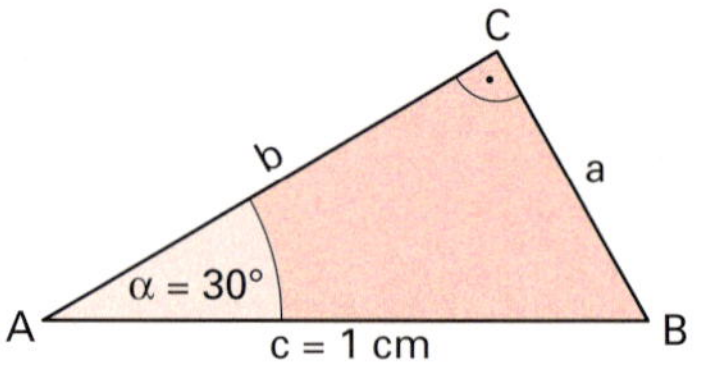

6 Grundwissen: Vierecke

a) Die beiden 30 cm langen Seiten eines Drachenvierecks schließen einen rechten Winkel ein. Die beiden anderen Seiten sind je 50 cm lang. Bestimme die restlichen Winkel des Drachenvierecks sowie die Längen der Diagonalen.

b) Gib bei jedem Satz an, ob er wahr oder falsch ist:
   A) Jedes Parallelogramm ist achsensymmetrisch.
   B) Kein Parallelogramm ist achsensymmetrisch.
   C) Jede Raute ist punktsymmetrisch.
   D) Jedes Rechteck ist eine Raute.
   E) Ein Rechteck hat vier Symmetrieachsen.
   F) Ein Rechteck ist punktsymmetrisch.
   G) Jedes Quadrat ist eine Raute.
   H) Jedes Quadrat ist ein Drachenviereck.

7 Satellitenfernsehen

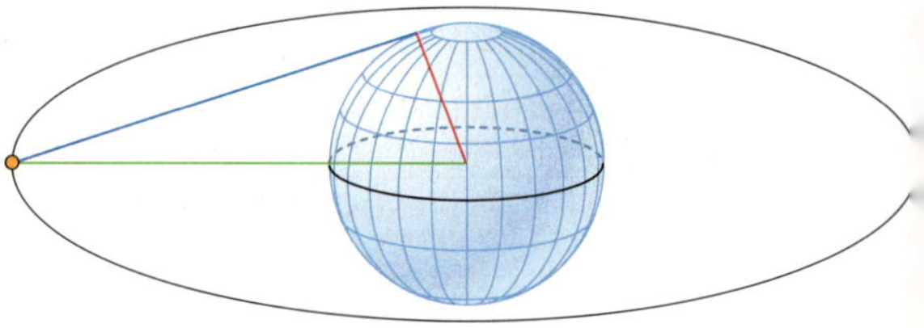

Die Empfangsantenne („Satellitenschüssel") ist auf einen Fernsehsatelliten ausgerichtet. Er steht am Himmel scheinbar still. In Wirklichkeit dreht er sich mit der Erde mit. Seine Umlaufdauer ist 1 Tag. Das ist nur möglich, wenn der Satellit über dem Äquator in einer Höhe von 36000 km kreist.
Ab welchem Breitengrad ist Satellitenempfang prinzipiell nicht mehr möglich? Gibt es in Alaska Satellitenfernsehen?

Geometrische und funktionale Aspekte der Trigonometrie

Polarkoordinaten

Die Lage eines Orts auf der Erde können wir durch zwei Winkel angeben, z. B. Nürnberg (11° östliche Länge | 49° nördliche Breite). Die Lage eines Punkts in der Ebene beschreiben wir durch zwei Längenangaben, durch seine x- und seine y-Koordinate, z. B. P(3|4). Für das Wandern mit einem Kompass ist weder die erste noch die zweite Ortsangabe hilfreich. Wir wollen wissen, wie weit wir gehen müssen und unter welcher Richtung, z. B. 4 km, NNO. Genauer als die Richtungsangaben durch Himmelsrichtungen sind Winkelwerte.

Auch in der Mathematik verwendet man die Ortsangabe eines Punkts durch eine Entfernung und einen Winkel. Man nennt diese Koordinaten **Polarkoordinaten**. Der Punkt O, von dem aus man die Entfernung misst, heißt **Pol**. Wir wählen diesen als Ursprung eines kartesischen Koordinatensystems. Als Achse, gegen die man den Winkel misst, als **Polarachse**, nehmen wir die positive x-Achse. Der Ort des eingezeichneten Punkts P wird somit durch die Entfernung $r = 4$ und den Winkel $\varphi = 60°$ beschrieben: P(4|60°).

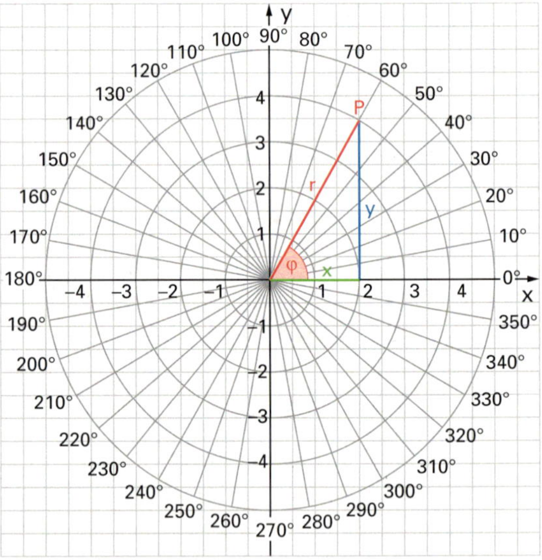

a) Lies aus der Zeichnung die kartesischen Koordinaten (x|y) für P ab.

b) Für Punkte im I. Quadranten kann man x und y auch mithilfe des Sinus und des Kosinus berechnen. Berechne die kartesischen Koordinaten x und y von P.

c) Gib die kartesischen Koordinaten (x|y) zu den drei Punkten Q(4|120°), R(4|240°) und S(4|300°) ohne weitere Rechnung an.

d) Berechne die kartesischen Koordinaten des Punkts T(5|30°). Vergleiche deine Ergebnisse mit jenen, die du für T aus der Zeichnung abliest.

e) Zu welchen drei (!) weiteren Punkten kannst du die kartesischen Koordinaten mithilfe von T ohne weitere Rechnung angeben? Gib diese drei Punkte sowohl in Polarkoordinaten als auch in kartesischen Koordinaten an.

3.1 Trigonometrie am Einheitskreis

Polarkoordinaten

Ein Punkt P ist durch die Angabe seiner Entfernung r vom Ursprung O eines Koordinatensystems und dem Winkel φ zwischen der positiven x-Achse und dem Strahl [OP eindeutig festgelegt. r und φ heißen **Polarkoordinaten**: P(r|φ). Die x- und y-Werte von P nennt man bekanntlich kartesische Koordinaten: P(x|y).

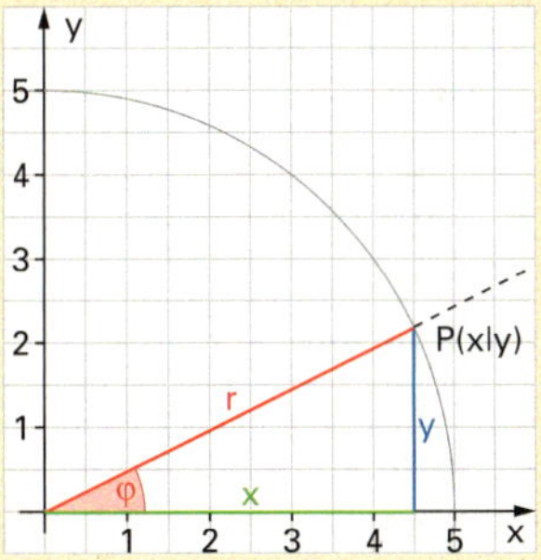

Wir können für Punkte im I. Quadranten die Polarkoordinaten in die kartesischen Koordinaten umrechnen (Seite 32):

$x = r \cdot \cos\varphi$; $y = r \cdot \sin\varphi$

Um auch die Polarkoordinaten von Punkten mit $\varphi > 90°$ einfach umrechnen zu können, erweitern wir die Definition des Sinus, des Kosinus und des Tangens auf Winkel, die größer als 90° sind. Wir betrachten dazu Punkte auf dem Einheitskreis, also Punkte mit r = 1.

Erweiterung der Definitionen am Einheitskreis

Für die Punkte P(1|φ), die im I. Quadranten auf dem Einheitskreis liegen, ist die Umrechnung der Koordinaten besonders einfach:

$x = \cos\varphi$; $y = \sin\varphi$ mit $0° < \varphi < 90°$

Wir fordern, dass dieser einfache Zusammenhang auch für alle anderen Winkel gelten soll (Aufgabe 2):

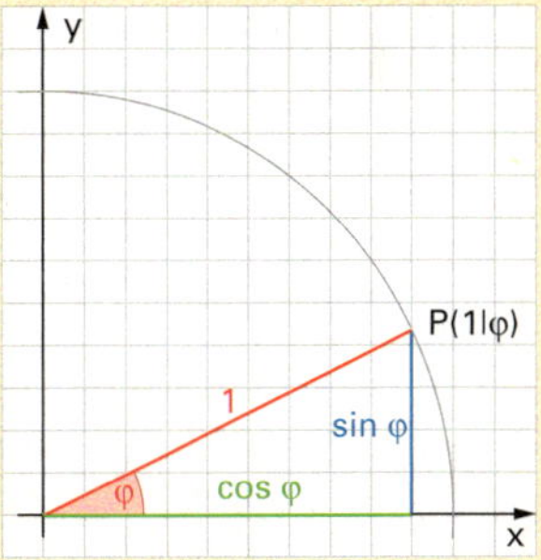

cos φ ist der x-Wert von P. **sin** φ ist der y-Wert von P. ⇒ P(cos φ|sin φ)

tan φ ist der Quotient von y- und x-Wert: $\tan\varphi = \dfrac{\sin\varphi}{\cos\varphi}$

II. Quadrant

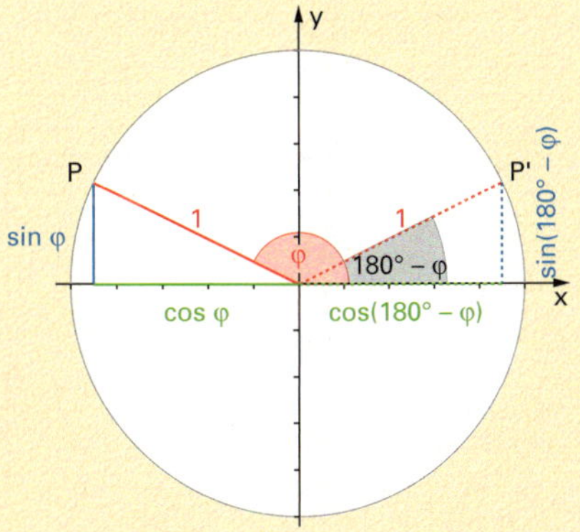

Wir betrachten einen Punkt P(1|φ) auf dem Einheitskreis im II. Quadranten. Durch Spiegeln von P an der y-Achse erhalten wir einen Punkt P' im I. Quadranten. [OP' schließt mit der positiven x-Achse den Winkel 180° – φ ein. Also:

$$\sin\varphi = \sin(180° - \varphi)$$
$$\cos\varphi = -\cos(180° - \varphi)$$
$$\tan\varphi = -\tan(180° - \varphi)$$

Beispiele

$\sin 150° = \sin(180° - 150°) = \sin 30° = \frac{1}{2}$

$\cos 150° = -\cos(180° - 150°) = -\frac{1}{2}\sqrt{3}$

III. Quadrant

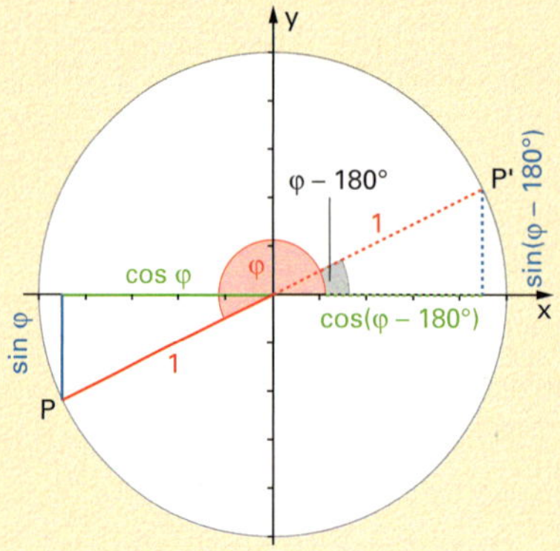

Wir betrachten nun einen Punkt $P(1|\varphi)$ im III. Quadranten. Durch Spiegeln von P am Ursprung erhalten wir einen Punkt P' im I. Quadranten. [OP' schließt mit der positiven x-Achse den Winkel $\varphi - 180°$ ein. Also:

$$\sin\varphi = -\sin(\varphi - 180°)$$
$$\cos\varphi = -\cos(\varphi - 180°)$$
$$\tan\varphi = \tan(\varphi - 180°)$$

Beispiele

$$\sin 240° = -\sin(240° - 180°) = -\sin 60° = -\tfrac{1}{2}\sqrt{3}$$
$$\cos 240° = -\cos(240° - 180°) = -\cos 60° = -\tfrac{1}{2}$$
$$\tan 240° = \tan 60° = \sqrt{3}$$

IV. Quadrant

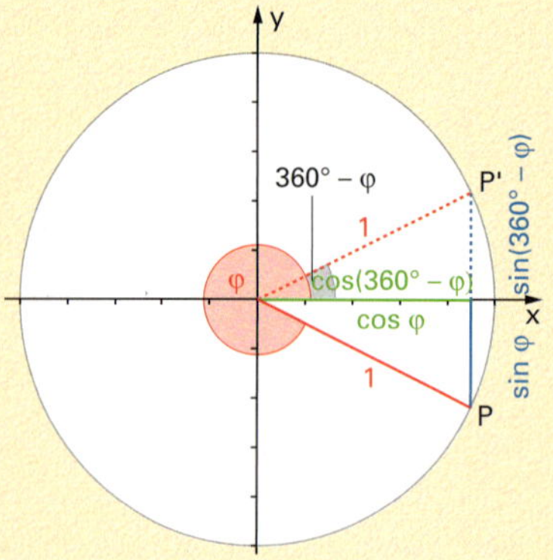

Wir spiegeln den Punkt $P(1|\varphi)$ im IV. Quadranten an der x-Achse und erhalten so den Punkt P' im I. Quadranten. [OP' schließt mit der positiven x-Achse den Winkel $360° - \varphi$ ein. Also:

$$\sin\varphi = -\sin(360° - \varphi)$$
$$\cos\varphi = \cos(360° - \varphi)$$
$$\tan\varphi = -\tan(360° - \varphi)$$

Beispiele

$$\sin 315° = -\sin(360° - 315°) = -\sin 45° = -\tfrac{1}{2}\sqrt{2}$$
$$\cos 315° = \cos(360° - 315°) = \cos 45° = \tfrac{1}{2}\sqrt{2}$$
$$\tan 315° = -\tan 45 = -1$$

Wir fassen zusammen:

Für den Sinus-, Kosinus- oder Tangenswert eines Winkels φ über 90° liefert

- der Quadrant das Vorzeichen und
- die Differenz zwischen φ und 180° bzw. φ und 360° den zugehörigen spitzen Winkel.

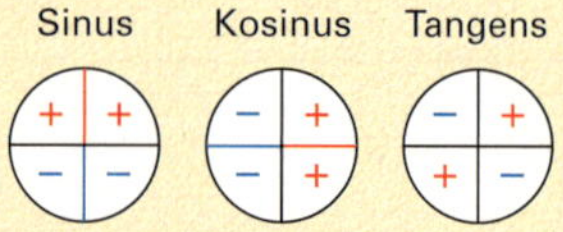

Wir haben damit die Sinus-, Kosinus- und Tangenswerte für beliebige Winkel φ mit $0° \leq \varphi < 360°$ auf spitze Winkel φ' zurückgeführt.

Beachte: Auch bei stumpfen und überstumpfen Winkeln gibt der Taschenrechner die Werte mit ihren richtigen Vorzeichen aus. Dafür benötigen wir die obigen Regeln nicht. Aber: Bei Aufgaben, bei denen der Wert gegeben ist und die zugehörigen Winkel gesucht sind, gibt der Taschenrechner immer nur eine Lösung an.

Beispiele

a) Für welche Winkel ist $\cos\beta = -0{,}65$?
Für die zeichnerische Lösung errichten wir bei $x = -0{,}65$ ein Lot auf der x-Achse und erhalten zwei Schnittpunkte P und Q mit dem Einheitskreis.
Der TR liefert als Ergebnis nur den zu P gehörigen Winkel $\beta_1 \approx 130{,}5°$ im II. Quadranten.
Die zweite Lösung im III. Quadranten ist $\beta_2 = 360° - \beta_1 \approx 229{,}5°$.

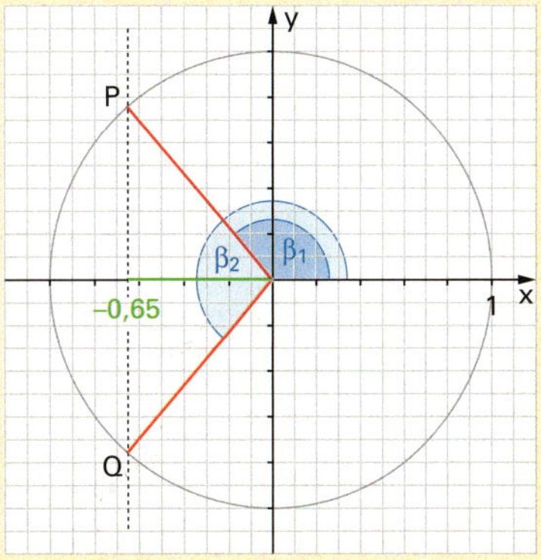

b) Für welche Winkel ist $\sin\alpha = -0{,}3$?
Für die zeichnerische Lösung errichten wir bei $y = -0{,}3$ ein Lot auf der y-Achse und erhalten zwei Schnittpunkte P und Q mit dem Einheitskreis.
Der TR liefert als Ergebnis einen negativen Winkel $\varphi \approx -17{,}5°$.
Negative Winkel beschreiben Drehungen im Uhrzeigersinn. Der zu P im IV. Quadranten gehörige Winkel gegen den Uhrzeigersinn α_1 ergibt sich zu $\alpha_1 \approx 360° - 17{,}5° = 342{,}5°$.
Die zweite Lösung liegt im III. Quadranten.
Also: $\alpha_2 \approx 180° + 17{,}5° = 197{,}5°$.

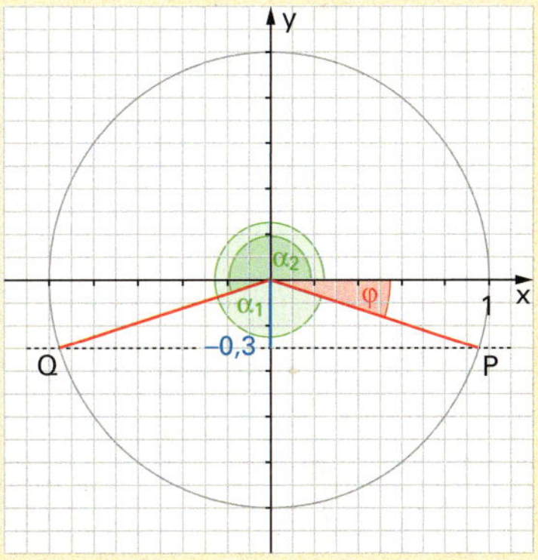

Durch die Erweiterung der Definitionen können wir die Umrechnung von Polarkoordinaten in kartesische Koordinaten für beliebige Punkte P sehr einfach ausführen.

Beispiel Gesucht sind die kartesischen Koordinaten von $P(3\,|\,195°)$:
$x = r \cdot \cos\varphi = 3 \cdot \cos 195° \approx -2{,}9$ und
$y = r \cdot \sin\varphi = 3 \cdot \sin 195° \approx -0{,}8$.

Das Bogenmaß

Wir verwenden zur Winkelmessung das Gradmaß, das die Babylonier eingeführt haben. Die Einteilung des Vollwinkels in 360 gleiche Teile geht vermutlich auf die ungefähre Zahl der Tage eines Jahres zurück. Beim Einheitskreis gehört zu jedem Mittelpunktswinkel μ eine bestimmte Bogenlänge b. Sie eignet sich ebenfalls als Winkelmaß. Man nennt es **Bogenmaß** des Winkels. Für den Einheitskreis gilt:

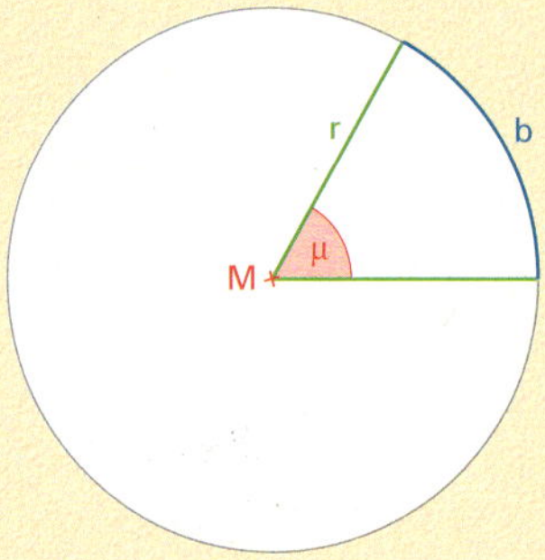

$$b = \frac{\mu}{360°} \cdot 2\pi r = \frac{\mu}{180°} \cdot \pi \cdot 1 = \frac{\mu}{180°} \cdot \pi$$

Das **Bogenmaß** x eines Winkels ist die Länge des zugehörigen Bogens im Einheitskreis.

$$x = \frac{\varphi}{180°} \cdot \pi$$

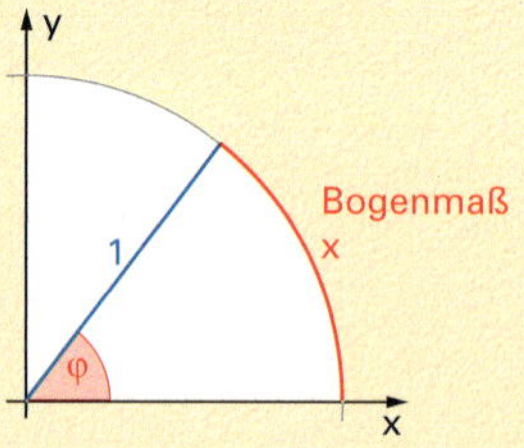

360° entspricht dem Umfang des Einheitskreises und damit der Zahl 2π. Handelt es sich bei den zu berechnenden Winkeln um Teiler von 360°, wird das zugehörige Bogenmaß häufig als Bruchteil von π angegeben.

Die in der Tabelle aufgeführten Umrechnungen solltest du auswendig kennen.

Gradmaß φ	30°	45°	60°	90°	180°	270°	360°
Bogenmaß x	$\frac{\pi}{6}$	$\frac{\pi}{4}$	$\frac{\pi}{3}$	$\frac{\pi}{2}$	π	$\frac{3}{2}\pi$	2π

Alle anderen Werte können wir mit der obigen Formel berechnen. Für den jeweiligen Einheitswinkel ergibt sich: $1° = \frac{1°}{180°} \cdot \pi = \frac{\pi}{180} \approx 0{,}0175$; $\quad 1 = \frac{180°}{\pi} \approx 57{,}3°$

Um zwischen den beiden Winkelmaßen zu unterscheiden, verwenden wir für Winkel im Gradmaß griechische Buchstaben, z. B. φ. Ein Wert für φ besteht aus einer Zahl und der Einheit ° (Grad), z. B. $\varphi = 5°$. Winkel im Bogenmaß bezeichnen wir mit x. Ein Wert für x ist eine Zahl ohne Einheit, z. B. $x = 5$. Der freie Schenkel des Winkels $\varphi = 5°$ verläuft im I. Quadranten, der des Winkels $x = 5$ dagegen im IV. Quadranten.

Da Winkel in den TR ohne Einheit eingegeben werden, erkennt der TR den Unterschied nicht. Wir müssen deshalb den TR auf das jeweilige Winkelmaß einstellen: Für das Gradmaß DEG oder D (von engl. degree = Grad), für das Bogenmaß RAD oder R (Radiant).

Beispiele $\sin 5° \approx 0{,}0872$ (DEG), aber $\sin 5 \approx -0{,}959$ (RAD)

$\sin\varphi = 0{,}5 \quad \Rightarrow \quad \varphi = 30°$ (DEG)

$\sin x = 0{,}5 \quad \Rightarrow \quad x = \frac{\pi}{6}$ (RAD) oder auch $x = 0{,}5235\ldots$

Aufgaben

1 Kartesische Koordinaten gesucht

Trage die folgenden Punkte in ein Koordinatensystem ein. Lies ihre kartesischen Koordinaten ab und berechne sie auf zwei Dezimalen genau.

a) $P(4{,}5|13°)$ b) $Q(5|32°)$ c) $R(3|65°)$ d) $S(7|78°)$

2 Einheitskreis

a) Zeichne einen Einheitskreis (1 LE ≙ 5 cm) und trage den Punkt $P_1(1|35°)$ ein.

b) Lies die kartesischen Koordinaten $(x|y)$ von P_1 ab.

c) Berechne die kartesischen Koordinaten $(x|y)$ von P_1.

d) Die Punkte P_2, P_3 und P_4 erhält man durch Spiegelung von P_1 an der y-Achse bzw. am Ursprung bzw. an der x-Achse. Gib von den Punkten P_2, P_3 und P_4 sowohl die Polar- als auch die kartesischen Koordinaten an.

e) Notiere, durch welche Rechnungen man die Winkel φ_2, φ_3 und φ_4 der Punkte P_2, P_3 und P_4 aus dem Winkel $\varphi_1 = 35°$ erhält.

3 Die Vielfachen von 90°

Erstelle im Heft eine Tabelle nach folgendem Vorbild und fülle sie mithilfe des Einheitskreises, aber ohne Taschenrechner aus.

α	0°	90°	180°	270°	360°
$\sin\alpha$	**?**	**?**	**?**	**?**	**?**
$\cos\alpha$	**?**	**?**	**?**	**?**	**?**
$\tan\alpha$	**?**	**?**	**?**	**?**	**?**

4 Zurückführung auf besondere Winkel des I. Quadranten

Führe auf die Werte spitzer Winkel zurück. Benutze dabei den TR nicht.

a) $\sin 120°$ b) $\sin 210°$ c) $\sin 225°$ d) $\sin 300°$

e) $\cos 120°$ f) $\cos 210°$ g) $\cos 225°$ h) $\cos 300°$

i) $\tan 120°$ k) $\tan 210°$ l) $\tan 225°$ m) $\tan 300°$

5 Besondere Werte

Bestimme sämtliche Lösungen für $0° \leq \varphi < 360°$:

a) $\sin\varphi = -1$ b) $\cos\varphi = \frac{1}{2}\sqrt{3}$ c) $\tan\varphi = 1$ d) $\sin\varphi = -\frac{1}{2}\sqrt{2}$

e) $\cos\varphi = -\frac{1}{2}$ f) $\tan\varphi = -\sqrt{3}$ g) $\sin\varphi = \frac{1}{2}\sqrt{3}$ h) $\cos\varphi = 1$

i) $\tan\varphi = -\frac{1}{\sqrt{3}}$ k) $\cos\varphi = -1$ l) $\cos\varphi = -\frac{1}{2}\sqrt{3}$ m) $\tan\varphi = -1$

6 Zurückführung auf den I. Quadranten

Führe die Werte auf spitze Winkel zurück und gib dann mithilfe des TR den auf drei Dezimalen gerundeten Wert an. Überprüfe dein Ergebnis mit dem TR ohne die Umrechnung auf spitze Winkel.

a) $\sin 110°$ b) $\sin 250°$ c) $\sin 345°$ d) $\sin 160°$

e) $\cos 110°$ f) $\cos 250°$ g) $\cos 345°$ h) $\cos 200°$

i) $\tan 110°$ k) $\tan 250°$ l) $\tan 345°$ m) $\tan 290°$

7 Vorsicht – mehrere Lösungen!

Bestimme sämtliche Lösungen für $0° \leq \varphi < 360°$. Runde auf eine Dezimale.

a) $\sin\varphi = 0{,}8$ b) $\cos\varphi = 0{,}8$ c) $\sin\varphi = 0{,}6$ d) $\cos\varphi = 0{,}6$

e) $\cos\varphi = -0{,}28$ f) $\sin\varphi = -0{,}28$ g) $\cos\varphi = -0{,}96$ h) $\sin\varphi = -0{,}96$

i) $\tan\varphi = 2$ k) $\tan\varphi = -\frac{1}{2}$ l) $\tan\varphi = -0{,}75$ m) $\sin\varphi = -\frac{\sqrt{5}}{2}$

8 Kosinuswerte der Winkel einer Raute

α, β, γ und δ sind die Innenwinkel einer Raute. Es ist $\alpha = 60°$. Berechne $\cos\alpha + \cos\beta + \cos\gamma + \cos\delta$. Zeige, dass man für jeden anderen Innenwinkel α für die Summe der Kosinuswerte das gleiche Ergebnis erhält.

9 Umrechnen der Winkelmaße

Bestimme für die Winkel jeweils das zugehörige Bogen- bzw. Gradmaß. Schätze zuerst und rechne dann.

a) $\varphi = 36°$ b) $\varphi = 54°$ c) $\varphi = 115°$ d) $\varphi = 158°$ e) $\varphi = 240°$ f) $\varphi = 305°$

g) $x = \frac{\pi}{9}$ h) $x = \frac{7}{12}\pi$ i) $x = 2{,}5$ k) $x = 3{,}8$ l) $x = 4{,}7$ m) $x = 5{,}8$

10 Wahr oder falsch – ein Ein-Personen-Quiz!

Überlege zunächst, ob die Aussagen wahr oder falsch sind. Überprüfe anschließend mit dem TR und gib die jeweiligen Werte an. Bei wie vielen Aufgaben war deine Vorhersage richtig?

a) $\sin 3{,}14 < \cos 3{,}14$ b) $\sin 1° < \cos 1°$ c) $\sin 1 < \cos 1$

d) $\sin 1 < \sin 1°$ e) $\cos 1 < \cos 1°$ f) $\sin 2 < \sin 3$

g) $\cos 4 > \cos 5$ h) $\cos 6 > \sin 5$ i) $\cos 4 > \sin 4$

11 Hammerwurf

Zunächst bringt der Athlet den Hammer durch Hin- und Herschwingen auf eine Kreisbahn. Dann dreht sich der Werfer $3\frac{1}{2}$-mal um seine eigene Achse, beschleunigt dabei den Hammer kräftig und schickt ihn auf seine Flugbahn.

a) Angenommen, der Radius der Kreisbahn des Hammers würde nur 1 m betragen. Welchen Weg würde die Kugel bei einer Drehung um 57° zurücklegen? Schätze den Weg ab, den die Kugel während der $3\frac{1}{2}$ Drehungen zurücklegen würde.

b) Tatsächlich ist das Drahtseil, an dem der Hammer hängt, 1,2 m lang. Schätze für den realen Fall die beiden gesuchten Wege ab.

Zum Intensivieren

12 Besondere trigonometrische Werte

a) Präge dir die besonderen Werte wieder ein.

b) Welcher Zusammenhang besteht zwischen den Sinus- und den Kosinuswerten? Wie lassen sich die Tangenswerte aus den Sinus- und Kosinuswerten berechnen?

α	0°	30°	45°	60°	90°
$\sin\alpha$	0	$\frac{1}{2}$	$\frac{1}{2}\sqrt{2}$	$\frac{1}{2}\sqrt{3}$	1
Merkhilfe	$\frac{1}{2}\sqrt{0}$	$\frac{1}{2}\sqrt{1}$	$\frac{1}{2}\sqrt{2}$	$\frac{1}{2}\sqrt{3}$	$\frac{1}{2}\sqrt{4}$
$\cos\alpha$	1	$\frac{1}{2}\sqrt{3}$	$\frac{1}{2}\sqrt{2}$	$\frac{1}{2}$	0
$\tan\alpha$	0	$\frac{1}{\sqrt{3}}$	1	$\sqrt{3}$	gibt's nicht

13 Umrechnen vom Gradmaß ins Bogenmaß mit Tabellenkalkulation

a) Schreibe mithilfe einer Tabellenkalkulation einen „Umrechner“ vom Gradmaß ins Bogenmaß.
Gib in die Spalte B mindestens 10 verschiedene Winkelwerte ein und berechne damit das zugehörige Bogenmaß in Spalte C. Benütze die Kopierfunktion.

	A	B	C
1	Winkel	φ im Gradmaß	x im Bogenmaß
2		17	0,296705973
3		180	3,141592654

b) Die meisten Tabellenkalkulationen beinhalten eine vordefinierte Funktion „BOGENMASS()“. Verwende diese Funktion und berechne damit in Spalte D das Bogenmaß der Winkel aus Spalte B. Vergleiche mit deiner Spalte C.

c) Berechne den Sinuswert von 30° mithilfe einer Tabellenkalkulation. Verwende dazu die Funktion „SIN()“. Was fällt dir auf? Warum kann das Ergebnis auf keinen Fall stimmen?

d) Erweitere deine Tabelle aus Aufgabe a), indem du in Spalte E bzw. F den jeweiligen Sinus- bzw. Kosinuswert des Winkels berechnest. Beachte dabei, dass das Programm für diese Berechnungen die Winkel im Bogenmaß benötigt.

14 Alle Lösungen gesucht!

Gib jeweils alle Lösungen im Intervall $[0; 2\pi[$ an.

a) $\sin x = 1$ b) $\cos x = 0$ c) $\sin x = 0$ d) $\sin x = 0{,}5$

e) $\cos x = 0{,}5$ f) $\sin x = \frac{1}{2}\sqrt{2}$ g) $\cos x = -0{,}5$ h) $\sin x = -\frac{1}{2}\sqrt{3}$

15 Grundwissen: Quadratische Gleichungen

Löse die folgenden quadratischen Gleichungen.

a) $11x^2 - 22 = 0$ b) $(x-7)^2 = 121$ c) $(x+2)(x-3) = 0$

d) $2x^2 - 6x + 4{,}5 = 0$ e) $2x^2 - 4x - 30 = 0$ f) $x^2 = 5x$

g) $3x^2 - 2x + 15 = 0$ h) $(x-\sqrt{2})^2 = 2$ i) $10x^2 + 75x = 135$

k) $\frac{1}{2}x^2 + 11 = 5x$ l) $(x+1)(x-2) = 4$ m) $3x^2 = \frac{3}{2}x + \frac{1}{3}$

3.2 Trigonometrie am beliebigen Dreieck*

Vom rechtwinkligen Dreieck zum beliebigen Dreieck

Tri-gono-metrie heißt *Drei-ecks-messung*. Wir werden unsere Rechnungen an rechtwinkligen Dreiecken nun auf beliebige Dreiecke erweitern. Zunächst ein Beispiel!

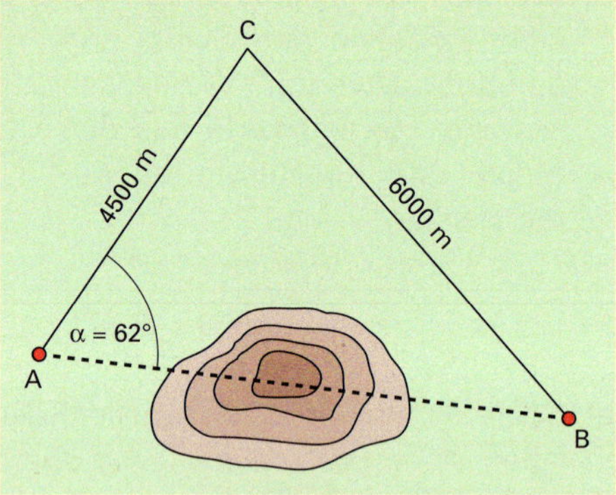

Für einen Intercityexpress soll zwischen A und B ein Tunnel gebaut werden. C ist ein Messpunkt. $\overline{AC}$, $\overline{BC}$ und der Winkel α sind aus kartographischen Messungen bekannt.
Wie lang wird der Tunnel?

Das Dreieck ist nach dem SsW-Satz eindeutig konstruierbar (Aufgabe 1). Wir erhalten aus der Zeichnung den ungefähren Wert $\overline{AB} \approx 6{,}5$ km.
Wie lässt sich $\overline{AB}$ berechnen? Wir führen die Aufgabe zunächst auf rechtwinklige Dreiecke zurück: Die Höhe h_c zerlegt Dreieck ABC in zwei rechtwinklige Dreiecke. Damit gelingt die Lösung (Aufgabe 1d). Wir verallgemeinern dieses Vorgehen, um in beliebigen Dreiecken aus drei gegebenen Stücken die restlichen Längen und Winkel direkt berechnen zu können.

Der Sinussatz

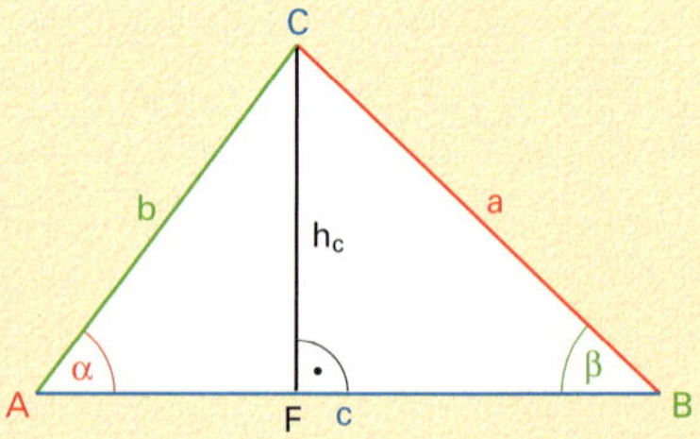

Wir zerlegen ein beliebiges spitzwinkliges Dreieck ABC durch die Höhe h_c in zwei rechtwinklige Dreiecke.

In Dreieck AFC gilt: $\sin\alpha = \frac{h_c}{b} \Rightarrow h_c = b \cdot \sin\alpha$.

In Dreieck FBC gilt: $\sin\beta = \frac{h_c}{a} \Rightarrow h_c = a \cdot \sin\beta$.

Durch Gleichsetzen erhalten wir: $b \cdot \sin\alpha = a \cdot \sin\beta$ bzw. $\frac{\sin\alpha}{\sin\beta} = \frac{a}{b}$.

Eine entsprechende Beziehung gilt für die anderen Seiten und Winkel. Nach Aufgabe 3 gelten diese Beziehungen auch im stumpfwinkligen Dreieck.

Sinussatz
Im Dreieck verhalten sich die Längen zweier Seiten wie die Sinuswerte ihrer Gegenwinkel:

$$\frac{a}{b} = \frac{\sin\alpha}{\sin\beta}; \quad \frac{a}{c} = \frac{\sin\alpha}{\sin\gamma}; \quad \frac{b}{c} = \frac{\sin\beta}{\sin\gamma}$$

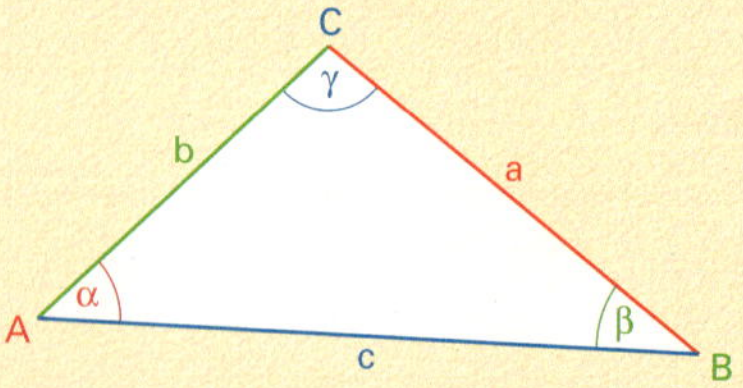

Beachte: Bei der Winkelberechnung liefert ein Sinuswert zwei Winkel, einen spitzen und einen stumpfen. Mithilfe der Winkelsumme im Dreieck entscheiden wir, ob diese jeweils Lösungen sind.

Beispiel Nun können wir die gesuchten Stücke unseres Eingangsbeispiels direkt berechnen. Wir beginnen den Ansatz stets mit der gesuchten Größe.

Winkel β: $\frac{\sin\beta}{\sin\alpha} = \frac{b}{a} \Rightarrow \sin\beta = \frac{b}{a} \cdot \sin\alpha = \frac{4{,}5}{6} \cdot \sin 62°$

$\Rightarrow \beta_1 \approx 41{,}5°;\ \beta_2 \approx 180° - 41{,}5° = 138{,}5°$

$\alpha + \beta_2 = 62° + 138{,}5° = 200{,}5° > 180° \Rightarrow \beta_2$ ist keine Lösung.

Winkel γ: $\gamma = 180° - \alpha - \beta_1 \approx 76{,}5°$

Seite c: $\frac{c}{a} = \frac{\sin\gamma}{\sin\alpha} \Rightarrow c = a \cdot \frac{\sin\gamma}{\sin\alpha} = 6\,\text{km} \cdot \frac{\sin 76{,}5°}{\sin 62°} \approx 6{,}6\,\text{km}$

Der Kosinussatz

Sind drei Seiten (SSS) oder zwei Seiten (SWS) und der Zwischenwinkel gegeben, können wir die anderen Stücke nicht mit dem Sinussatz berechnen (Aufgabe 8). Zur Lösung zerlegen wir Dreieck ABC durch h_c wieder in zwei rechtwinklige Dreiecke (Aufgabe 9).

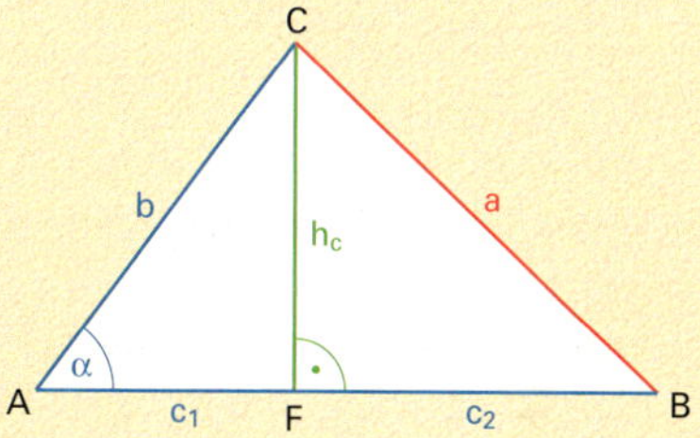

a soll durch b und c und den Zwischenwinkel α ausgedrückt werden:

$a^2 = h_c^2 + c_2^2$ — Satz des Pythagoras im Dreieck BCF

$a^2 = h_c^2 + (c - c_1)^2$

$a^2 = (b \cdot \sin\alpha)^2 + (c - b \cdot \cos\alpha)^2$ — $h_c = b \cdot \sin\alpha$ und $c_1 = b \cdot \cos\alpha$ in $\triangle AFC$

$a^2 = b^2 \cdot (\sin\alpha)^2 + c^2 - 2bc \cdot \cos\alpha + b^2 \cdot (\cos\alpha)^2$ — Binomische Formel

$a^2 = b^2 \cdot \underbrace{((\sin\alpha)^2 + (\cos\alpha)^2)}_{=1} + c^2 - 2bc \cdot \cos\alpha$ — Trigonometrischer Pythagoras

$a^2 = b^2 + c^2 - 2bc \cdot \cos\alpha$

Analoge Gleichungen ergeben sich für zwei andere Seiten mit ihrem Zwischenwinkel. Diese Beziehungen gelten auch im stumpfwinkligen Dreieck (Aufgabe 10).

Kosinussatz
Das Quadrat einer Seite ist gleich der Summe der Quadrate der beiden anderen Seiten, vermindert um das doppelte Produkt dieser Seiten und des Kosinus ihres Zwischenwinkels:

$a^2 = b^2 + c^2 - 2bc \cdot \cos\alpha$

$b^2 = a^2 + c^2 - 2ac \cdot \cos\beta$ $\quad c^2 = a^2 + b^2 - 2ab \cdot \cos\gamma$

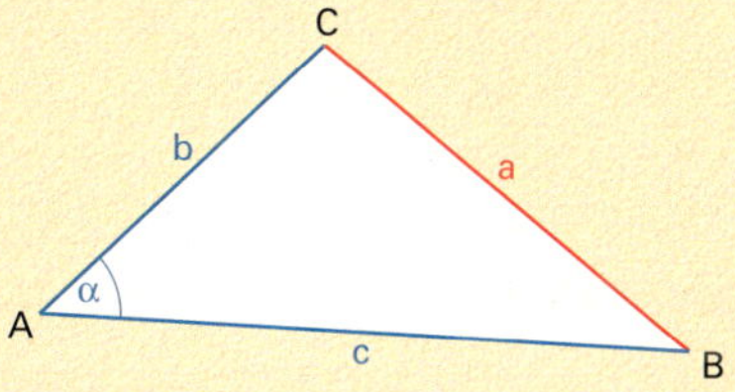

Beachte: Zu einem spitzen Winkel gehört ein positiver Kosinuswert, zu einem stumpfen ein negativer. Die Umrechnung ist eindeutig.

Beispiel Im Dreieck ABC ist $b = 6\,\text{cm}$, $c = 9\,\text{cm}$ und $\alpha = 65°$ (Aufgabe 9).

$a^2 = b^2 + c^2 - 2bc \cdot \cos\alpha = 36\,\text{cm}^2 + 81\,\text{cm}^2 - 2 \cdot 6\,\text{cm} \cdot 9\,\text{cm} \cdot \cos 65°$

Damit ist $a^2 \approx 71{,}36\,\text{cm}^2$ und $a \approx 8{,}4\,\text{cm}$.

Aufgaben

1 **Dreieckskonstruktion**

Von einem Dreieck ABC sind a = 6 cm, b = 4,5 cm und $\alpha = 62°$ gegeben.

a) Zeichne eine Planfigur. Warum ist das Dreieck ABC eindeutig konstruierbar?

b) Konstruiere das Dreieck ABC.

c) Ermittle die Länge der Seite c zeichnerisch.

d) Zeichne die Höhe h_c ein und berechne mithilfe der dadurch entstandenen Teildreiecke schrittweise die Länge der Seite c.

2 **Landvermessung**

Bei der Triangulation wird das Land mit einem Netz von Dreiecken überzogen, deren Ecken markante, weithin sichtbare Punkte sind. Als Ausgangsstrecke der ersten bayerischen Landvermessung von 1802 wählte man eine Strecke von Unterföhrung (U) bis Aufkirchen (A) und errichtete an beiden Enden Steinpyramiden. Durch Abtragen von Stäben wurde $\overline{UA}$ zu 21,6538 km bestimmt. Für die Berechnung der Entfernung des Freisinger Doms (D) von U bzw. A, liefert ein Theodolit die rechts gerundet angegeben Winkel.

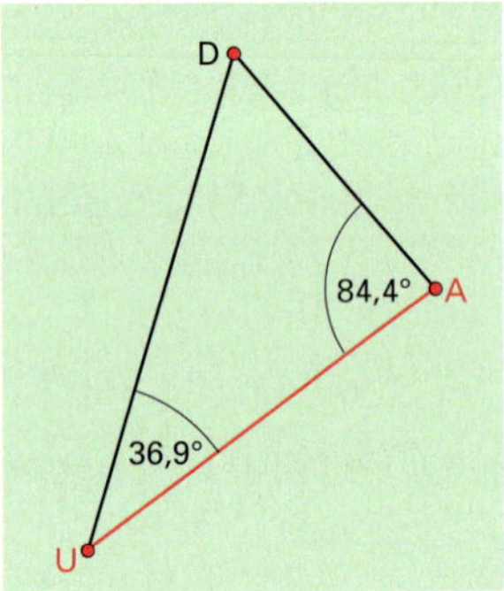

a) Berechne $\overline{UD}$ und $\overline{AD}$.

b) Wie wurde die Landvermessung fortgesetzt?

3 **Sinussatz im stumpfwinkligen Dreieck**

Vom Dreieck ABC sind a = 9 cm, b = 4 cm und $\alpha = 120°$ gegeben.

a) Konstruiere das Dreieck. Miss den Winkel β und die Seite c.

b) Überprüfe, ob der Sinussatz auch im stumpfwinkligen Dreieck gilt, indem du den Winkel β und die Seite c berechnest und mit den Ergebnissen aus Aufgabe a) vergleichst.

c) Für den Beweis des Sinussatzes benötigt man die beiden Beziehungen $h_c = b \cdot \sin\alpha$ und $h_c = a \cdot \sin\beta$. Begründe sie.
Beweise damit den Sinussatz für das stumpfwinklige Dreieck.

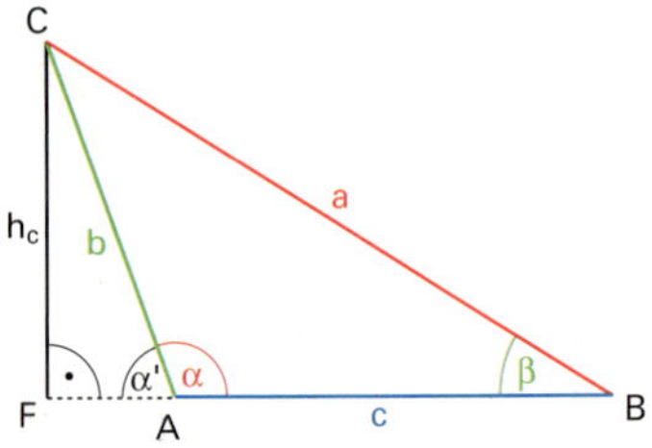

4 **Berechnung fehlender Winkel und Seiten**

Zeichne zu jedem Dreieck ABC eine Planfigur und trage die gegebenen Stücke farbig ein. Gib den Kongruenzsatz an, nach dem das Dreieck eindeutig konstruierbar ist. Berechne die fehlenden Winkel und Seitenlängen.

a) c = 6 cm; $\alpha = 45°$; $\beta = 60°$

b) a = 5 cm; $\alpha = 50°$; $\beta = 50°$

c) a = 6 cm; c = 9 cm; $\gamma = 110°$

d) a = 9,5 cm; b = 7,5 cm; $\alpha = 100°$

e) b = 6,6 cm; $\beta = 46°$; $\gamma = 64°$

f) b = 6,6 cm; $\alpha = 46°$; $\beta = 64°$

g) a = 5 cm; b = 12 cm; c = 13 cm

h) a = 8,8 cm; b = 8,8 cm; $\gamma = 88°$

5 **Leuchtturm**

Wie hoch ist der Leuchtturm?

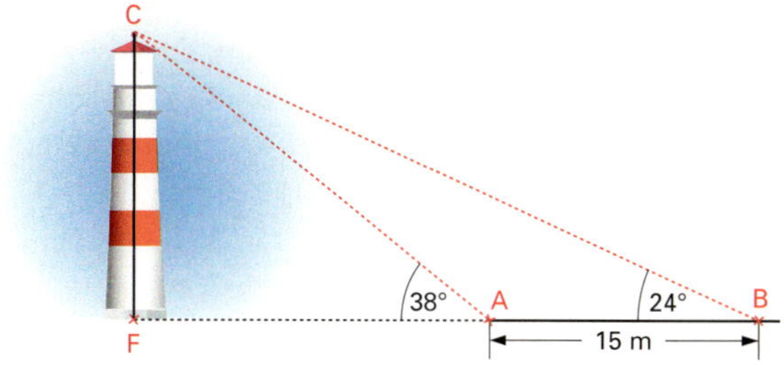

6 **Keine, eine oder zwei Lösungen**

Ist bei der folgenden Angabe ohne Rechnung oder Zeichnung jeweils entscheidbar, ob es kein, ein oder zwei Dreiecke gibt? Berechne, falls es Dreiecke gibt, die fehlenden Winkel und Seiten – auch bei zwei Lösungen.

a) $a = 3\,cm;\ c = 8\,cm;\ \alpha = 30°$
b) $a = 4\,cm;\ c = 8\,cm;\ \alpha = 30°$
c) $a = 5\,cm;\ c = 8\,cm;\ \alpha = 30°$
d) $a = 4\,cm;\ b = 5\,cm;\ \beta = 45°$
e) $a = 4\,cm;\ b = 5\,cm;\ \alpha = 45°$
f) $a = 4{,}5\,cm;\ b = 6\,cm;\ \alpha = 41{,}6°$
g) $b = 5{,}5\,cm;\ c = 6\,cm;\ \beta = 55{,}5°$
h) $a = 7{,}6\,cm;\ c = 5{,}4\,cm;\ \gamma = 130°$

7 **Entfernung zum Mond**

Die französischen Astronomen LALANDE und LACAILLE haben 1752 mit einer bis dahin nicht erreichten Präzision die Entfernung des Mondes von der Erde bestimmt. Dazu wurde der Winkel ε zwischen dem Lot und der Verbindungslinie Mond-Beobachter gemessen, und zwar gleichzeitig in Berlin und Kapstadt, die ungefähr auf demselben Längengrad liegen.

Berlin:	Breitengrad: $\varphi_B = 52{,}52°$	Winkel: $\varepsilon_B = 41{,}26°$
Kapstadt:	Breitengrad: $\varphi_K = -33{,}93°$	Winkel: $\varepsilon_K = 46{,}56°$
Erdradius $r = 6370\,km$		

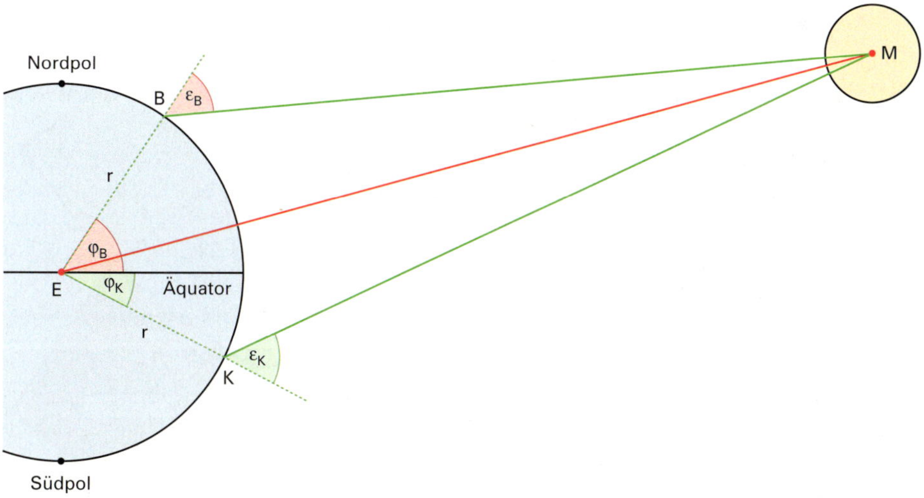

a) Berechne die Länge der Sehne [BK].
b) Berechne $\overline{BM}$. (Tipp: Betrachte Dreieck BKM.)
c) Berechne die Mondentfernung $\overline{EM}$.

8 Berechenbar?

Aus drei gegebenen Stücken eines Dreiecks haben wir bisher mithilfe des Sinussatzes die restlichen Seiten und Winkel berechnet. Es gibt aber eindeutig konstruierbare Dreiecke, bei denen das mit dem Sinussatz nicht gelingt. Gib dazu zwei Zahlenbeispiele und die zugehörigen Kongruenzsätze an. Begründe deine Antwort.

9 Vorbereitung des Beweises zum Kosinussatz

In einem Dreieck ABC ist $b = 6\,cm$, $c = 9\,cm$ und $\alpha = 65°$.

Berechne die Länge der Seite a schrittweise.

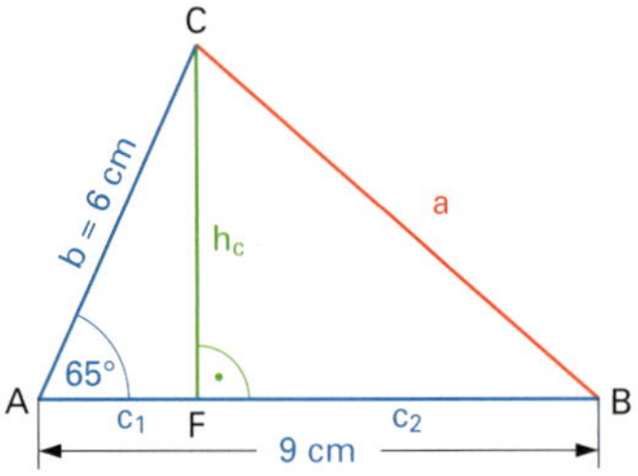

10 Der Kosinussatz im stumpfwinkligen Dreieck

Im Dreieck ABC sind $b = 5\,cm$, $c = 9\,cm$ und $\alpha = 120°$ gegeben.

a) Konstruiere das Dreieck. Miss β und a.

b) Teste, ob der Kosinussatz auch im stumpfwinkligen Dreieck gilt: Berechne β und a mit dem Kosinussatz. Vergleiche mit den Messwerten von Aufgabe a).

c) Beweise den Kosinussatz für stumpfwinklige Dreiecke: Gehe vom Ansatz $a^2 = h_c^2 + (c + c_1)^2$ aus. Eliminiere anschließend h_c und c_1.

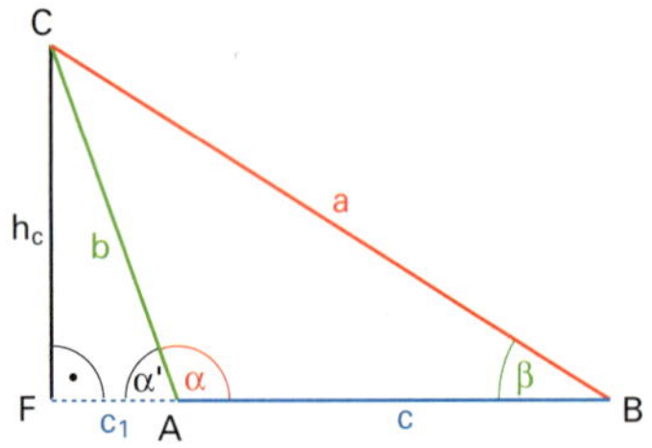

11 Vom Kosinussatz zum Pythagoras

a) Zeichne mit einem dynamischen Geometrieprogramm ein Dreieck ABC mit $a = 3\,cm$ und $b = 4\,cm$ (Tipp: Zunächst einen Punkt C erzeugen, dann Kreise um C ziehen und die Ecken A und B als Punkte darauf definieren) und lass dir die Größe des Winkels γ anzeigen.

b) Konstruiere die Quadrate über den Seiten a, b und c, sodass diese erhalten bleiben, wenn du das Dreieck im Zugmodus veränderst. Lass dir den Flächeninhalt des Quadrats über c als Termobjekt einblenden.

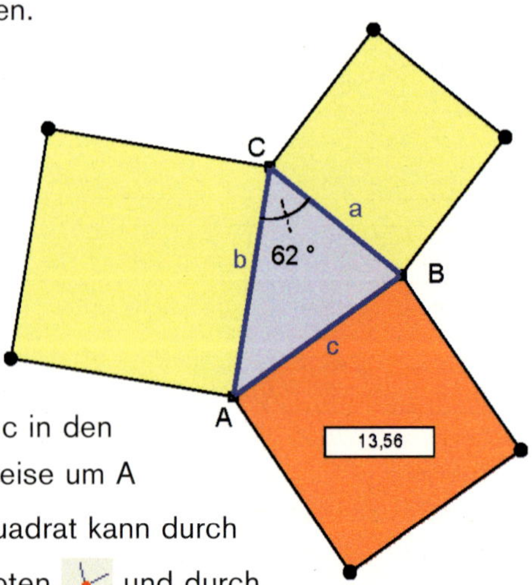

(Tipp: Konstruiere zunächst die Lote auf c in den Punkten A und B und ziehe dann Kreise um A durch B und um B durch A . Das Quadrat kann durch zwei Schnittpunkte der Kreise mit den Loten und durch B und C definiert werden . Lass dir zunächst die Länge der Seite c anzeigen und definiere den Flächeninhalt als Produkt dieser Länge mit sich selbst .)

c) Begründe, warum in der Abbildung offensichtlich $a^2 + b^2 > c^2$ gilt. Berechne die Differenz der Flächeninhalte $(a^2 + b^2) - c^2$ auf zwei verschiedene Arten!

d) Verändere das Dreieck im Zugmodus. Für welche Winkel γ ist $a^2 + b^2 > c^2$ bzw. $a^2 + b^2 < c^2$? Begründe!
Warum kann der Satz des Pythagoras als Spezialfall des Kosinussatzes angesehen werden?

12 **Der Kosinussatz macht's möglich.**

Warum ist aus den folgenden Stücken jeweils ein Dreieck ABC eindeutig konstruierbar? Berechne die fehlenden Seiten und Winkel.

a) $a = 5\,cm$; $b = 6\,cm$; $c = 7\,cm$
b) $b = 6\,cm$; $c = 7\,cm$; $\alpha = 60°$
c) $a = 2{,}8\,cm$; $b = 5{,}3\,cm$; $c = 4{,}5\,cm$
d) $a = 4{,}4\,cm$; $b = 5{,}5\,cm$; $\gamma = 130°$
e) $a = 7{,}7\,cm$; $b = 7{,}7\,cm$; $\gamma = 60°$
f) $a = b$; $\gamma = 60°$

13 **Bunte Mischung**

Untersuche, ob es Dreiecke ABC mit den gegebenen Stücken geben kann. Bestimme gegebenenfalls die fehlenden Seiten und Winkel.

a) $c = 7{,}5\,cm$; $\alpha = 76°$; $\beta = 114°$
b) $a = 3{,}4\,cm$; $b = 4{,}3\,cm$; $c = 8{,}1\,cm$
c) $a = 6{,}5\,cm$; $b = 5{,}5\,cm$; $\beta = 48°$
d) $b = 5{,}6\,cm$; $c = 5{,}6\,cm$; $\alpha = 96°$
e) $b = 5{,}6\,cm$; $c = 5{,}6\,cm$; $\beta = 96°$
f) $a = 3{,}5\,cm$; $\beta = 45°$; $\gamma = 125°$
g) $c = 7{,}7\,cm$; $\beta = 88°$; $\gamma = 93°$
h) $a = 4\,cm$; $b = 5\,cm$; $c = 6\,cm$
i) $a = 1\,cm$; $b = 3\,cm$; $\alpha = 18{,}4°$
k) $c = 7{,}7\,cm$; $\alpha = 28°$; $\gamma = 93°$
l) $c = 8\,cm$; $\alpha = 68°$; $w_\alpha = 6{,}5\,cm$
m) $b = 7{,}5\,cm$; $c = 9\,cm$; $h_c = 4{,}5\,cm$

14 **Die Doppelwinkel-Formeln**

Wir wollen Formeln zum Berechnen von $\sin 2\alpha$ und $\cos 2\alpha$ herleiten. Dazu setzen wir zwei kongruente rechtwinklige Dreiecke mit der Hypotenuse 1 und den spitzen Winkeln α und $90° - \alpha$ zu einem gleichschenkligen Dreieck PQR mit dem Winkel 2α zusammen.

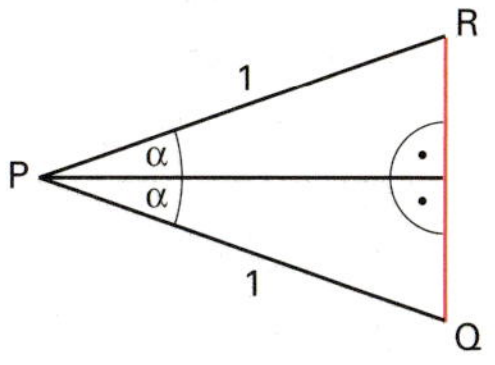

a) Gib zu α die Länge der Gegen- und der Ankathete in Abhängigkeit von α an.

b) Leite durch Anwenden des Sinussatzes im Dreieck PQR die Formel $\sin 2\alpha = 2 \cdot \sin\alpha \cdot \cos\alpha$ ab.
Man kann beweisen, dass die Formel nicht nur für spitze Winkel, sondern für beliebige gilt. Teste die Formel durch zwei selbst gewählte Beispiele.

c) Leite durch Anwenden des Kosinussatzes im Dreieck PQR die Formel $\cos 2\alpha = 1 - 2 \cdot (\sin\alpha)^2$ ab.
Auch hier kann man zeigen, dass die Formel für beliebige Winkel gilt. Teste die Formel wieder durch zwei selbst gewählte Beispiele.

d) Löse die Doppelwinkel-Formel von c) nach $\sin\alpha$ auf.
Gib damit die genauen Werte von $\sin 15°$, $\sin 22{,}5°$ und $\sin 75°$ an.
Überprüfe die Ergebnisse jeweils mit dem Taschenrechner.

15 Die Additionstheoreme für Sinus und Kosinus

a) Berechne $\sin 30° + \sin 45°$. Warum kann das nicht der Sinuswert von 75° sein?

Wir suchen eine Formel, die einen Zusammenhang zwischen $\sin(\alpha + \beta)$ und $\sin\alpha$ und $\sin\beta$ herstellt. Wir betrachten dazu die beiden rechts dargestellten Dreiecke. Damit wir diese zu *einem* Dreieck PQR mit dem Winkel $\alpha + \beta$ zusammensetzen können, vervielfachen wir alle Seiten des ersten Dreiecks mit $\cos\beta$ und alle Seiten des zweiten Dreiecks mit $\cos\alpha$.

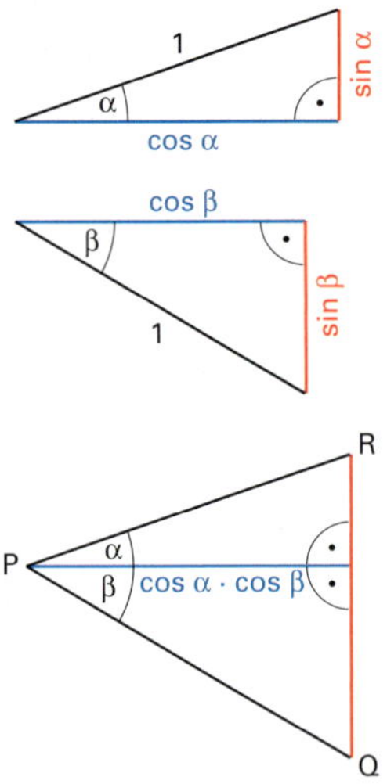

b) Übertrage die Zeichnung des Dreiecks PQR in dein Heft. Beschrifte es mit den Längen der Seiten. Leite durch Anwenden des Sinussatzes das „Additionstheorem"
$\sin(\alpha + \beta) = \sin\alpha \cdot \cos\beta + \cos\alpha \cdot \sin\beta$
her. Diese Formel gilt nicht nur für $\alpha + \beta < 90°$, sondern für beliebige Winkel.

c) Das Additionstheorem für den Kosinus lautet:
$\cos(\alpha + \beta) = \cos\alpha \cdot \cos\beta - \sin\alpha \cdot \sin\beta$.
Überprüfe beide Additionstheoreme für $\alpha = 30°$ und $\beta = 60°$ sowie für $\alpha = 30°$ und $\beta = 90°$.

d) Gib die genauen Werte von $\sin 75°$, $\cos 75°$ und $\tan 75°$ an.

e) Zeige, dass sich aus den beiden Additionstheoremen für $\alpha = \beta$ die Doppelwinkel-Formeln von Aufgabe 14 ergeben.

16 Weitenmessung beim Kugelstoßen

Bei großen Leichtathletikveranstaltungen werden die Weitenmessungen bei Sprung- oder Wurfwettbewerben mit elektronischen Verfahren ausgeführt. Dabei kommen Laservermessungsgeräte (Tachymeter) zum Einsatz. Beim Kugelstoßen wird der Tachymeter vor Beginn des Wettkampfes an einen festen Ort außerhalb des Wurfsektors positioniert und ausgerichtet. Seine Entfernung zum Wurfkreismittelpunkt wird ausgemessen. Nach erfolgtem Wurf steckt der Kampfrichter die Zielmarke (Z) in den Boden. Mithilfe des Lasers wird die Strecke d zwischen Tachymeter und Zielmarke millimetergenau bestimmt, außerdem der Winkel α. Ein Computer berechnet w mithilfe des Kosinussatzes. Die gesuchte Wurfweite W ergibt sich nach dem Abzug des Wurfkreisradius von $r = 1$ m.

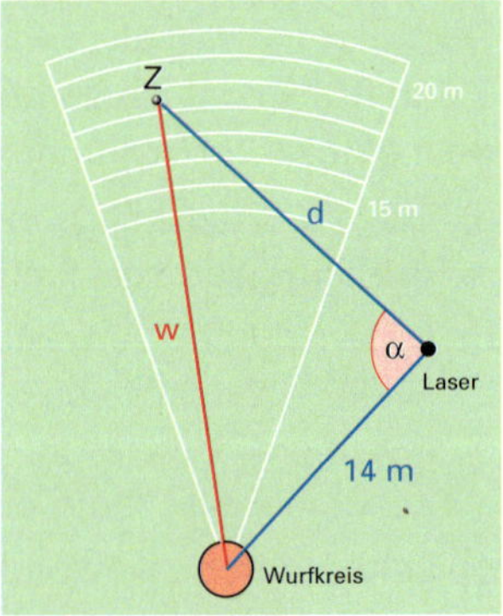

a) Stelle eine Formel zur Berechnung von W in Abhängigkeit von den gemessenen Werten d und α auf. Gehe dabei von der im Bild dargestellten Laserposition aus.

b) Bei einem Wettkampf wurden folgende Werte für d und α gemessen.

	A	B	C	D	E	F
1	**Name**	Anton	Bernd	Carl	Denny	Eddi
2	**Messung d**	16,42	10,56	17,2	17,18	15,2
3	**Messung α**	80,05	100,72	74,33	74,19	93,58
4	**Wurfweite W**					

Erstelle die Tabelle mithilfe einer Tabellenkalkulation und lass die Werte für die Wurfweite W berechnen. Beachte dabei, dass die Winkel für die Kosinusberechnung im Bogenmaß benötigt werden.

c) Lass dir mithilfe der Funktion „=RANG()“ die Platzierungen der Leichtathleten in einer weiteren Zeile der Tabelle einblenden.

Zum Intensivieren

17 Grundwissen: Kongruenzsätze

Wie lauten die Kongruenzsätze für Dreiecke? Gib jeweils die Kurzform an und formuliere den zugehörigen Satz!

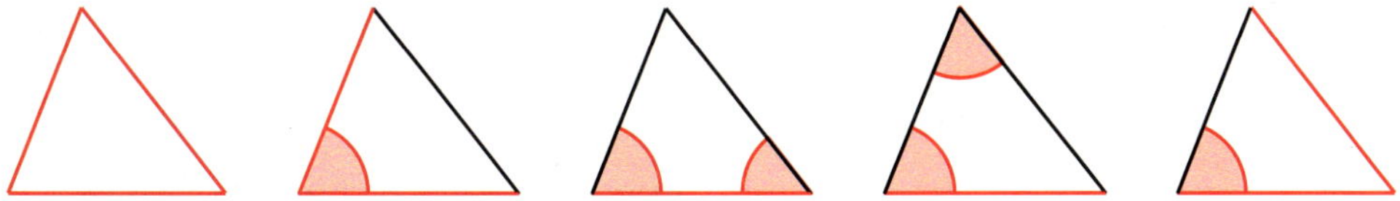

18 Kontrolle ist besser!

Berechne die fehlenden Seiten und Winkel im Dreieck ABC. Konstruiere das Dreieck anschließend mithilfe eines dynamischen Geometrieprogramms und lass dir die gesuchten Größen einblenden. Vergleiche mit deinen Rechenergebnissen.

a) $\alpha = 60°$; $\beta = 39°$; $c = 8{,}5\,cm$

b) $a = 4{,}7\,cm$; $b = 8\,cm$; $c = 8{,}5\,cm$

c) $\beta = 30°$; $a = 8{,}6\,cm$; $c = 8\,cm$

d) $\alpha = 97°$; $a = 10\,cm$; $c = 8{,}5\,cm$

e) $\alpha = 33°$; $\beta = 40°$; $b = 5\,cm$

f) $a = 5{,}5\,cm$; $b = 7\,cm$; $\alpha = 45°$

19 Knifflig: Stern im Quadrat

In einem Quadrat mit der Seitenlänge a sind die Seitenmitten mit den gegenüberliegenden Eckpunkten verbunden. Dadurch entsteht der gekennzeichnete Stern. Wie groß ist sein Flächeninhalt in Abhängigkeit von a?

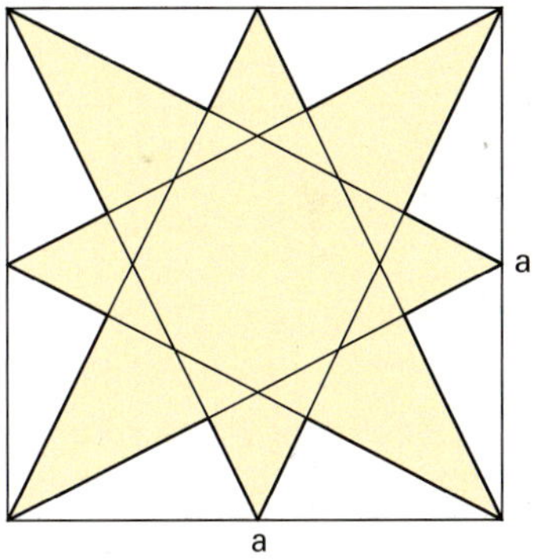

20 Grundwissen: Die Hyperbel

a) Zeichne den Graphen der Funktion $f(x) = \frac{1}{x}$ im Bereich $[-4; 4]$. Gib die Definitionsmenge an. Wie lauten die Gleichungen der waagrechten und der senkrechten Asymptote?

b) Wie lautet die Gleichung der Funktion g, die man durch Verschiebung des Graphen von f um 1 nach rechts und um 2 nach unten erhält? Gib ihre Definitionsmenge und ihre Asymptoten an.

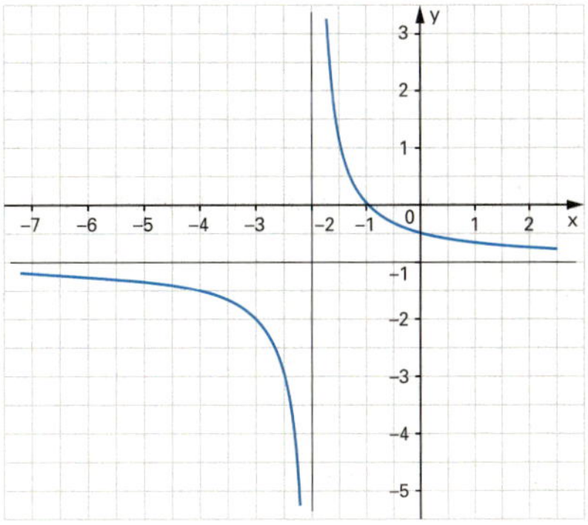

c) Wie lautet die Gleichung der rechts abgebildeten Funktion h? Gib ihre Definitionsmenge und ihre Asymptoten an.

d) Löse die Gleichung $\frac{1}{x+2} - 1 = 2$ rechnerisch und grafisch.

Das Europa-Rad

Auf der Erlanger Bergkirchweih steht jedes Jahr das „weltgrößte Riesenrad mit offenen und drehbaren Gondeln".

Technische Daten

Maximale Höhe	55 m
Durchmesser	50 m
Gondeln	42
Glühbirnen	46 000
Baujahr	1992
Dauer einer Umdrehung	4 min

In der Zeichnung rechts sind 12 Positionen einer Gondel angegeben. Zum Zeitpunkt $t = 0$ Minuten durchläuft sie den Punkt A_1.

a) Zu welchem Zeitpunkt befindet sich die Gondel im Punkt A_6?

b) Denke dir ein x-y-Koordinatensystem so angelegt, dass der Ursprung im Mittelpunkt des Riesenrades liegt und die x-Achse durch A_{10} und A_4 verläuft. Wie lauten in diesem Bezugssystem die Polarkoordinaten des Punktes A_6?
Berechne damit die Koordinate y_6.

c) Auf welcher Höhe h befindet sich folglich die Gondel im Punkt A_6?

d) Erstelle (mithilfe einer Tabellenkalkulation) eine Tabelle nach folgendem Vorbild und fülle sie aus.

e) Zeichne den Graphen der Funktion $t \mapsto h$ mithilfe deiner Tabelle (x-Achse: $1\,\text{cm} \mathrel{\hat{=}} \frac{1}{3}\,\text{min}$, y-Achse: $1\,\text{cm} \mathrel{\hat{=}} 10\,\text{m}$).

f) Wie verläuft der Graph für $t > 4$ Minuten?

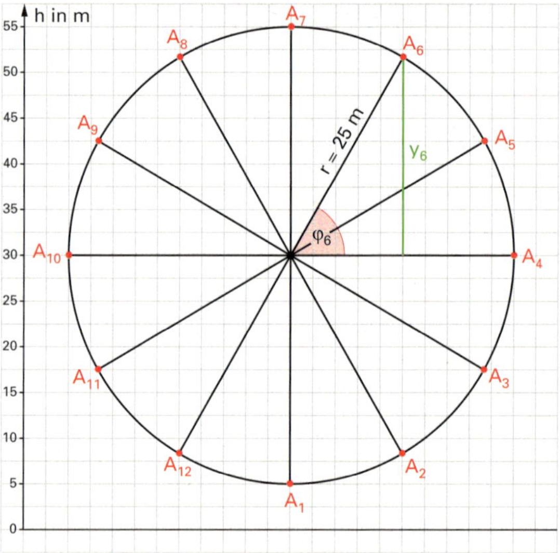

Position	A_1	A_2	A_3	...	A_6	A_7	...	A_{12}
Zeitpunkt t in min	0	$\frac{1}{3}$	$\frac{2}{3}$	...		2	...	
Winkel φ	270°	300°	330°	...	60°	90°	...	240°
y-Koordinate	−25			...		25	...	
Höhe h in m	5			...		55	...	

4.1 Die Sinus- und die Kosinusfunktion

Periodische Funktion

Eine Funktion, bei der sich die Funktionswerte in festen Abständen wiederholen, heißt **periodisch**. Der kürzeste dieser Abstände heißt **Periode.** Dreht sich das Riesenrad von Seite 48 gleichförmig, wiederholen sich die Höhenwerte einer Gondel nach jeweils 4 Minuten immer wieder. Die Funktion $t \mapsto h$, die jedem Zeitpunkt t die Höhe h der Gondel zuordnet, ist periodisch mit der Periode 4 min. Ihr Graph ist wellenförmig. Nach 4 min wiederholt sich die Welle.

Die Sinusfunkion

Zu jedem Winkel gibt es genau einen Sinuswert. Die Zuordnung „Winkel $\mapsto$ Sinuswert“ ist eindeutig und damit eine Funktion, die **Sinusfunktion**. Mit den besonderen Winkeln erhalten wir z. B. die folgende Wertetabelle:

Winkel φ	0°	30°	45°	60°	90°	120°	135°	150°	180°	270°	360°
Winkel x	0	$\frac{\pi}{6}$	$\frac{\pi}{4}$	$\frac{\pi}{3}$	$\frac{\pi}{2}$	$\frac{2}{3}\pi$	$\frac{3}{4}\pi$	$\frac{5}{6}\pi$	π	$\frac{3}{2}\pi$	2π
sin x	0	$\frac{1}{2}$	$\frac{1}{2}\sqrt{2}$	$\frac{1}{2}\sqrt{3}$	1	$\frac{1}{2}\sqrt{3}$	$\frac{1}{2}\sqrt{2}$	$\frac{1}{2}$	0	−1	0

Wir beschränken uns bei trigonometrischen Funktionen auf das Bogenmaß x als Winkelmaß. Die Sinusfunktion lautet dann $f(x) = \sin x$. Ihren Graphen können wir mit der Wertetabelle zeichnen. Interessant ist ein Verfahren mithilfe des Einheitskreises: Der Sinuswert des Winkels x ist gleich dem y-Wert des zugehörigen Punktes auf dem Einheitskreis.

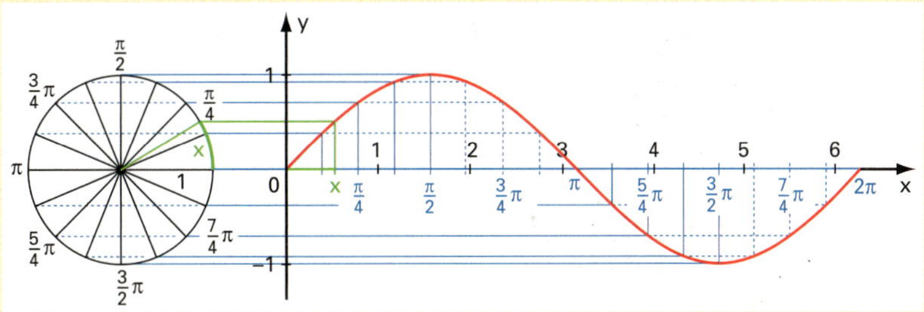

In Anlehnung an die Aufgaben 1 und 2 erweitern wir die Definitionsmenge $[0; 2\pi]$ der Sinusfunktion $f(x) = \sin x$ durch die Winkel größer als 2π und die negativen Winkel zu $D = \mathbb{R}$. Da die Sinuswerte dieser Winkel durch die Addition oder Subtraktion von Vielfachen von 2π auf die Sinuswerte zwischen 0 und 2π zurückgeführt werden, ist die Sinusfunktion periodisch mit der Periode 2π. Ihr Graph, die **Sinuskurve**, besteht also aus aneinandergesetzten Sinuswellen der obigen Form. Um das Zeichnen der Sinuskurve zu vereinfachen, legen wir die Einheit auf der x-Achse mit 1 cm $\mathrel{\hat{=}} \frac{\pi}{3}$ fest (Aufgabe 3a). 0,5 cm entsprechen dann 30°. Wir beginnen mit 0 und tragen dann jeweils nach 0,5 cm die Werte für sin 0°, sin 30°, sin 60° usw. unter Beachtung des Vorzeichens ab. Also: 0; 0,5; 0,87; 1, 0,87; 0,5; 0; −0,5; −0,87; −1; −0,87; −0,5; 0; …

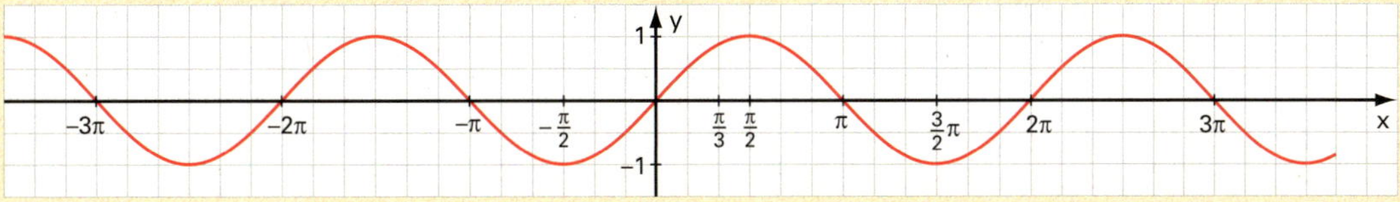

Die Menge der Funktionswerte einer Funktion nennt man **Wertemenge W**.

Die Sinusfunktion nimmt nur Werte zwischen -1 und 1 an. Ihre Wertemenge ist somit $W = [-1; 1]$.

Der größte Funktionswert einer periodischen Funktion heißt **Amplitude**. Die Amplitude der Sinusfunktion ist 1.

Aus dem Graphen lesen wir die Nullstellen $x_k = k\pi$, die Hochpunkte $H_k(\frac{\pi}{2} + k \cdot 2\pi \,|\, +1)$ und die Tiefpunkte $T_k(\frac{3}{2}\pi + k \cdot 2\pi \,|\, -1)$ ab, wobei $k \in \mathbb{Z}$ ist (Aufgabe 3b und c).
Beim Übergang von x zu $-x$ wechselt der Funktionswert das Vorzeichen. Das bedeutet: Der Graph ist punktsymmetrisch zum Ursprung.

Eigenschaften der Sinusfunktion
Die Sinusfunktion $f(x) = \sin x$ mit der Definitionsmenge $D = \mathbb{R}$ hat die Wertemenge $W = [-1; 1]$.
Sie ist periodisch mit der Periode 2π: $\sin(x + 2\pi) = \sin x$
Ihr Graph ist punktsymmetrisch zum Ursprung: $\sin(-x) = -\sin x$

Die Sinuskurve kann beim Lösen trigonometrischer Gleichungen hilfreich sein.

Beispiel

Wir lösen die Gleichung $\sin x = \frac{1}{2}\sqrt{2}$ für $x \in \mathbb{R}$.
Der Sinus ist im I. und im II. Quadranten positiv. Im Intervall von 0 bis 2π gibt es also die Lösungen $x_1 = \frac{\pi}{4}$ und $x_2 = \frac{3\pi}{4}$. Alle Lösungen erhalten wir, wenn wir zu x_1 und x_2 alle Vielfachen von 2π addieren:
Lösungsmenge $L = \{\frac{\pi}{4} + k \cdot 2\pi, \frac{3}{4}\pi + m \cdot 2\pi \text{ mit } k, m \in \mathbb{Z}\}$
Einen guten Überblick über die Lösungen liefert ihre Veranschaulichung an der Sinuskurve.

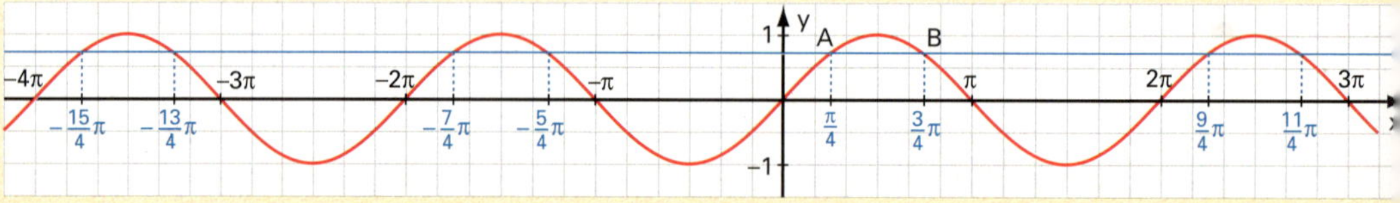

Beachte: Wegen der Periodizität des Sinus mit 2π beschränken wir uns häufig auf die Grundmenge $G = [0; 2\pi[$. Bedenke dabei, dass der TR mit dem Teil der Sinuskurve arbeitet, der im Bereich $[-\frac{\pi}{2}; +\frac{\pi}{2}]$ liegt.

Beispiel

Als Lösung der Gleichung $\sin x = -0{,}6$ gibt der TR $x_{TR} \approx -0{,}64$ an.

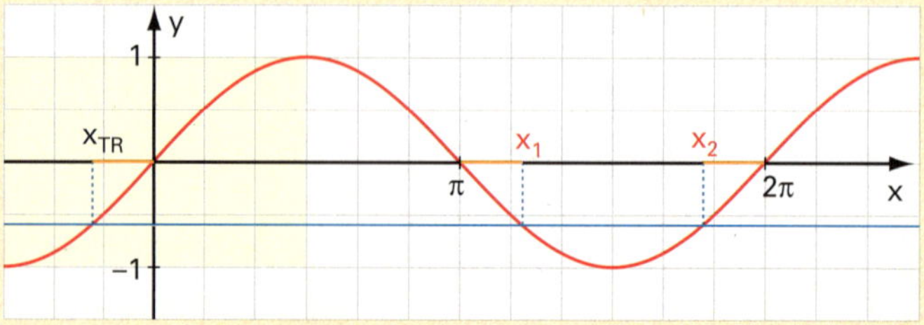

Suchen wir die Lösungen im Intervall $[0; 2\pi[$, so rechnen wir beispielsweise $x_1 \approx \pi + 0{,}64 \approx 3{,}78$ und $x_2 \approx -0{,}64 + 2\pi \approx 5{,}64$.

Die Kosinusfunktion

Auch die Zuordnung $x \mapsto \cos x$ für $x \in \mathbb{R}$ ist eindeutig. Sie definiert eine Funktion, die **Kosinusfunktion**. Wir erhalten ihren Graphen, indem wir auf der x-Achse den Winkel im Bogenmaß und als y-Wert den zugehörigen Kosinuswert abtragen (Aufgabe 7). Auch die Kosinuskurve verläuft periodisch mit der Periode 2π. Sie ist allerdings gegenüber der Sinuskurve um $\frac{\pi}{2}$ verschoben:

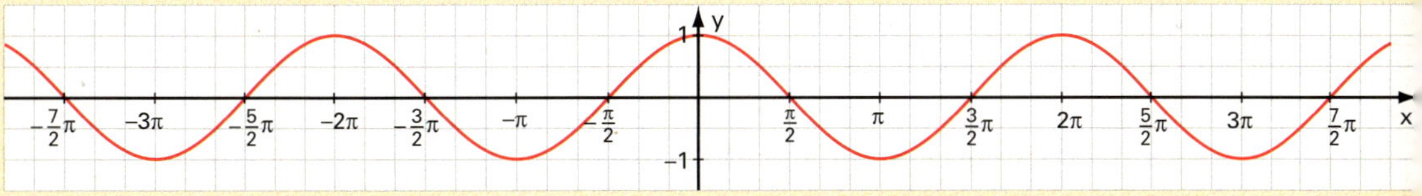

Deshalb sind auch die Nullstellen sowie die Hoch- und Tiefpunkte der Kosinuskurve gegenüber der Sinuskurve um $\frac{\pi}{2}$ versetzt. Die Nullstellen sind $x_k = \frac{\pi}{2} + k\pi$, die Hochpunkte $H_k(k \cdot 2\pi \,|\, +1)$ und die Tiefpunkte $T_k(\pi + k \cdot 2\pi \,|\, -1)$, wobei $k \in \mathbb{Z}$ ist.

Beim Übergang von x zu $-x$ erhält man den gleichen Funktionswert. Das bedeutet: Die Kosinuskurve ist achsensymmetrisch zur y-Achse.

Eigenschaften der Kosinusfunktion

Die Kosinusfunktion $f(x) = \cos x$ mit der Definitionsmenge $D = \mathbb{R}$ hat die Wertemenge $W = [-1; 1]$.

Sie ist periodisch mit der Periode 2π: $\cos(x + 2\pi) = \cos x$

Ihr Graph ist achsensymmetrisch zur y-Achse: $\cos(-x) = \cos x$

Beachte: Der TR arbeitet mit dem Teil der Kosinuskurve, der zwischen 0 und π liegt. Ist bei einer Gleichung vom Typ $\cos x = a$ die Grundmenge aber das Intervall $[0; 2\pi[$, so liefert die TR-Lösung nur eine Lösung.

Beispiel

Als Lösung der Gleichung $\cos x = -0{,}6$ gibt der TR $x_{TR} = x_1 \approx 2{,}21$ an.

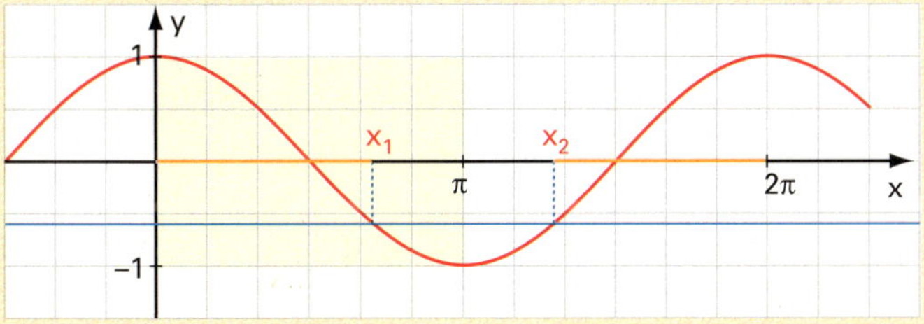

Um die zweite Lösung im Intervall $[0; 2\pi[$ zu erhalten, rechnen wir beispielsweise $x_2 \approx 2\pi - 2{,}21 \approx 4{,}07$.

Aufgaben

1 Winkel über 360° bzw. über 2π

Ein Punkt P läuft auf einem Einheitskreis um. Bei der ersten Umdrehung überstreicht der Radius [MP] einen Winkel von 0° bis 360°. Dann wird die Winkelzählung nicht wieder mit 0° begonnen, sondern es wird weitergezählt.

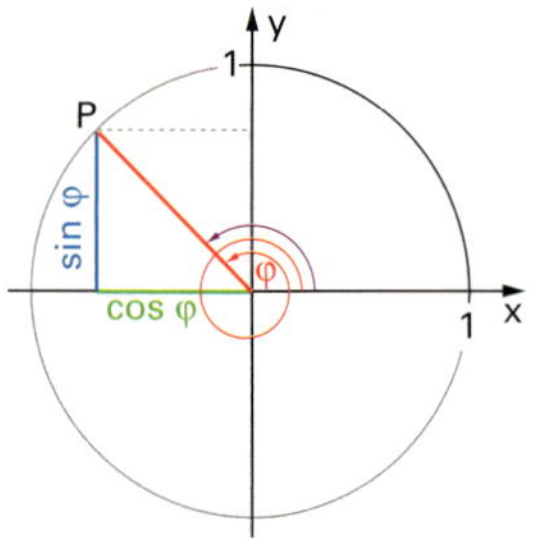

a) Welchen Winkel überstreicht dabei der Radius [MP] während der zweiten, der dritten, der n-ten Umdrehung?

Der Punkt P soll nach einer Drehung um φ die „üblichen" Koordinaten (cos φ | sin φ) haben. Da zusätzliche Volldrehungen zum gleichen Ort von P führen, rechnen wir φ durch eine Subtraktion von Vielfachen von 360° auf einen Winkel zwischen 0° und 360° um. Berechne ohne TR:

b) cos 390°; sin 390°; tan 390°; cos 495°; sin 495°; tan 495°

c) cos 960°; sin 960°; tan 960°; cos 3900°; sin 3900°; tan 3900°

d) Wie wird ein Winkel x im Bogenmaß, der größer als 2π ist, auf einen Winkel zwischen 0 und 2π umgerechnet?

Berechne ohne TR:

e) $\cos 3\pi$; $\sin 3\pi$; $\tan 3\pi$; $\cos \frac{13}{4}\pi$; $\sin \frac{13}{4}\pi$; $\tan \frac{13}{4}\pi$

f) $\cos 100\pi$; $\sin 100\pi$; $\tan 100\pi$; $\cos \frac{23}{4}\pi$; $\sin \frac{23}{4}\pi$; $\tan \frac{23}{4}\pi$

2 Negative Winkel

Drehungen *gegen den Uhrzeigersinn* (Linksdrehungen) beschreiben wir durch *positive Winkelwerte*. Drehungen *im Uhrzeigersinn* (Rechtsdrehungen) beschreiben wir künftig durch *negative Winkelwerte*. Durch die Addition von Vielfachen von 360° bzw. 2π führen wir negative Winkel auf Winkel zwischen 0° und 360°, bzw. 0 und 2π zurück. Berechne ohne TR:

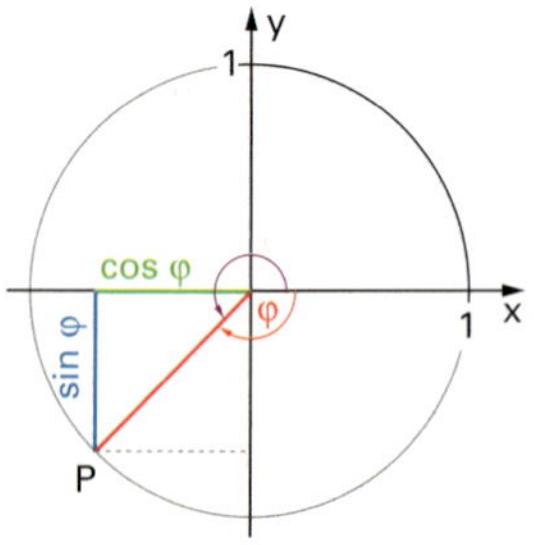

a) cos(−120°); sin(−120°); tan(−120°); cos(−870°); sin(−870°); tan(−870°)

b) $\cos(-8\pi)$; $\sin(-8\pi)$; $\tan(-8\pi)$; $\cos(-\frac{11}{2}\pi)$; $\sin(-\frac{11}{2}\pi)$; $\tan(-\frac{11}{2}\pi)$

c) Was besagt die Gleichung $\sin x = \sin(x + k \cdot 2\pi)$ mit $k \in \mathbb{Z}$? Inwiefern sind in dieser die Erkenntnisse aus den Aufgaben 1d) und 2b) enthalten?

3 Die Sinuskurve

a) Zeichne die Sinuskurve im Intervall [−3π; 3π] mithilfe der besonderen Werte für Winkel zwischen 0 und $\frac{\pi}{2}$. Lege dazu die Einheit auf der x-Achse mit 1 cm ≙ $\frac{\pi}{3}$ fest und bedenke, wie viele Grad dann 0,5 cm entsprechen.

Winkel φ	0°	30°	60°	90°
Winkel x	0	$\frac{\pi}{6}$	$\frac{\pi}{3}$	$\frac{\pi}{2}$
sin x	0	$\frac{1}{2}$	$\frac{1}{2}\sqrt{3}$	1

b) Welche Nullstellen hat die Sinusfunktion f(x) = sin x im Intervall [−3π; 3π]? Wie lautet der Term für die Nullstellen x_k für $D = \mathbb{R}$?

c) Hat ein Punkt des Graphen den höchsten bzw. tiefsten Funktionswert gegenüber den Punkten seiner Umgebung, so heißt er **Hochpunkt** bzw. **Tiefpunkt**. Gib die Koordinaten der Hoch- und der Tiefpunkte der Sinuskurve im Intervall $[-3\pi; 3\pi]$ an. Stelle Terme für die Koordinaten der Hochpunkte H_k und der Tiefpunkte T_k der Sinuskurve für $x \in \mathbb{R}$ auf.

4 Die Sinuskurve hilft.

Schätze zunächst die folgenden Funktionswerte. Berechne sie anschließend mit dem TR.

a) $\sin 15$ b) $\sin 10$ c) $\sin 12$ d) $\sin(-15)$ e) $\sin(-9)$ f) $\sin(-11)$

5 Gleichungen lösen I

Bestimme zu folgenden Gleichungen jeweils alle Lösungen für $x \in \mathbb{R}$.

a) $\sin x = 0{,}5$ b) $\sin x = -0{,}5$ c) $\sin x = \frac{1}{2}\sqrt{3}$ d) $\sin x = -\frac{1}{2}\sqrt{3}$
e) $\sin x = -\frac{1}{2}\sqrt{2}$ f) $\sin x = -1$ g) $(\sin x)^2 = \frac{1}{4}$ h) $(\sin x)^2 = \frac{1}{2}$

6 Gleichungen lösen II

Bestimme zu folgenden Gleichungen jeweils alle Lösungen im Intervall $[0; 2\pi[$.

a) $\sin x = 0{,}8$ b) $\sin x = 0{,}6$ c) $\sin x = -0{,}6$ d) $\sin x = -0{,}7$
e) $\sin x = 0{,}28$ f) $\sin x = -0{,}28$ g) $(\sin x)^2 = 0{,}01$ h) $\sin x = 2$

7 Die Kosinuskurve

a) Erstelle eine Tabelle nach dem abgebildeten Vorbild und fülle sie vollständig aus.

φ	0°	30°	60°	90°	...	360°
x	0	$\frac{\pi}{6}$	$\frac{\pi}{3}$	$\frac{\pi}{2}$	...	2π
cos x	?	?	?	?	?	?

b) Zeichne mithilfe der Tabelle den Graphen der Kosinusfunktion im Intervall $[0; 2\pi]$. Lege dazu die Einheit auf der x-Achse mit $1\text{ cm} \mathrel{\hat{=}} \frac{\pi}{3}$ fest.

c) Setze den Graphen aus Aufgabe b) im Intervall $[-3\pi; 3\pi]$ zur Kosinuskurve fort. Gib die Nullstellen sowie die Koordinaten der Hoch- und der Tiefpunkte im Intervall $[-3\pi; 3\pi]$ an. Stelle Terme für die Nullstellen x_k und für die Koordinaten der Hochpunkte H_k und der Tiefpunkte T_k der Kosinuskurve für $x \in \mathbb{R}$ auf.

8 Kosinuswerte mit Taschenrechner!

Schätze zunächst mithilfe des Verlaufs der Kosinuskurve die folgenden Funktionswerte. Berechne sie anschließend mit dem TR.

a) $\cos 15$ b) $\cos 10$ c) $\cos 12$ d) $\cos(-15)$ e) $\cos(-9)$ f) $\cos(-11)$

9 Gleichungen lösen

Bestimme zu folgenden Gleichungen jeweils alle Lösungen im Intervall $[0; 2\pi[$.

a) $\cos x = 0{,}8$ b) $\cos x = -0{,}8$ c) $\cos x = 0{,}6$ d) $\cos x = -0{,}6$
e) $\cos x = 1$ f) $(\cos x)^2 = 1$ g) $(\cos x)^2 = 0{,}75$ h) $(\cos x)^2 = 0{,}28^2$

10 Symmetrien

Gib *alle* Symmetrieachsen und *alle* Symmetriezentren der

a) Sinuskurve, b) der Kosinuskurve an.

Zum Intensivieren

11 Viele Winkel – wenig Werte

Welche der folgenden Winkel liefern den gleichen

a) Sinuswert, b) Kosinuswert?

$-\frac{13}{6}\pi$; $-\frac{7}{6}\pi$; $-\frac{5}{3}\pi$; $-\frac{5}{6}\pi$; $\frac{\pi}{6}$; $\frac{5}{3}\pi$; $\frac{11}{6}\pi$; $\frac{13}{6}\pi$; $\frac{17}{6}\pi$; $\frac{19}{6}\pi$; $\frac{11}{3}\pi$; $\frac{13}{3}\pi$; $\frac{31}{6}\pi$

12 Die Tangenskurve

Die Tangensfunktion kann als Quotient dargestellt werden: $f(x) = \tan x = \frac{\sin x}{\cos x}$

a) Erstelle im Heft eine Tabelle nach dem abgebildeten Vorbild und fülle sie vollständig aus.

φ	0°	30°	45°	60°	90°	...	360°
x	0	$\frac{\pi}{6}$	$\frac{\pi}{4}$	$\frac{\pi}{3}$	$\frac{\pi}{2}$	...	2π
tan x	**?**	**?**	**?**	**?**	**?**	**?**	**?**

b) Für welche Winkel aus dem Intervall $[0; 2\pi]$ ist die Tangensfunktion nicht definiert?
Berechne mithilfe des TR Funktionswerte in der Nähe dieser Definitionslücken.
Wie verläuft die Tangensfunktion bei Annäherung an die Definitionslücken?

c) Zeichne den Graphen der Tangensfunktion im Intervall $[0; 2\pi]$ mithilfe der Tabelle und des in Aufgabe b) erkannten Verlaufs. Nimm dazu als Einheit auf der x-Achse $1\text{ cm} \mathrel{\hat{=}} \frac{\pi}{3}$.

d) Gib die Wertemenge W der Tangensfunktion an.

13 Grundwissen: Die Parabel

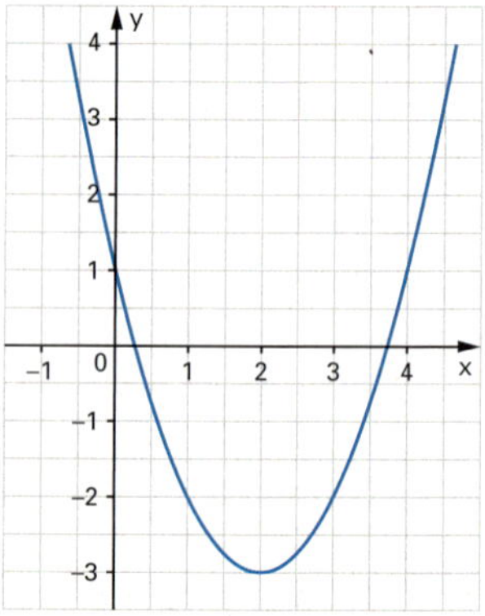

a) Wie lautet die Scheitelform der abgebildeten Parabel?

b) Gib die Gleichung der Parabel an, die man durch Verschieben der Normalparabel $y = x^2$ um 3 nach links und 2 nach oben erhält.

c) Beschreibe allgemein, wie man eine in x-Richtung bzw. in y-Richtung verschobene Parabel erhält.

d) Was bewirkt der Parameter a in der Gleichung $y = ax^2$ im Vergleich zur Normalparabel?
Kannst du deine Aussage begründen?
Was bewirkt das Vorzeichen des Parameters a?
Wie liegen zwei Parabeln zueinander, deren Gleichungen sich nur im gegengleichen Parameterwert a unterscheiden; z. B. $y = 2x^2 + 1$ und $y = -2x^2 + 1$?

e) Forme die Normalform $y = 2x^2 + 4x + 7$ einer Parabel in die Scheitelform um.
Beschreibe anschließend den Verlauf der Parabel im Vergleich zum Verlauf der Normalparabel $y = x^2$.

f) Berechne die Nullstellen der in e) gegebenen Parabel.

4.2 Modellieren mit der Sinusfunktion

Viele Vorgänge in der Natur oder Technik verlaufen periodisch. Allerdings beträgt die Periode meistens nicht 2π und die Amplitude ist selten 1. Um solche Vorgänge durch eine Sinusfunktion modellieren zu können, müssen wir die Sinuskurve $y = \sin x$ deshalb „anpassen".
Die allgemeine Parabel $y = a(x - b)^2 + c$ haben wir schrittweise aus der Normalparabel $y = x^2$ entwickelt. Die Normalparabel wird durch a gestreckt oder gestaucht, durch b in x-Richtung und durch c in y-Richtung verschoben. Wir untersuchen nun, wie sich entsprechende Änderungen des Terms der Sinuskurve und der Kosinuskurve auf deren Verlauf auswirken (Aufgaben 1 und 15).

Die allgemeine Sinuskurve

1. Schritt: $y = a \cdot \sin x$

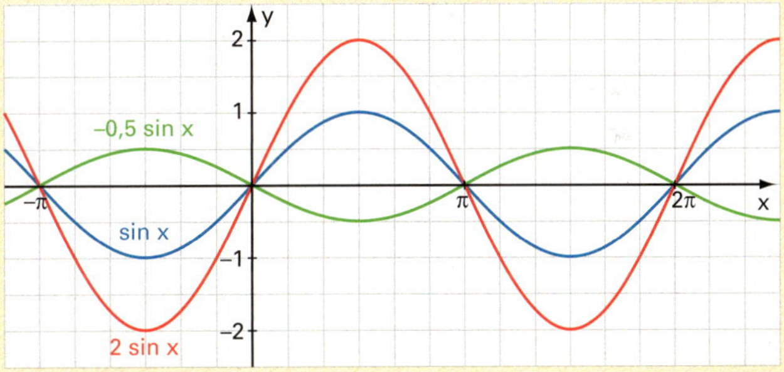

Alle y-Werte der Sinuskurve $y = \sin x$ werden mit dem Faktor a multipliziert. Dadurch wird die Sinuskurve für $|a| > 1$ in y-Richtung gestreckt bzw. für $|a| < 1$ gestaucht. Bei negativem a wird sie außerdem an der x-Achse gespiegelt. Die Amplitude der allgemeinen Sinuskurve ist $|a|$.

2. Schritt: $y = \sin(b \cdot x)$ **mit $b > 0$**

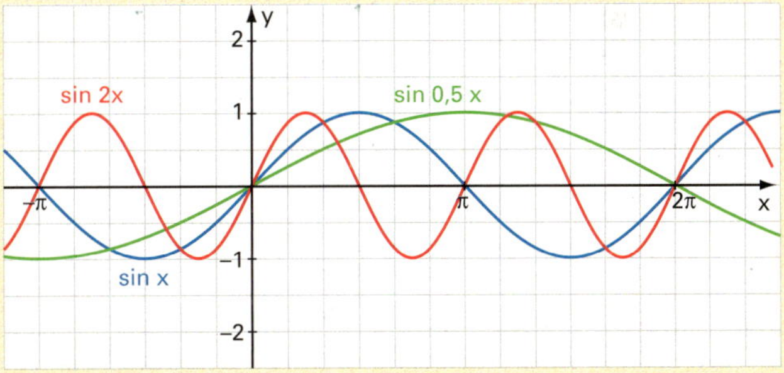

Der Term $\sin 2x$ nimmt schon an der Stelle x den Wert an, den $\sin x$ erst in der doppelten Entfernung vom Ursprung erreicht. Die Sinuskurve wird längs der x-Achse auf die Hälfte zusammengestaucht. Die Periode beträgt dadurch π.
Allgemein: Für $b > 1$ wird die Sinuskurve längs der x-Achse mit dem Faktor $\frac{1}{b}$ gestaucht, für $b < 1$ mit dem Faktor $\frac{1}{b}$ gestreckt. Die Periode beträgt dadurch $\frac{2\pi}{b}$.

3. Schritt: $y = \sin(x - c)$

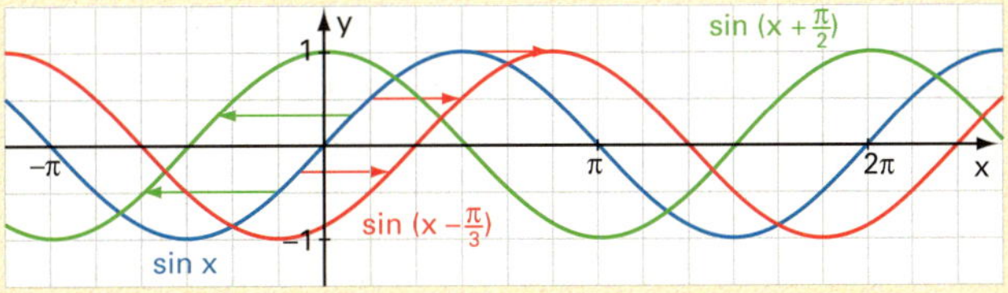

Der Term $x - \frac{\pi}{3}$ nimmt erst um $\frac{\pi}{3}$ „später" den gleichen Wert wie x an. Die Sinuskurve wird um $\frac{\pi}{3}$ nach rechts verschoben.
Die Sinuskurve „startet" bei der Nullstelle $x = \frac{\pi}{3}$.

Allgemein: Für $c > 0$ wird die Sinuskurve um c nach rechts, und für $c < 0$ um $|c|$ nach links verschoben. Die Amplitude und die Periode bleiben unverändert. Kombinieren wir die Änderungen des Terms, ändern sich die Erkenntnisse nicht (Aufgabe 1):

Die allgemeine Sinuskurve $y = a \cdot \sin b(x - c)$ ist gegenüber der normalen Sinuskurve $y = \sin x$

- um c in x-Richtung verschoben. Sie „startet" bei der Nullstelle $x = c$ auf der x-Achse.
- Die Periode ist $\frac{2\pi}{b}$.
- Die Amplitude ist $|a|$. Die y-Werte liegen also zwischen $-a$ und a. Bei negativem a wird noch an der x-Achse gespiegelt.

Beispiel $y = -2\sin\left(\frac{3}{4}x + \frac{1}{4}\pi\right)$

Um die Gleichung auf die allgemeine Form zu bringen, klammern wir zunächst den Faktor $\frac{3}{4}$ aus: $y = -2\sin\frac{3}{4}\left(x + \frac{1}{3}\pi\right)$.

Die Sinuskurve „startet" bei $x = -\frac{1}{3}\pi$. Die Periode ist $\frac{2\pi}{\frac{3}{4}} = \frac{8}{3}\pi$.

Die Amplitude ist 2. Außerdem wird sie wegen des negativen Faktors -2 an der x-Achse gespiegelt:

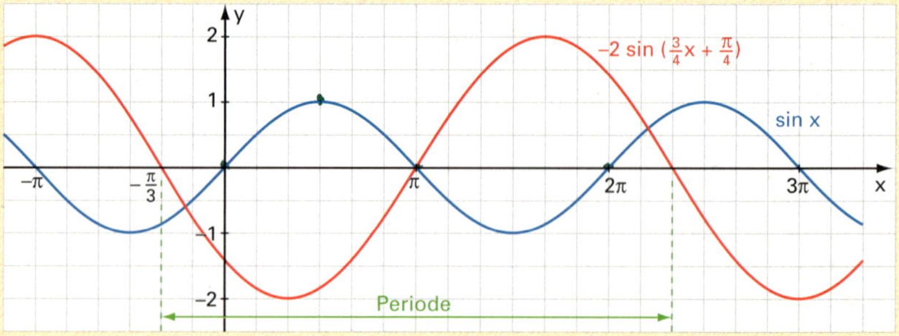

Um eine Kurve in y-Richtung zu verschieben, fügen wir einen Summanden hinzu.

4. Schritt: $y = \sin x + d$

Zu allen y-Werten der Sinuskurve $y = \sin x$ wird d addiert. Dadurch wird sie in y-Richtung verschoben – für positives d um d nach oben, für negatives d um $|d|$ nach unten.

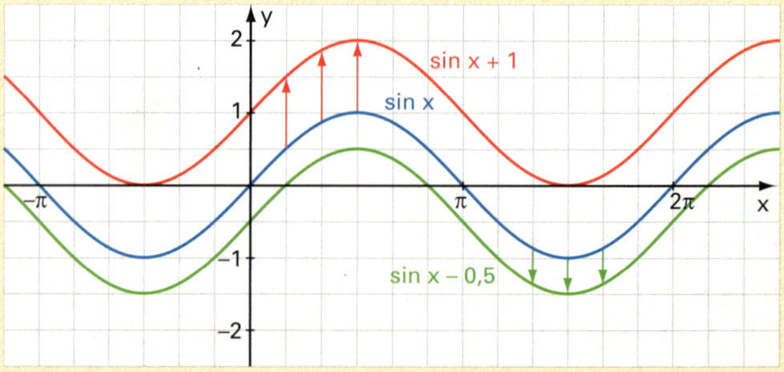

Modellierung der Drehung eines Riesenrades

Das Europarad von Seite 48 hat eine maximale Höhe von 55 m. Im tiefsten Punkt befindet sich die Gondel auf 5 m Höhe. Für eine Umdrehung benötigt das Rad 4 min.

Modellierung: Wir suchen die Gleichung der Funktion h(t), welche für eine Gondel die Höhe h über dem Boden (in Meter) in Abhängigkeit von der Zeit t (in Minuten) beschreibt. Die Gondel befindet sich zum Zeitnullpunkt $t = 0$ im tiefsten Punkt.

Wir haben auf Seite 48 bereits für mehrere Zeitpunkte t die Höhe h einer Gondel berechnet und in einer Wertetabelle festgehalten. Der damit skizzierte Graph legt die Modellierung mit einer Sinusfunktion nahe.

Für die Lösung unseres Problems setzen wir die allgemeine Sinuskurve an:

$$h(t) = a \cdot \sin b(t - c) + d$$

Mit den uns bekannten Daten bestimmen wir die Werte der Parameter a, b, c und d.

- *Amplitude a*: Die Höhe h schwankt zwischen dem höchsten Wert von 55 m und dem tiefsten von 5 m. Der Unterschied ist gleich der doppelten Amplitude: $a = \frac{\text{höchster Wert} - \text{tiefster Wert}}{2} = \frac{55-5}{2} = 25$

- *Faktor b*: Die Umlaufdauer und damit die Periode des Riesenrads ist 4 Minuten. Somit ist $\frac{2\pi}{b} = 4 \quad \Rightarrow \quad b = \frac{2\pi}{4} = \frac{\pi}{2}$
  Oder: Die Gondel macht in 4 Minuten eine volle Umdrehung von 2π, in einer Minute also eine Drehung von $\frac{2\pi}{4} = \frac{\pi}{2}$. Also ist $b = \frac{\pi}{2}$.

- *Verschiebung c in x-Richtung*: Zum Zeitnullpunkt $t = 0$ befindet sich die Gondel in der tiefsten Lage. Erst nach einer Minute durchläuft die Gondel ihre „mittlere Höhe“: Die Sinuskurve ist um 1 nach rechts verschoben: $c = 1$

- *Verschiebung d in y-Richtung*: Die Höhe der Gondel schwankt um ihre mittlere Höhe. Die Sinuskurve muss um die mittlere Höhe nach oben verschoben werden:
  $d = \frac{\text{höchster Wert} + \text{tiefster Wert}}{2}$
  $= \frac{55+5}{2} = 30$

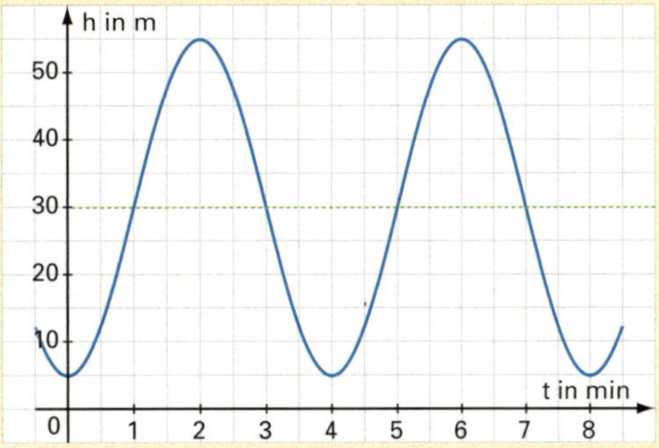

Somit erhalten wir die Funktionsgleichung:

$$h(t) = 25 \cdot \sin \tfrac{\pi}{2}(t - 1) + 30$$

Den zugehörigen Graphen zeichnen wir mit einem Funktionsplotter. Die auf Seite 48 berechneten Höhenwerte bestätigen unsere Modellrechnung.

Mit der Funktionsgleichung können wir zu jedem beliebigen Zeitpunkt t (in min) die Höhe h (in m) der Gondel berechnen. Zum Beispiel befindet sich diese zum Zeitpunkt 1 Minute und 20 Sekunden, also zu $t = \frac{4}{3}$, auf einer Höhe von
$h(\frac{4}{3}) = 25 \cdot \sin \frac{\pi}{2}(\frac{4}{3} - 1) + 30 = 25 \cdot \sin \frac{\pi}{6} + 30 = 25 \cdot \frac{1}{2} + 30 = 42{,}5$ Metern.

Aufgaben

1 Abwandlungen von sin x mit dem Funktionsplotter

a) Definiere in GeoGebra einen Schieberegler a. Gib anschließend die Funktion $f(x) = a \cdot \sin(x)$ ein.
Verändere nun den Schieberegler mithilfe des Zugmodus und beobachte genau, was mit dem Graphen passiert.

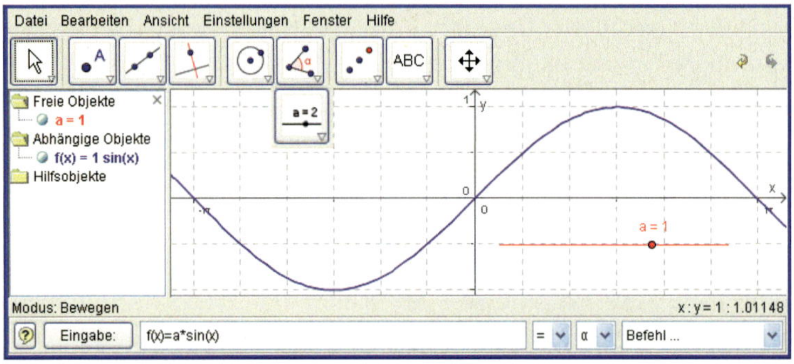

b) Untersuche die Funktion $f(x) = \sin(b \cdot x)$ mithilfe eines Schiebereglers. Definiere dazu den Schieberegler b von 0 bis 6 mit einer Schrittweite von $\frac{1}{4}$. Lege eine Tabelle nach folgendem Muster an und untersuche den Zusammenhang zwischen dem Faktor b und der Periode der zugehörigen Funktion $y = \sin(b \cdot x)$, indem du dir die Graphen der Funktion jeweils am Bildschirm anzeigen lässt und die Periode abliest.

b	$\frac{1}{4}$	$\frac{1}{2}$	1	2	3	4	6
Periode der Funktion $f(x) = \sin bx$			2π				

c) Wie sieht der Graph der Funktion $f(x) = 2 \sin 2x$ aus? Beschreibe deine Vermutung in Worten und überprüfe sie anschließend mit dem Computer.
Untersuche allgemein die Funktion $f(x) = a \cdot \sin(b \cdot x)$ mithilfe zweier Schieberegler a und b.

Wir wollen nun zusätzlich die Auswirkungen von Summanden c und d auf die Sinusfunktion untersuchen.

d) Untersuche die Funktion $f(x) = \sin(x - c)$ mithilfe eines Schiebereglers.
Definiere dazu den Schieberegler c von „−pi" bis „+pi" mit der Schrittweite „pi/6".

e) Wie sieht der Graph der Funktion $f(x) = 2 \cdot \sin 2\left(x - \frac{\pi}{3}\right)$ vermutlich aus?
Überprüfe deine Vermutung mit dem Computer.
Untersuche allgemein die Funktion $f(x) = a \cdot \sin(b \cdot (x - c))$ mithilfe dreier Schieberegler.

f) Was bewirkt der Summand d im Funktionsterm $f(x) = \sin(x) + d$?
Beschreibe, wie die Funktion $f(x) = \frac{1}{2} \sin 2\left(x - \frac{\pi}{3}\right) - 1$ aussieht und überprüfe deine Aussage mit dem Computer.

2 Probe mit dem Funktionsplotter

Gib zu folgenden Funktionen jeweils die Verschiebung(en), die Amplitude, die Wertemenge W und die Periode an.

a) $f_1(x) = 3\sin x$ b) $f_2(x) = \frac{1}{3}\sin x$ c) $f_3(x) = -3\sin x$
d) $f_4(x) = -\sin 3x$ e) $f_5(x) = \sin 3x$ f) $f_6(x) = \sin\frac{1}{3}x$
g) $f_7(t) = \sin t + 3$ h) $f_8(t) = \sin(t - 3)$ i) $f_9(t) = \sin(t + 3)$

3 Schiebung

Durch welche Verschiebungen sind die Graphen von f(x), g(x) und h(x) aus der Sinuskurve $y = \sin x$ entstanden? Gib zu jeder Funktion den zugehörigen Funktionsterm an.

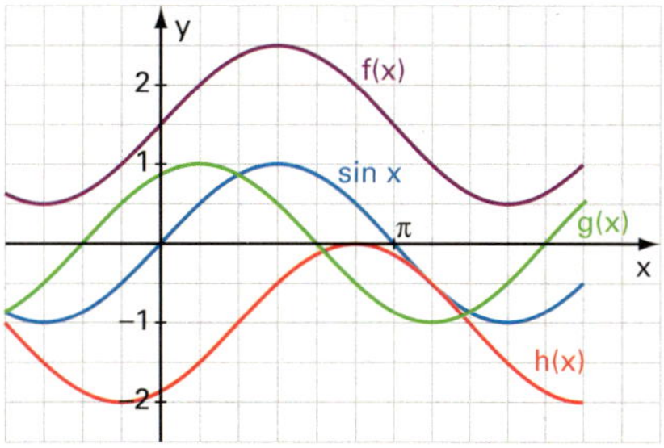

4 Handzeichnung

Zeichne den Graphen der Funktion im Bereich $-\pi \leq x \leq 2\pi$.

a) $y = \sin(x - \frac{\pi}{2})$ b) $y = -\sin(x - \frac{\pi}{2})$ c) $y = 2\sin(x + \frac{\pi}{2})$
d) $y = \sin(x - \frac{\pi}{3}) + 1$ e) $y = 1 - \sin x$ f) $y = 1 + \sin(2x)$
g) $y = \sin 2(x - \pi)$ h) $y = \sin(2x - \pi)$ i) $y = -\sin(\frac{3}{2}x + \frac{3}{4}\pi)$

5 Who is who?

In der Zeichnung sind die Graphen der beiden Funktionen $f(x) = \sin(2x - \frac{\pi}{2})$ und $g(x) = \sin 2(x - \frac{\pi}{2})$ abgebildet. Who is who?

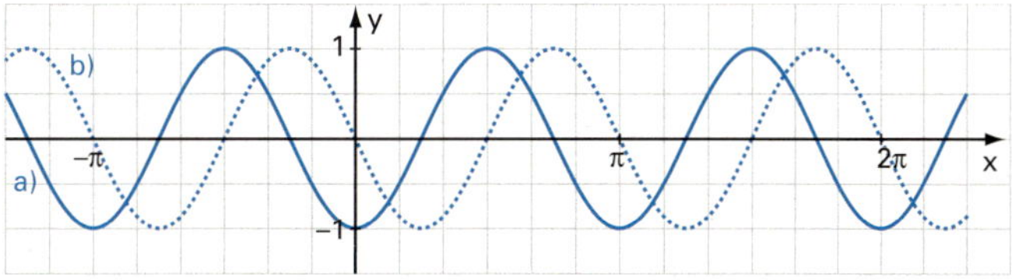

6 Steckbriefe für Graphen

Gib zu folgenden Funktionen die erste positive Nullstelle, die Periode, die Koordinaten des ersten positiven Hochpunkts und die Wertemenge an.

a) $y = 4\sin x$ b) $y = \sin 4x$ c) $y = \sin(x - 4)$
d) $y = \frac{1}{4}\sin x$ e) $y = -4\sin x$ f) $y = \sin(\frac{1}{4}x)$
g) $y = 4\sin(x + 4)$ h) $y = 4 + \sin(x + 4)$ i) $y = 2\sin(x - \frac{1}{3}\pi)$
k) $y = \sin 2(x - \frac{1}{3}\pi)$ l) $y = -2\sin(4x)$ m) $y = \sin\frac{1}{2}(x + \frac{3}{2}\pi)$
n) $y = \sin(2x + \frac{3}{2}\pi)$ o) $y = \sin(\frac{1}{2}x + \frac{3}{2}\pi)$ p) $y = \sin(\frac{3}{2}x - \frac{3}{4}\pi)$

7 a, b, c und d gesucht!

Bestimme zum rechts dargestellten Graphen die passende Funktion $f(x) = a \cdot \sin b(x - c) + d$.

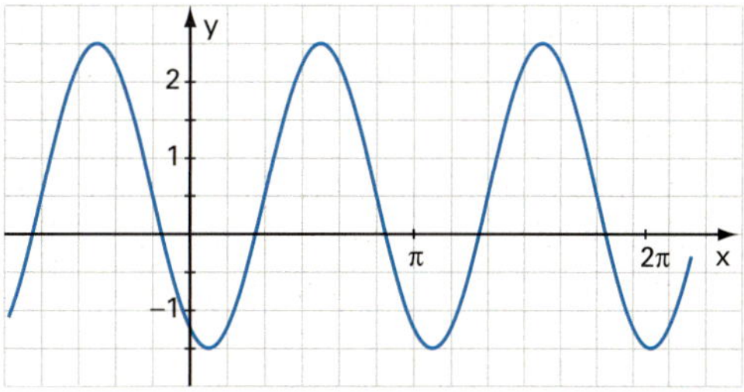

8 Gleichungen von Sinuskurven gesucht!

Gib jeweils die zugehörige Gleichung $y = a \cdot \sin b(x - c)$ an.

a)
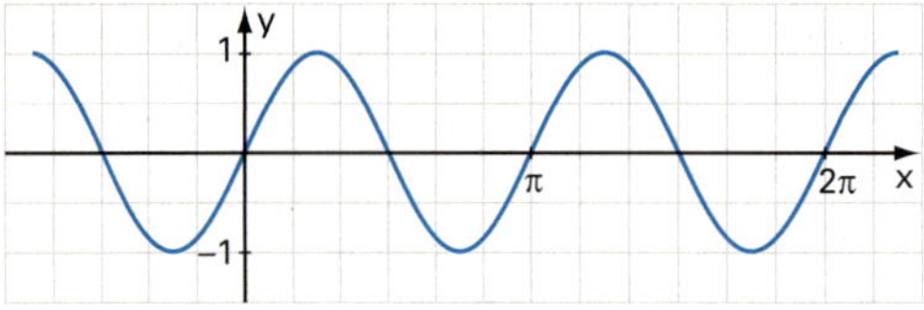

b)
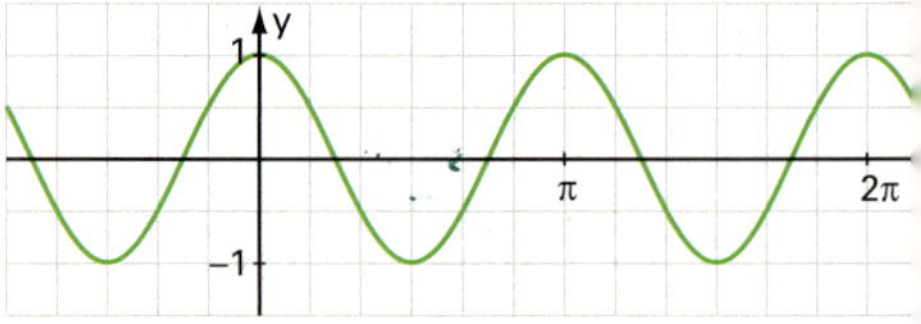

c)
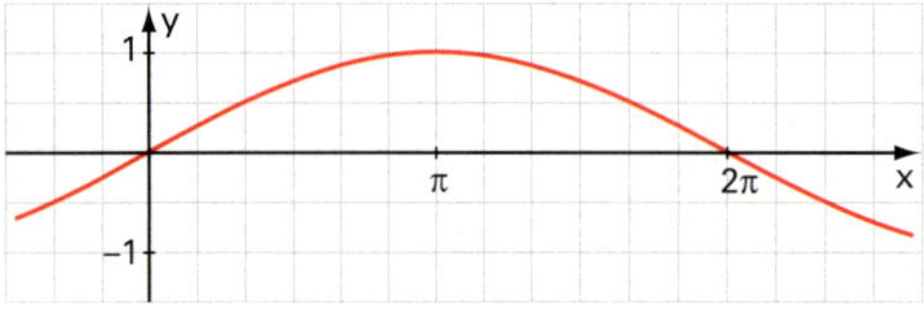

d)
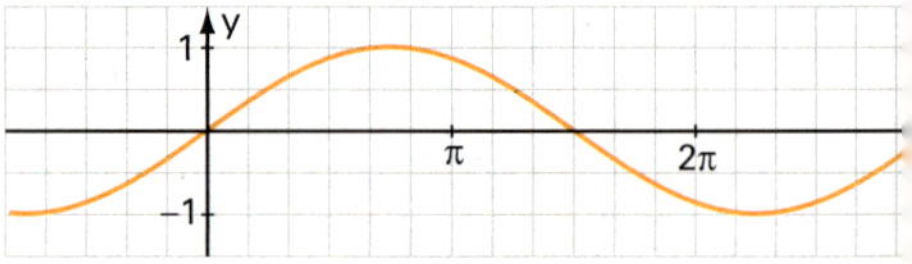

e)
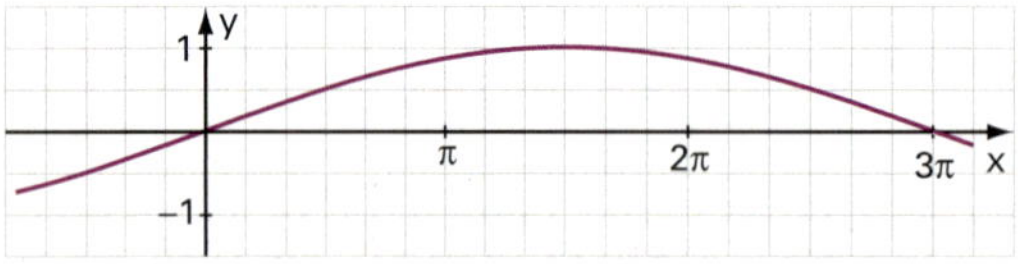

f)
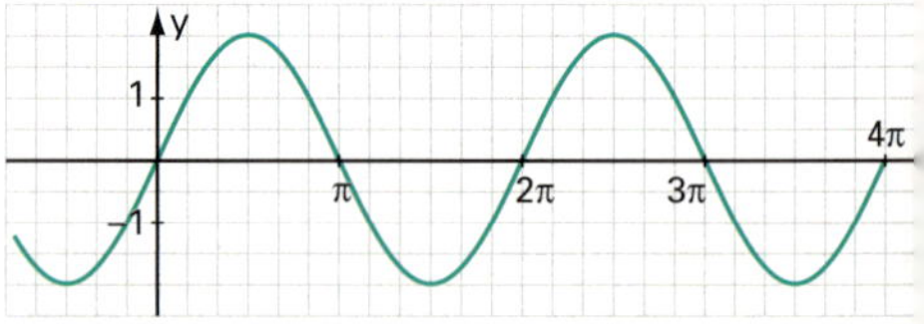

g)
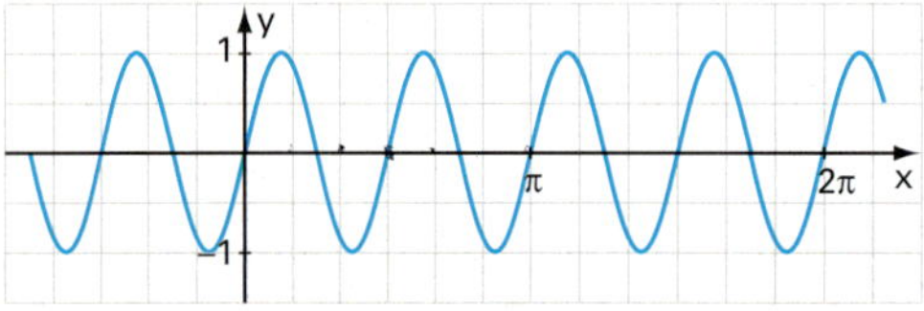

h)
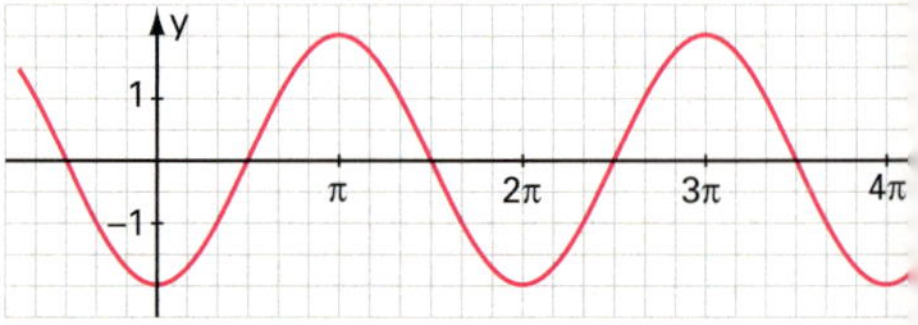

i)
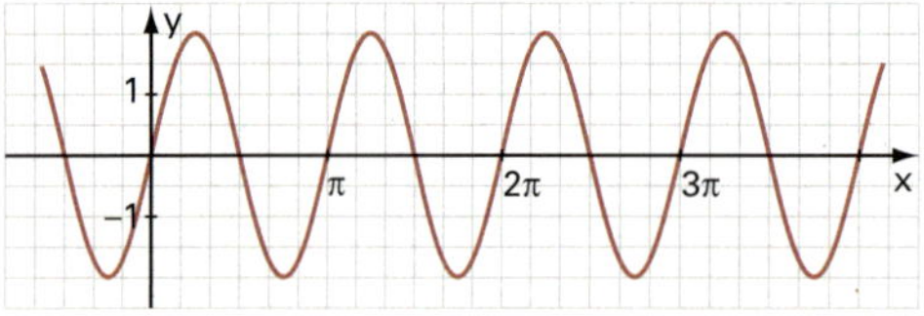

k)
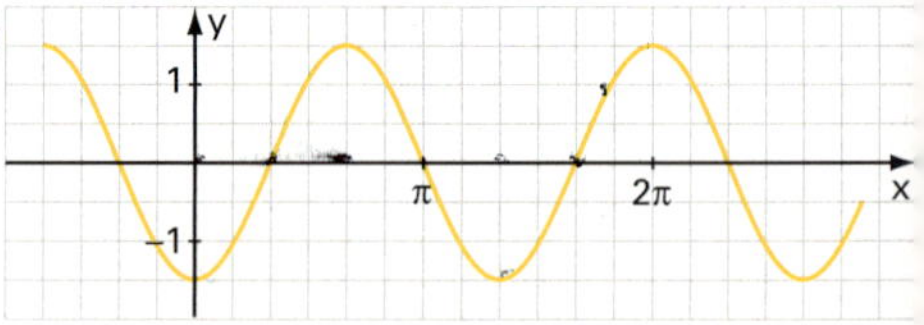

9 Parabel, Hyperbel und Sinuskurve (zur Gruppenarbeit geeignet)

Zeichne die Graphen der Funktionen $f(x) = x^2$, $g(x) = \frac{1}{x}$ und $h(x) = \sin x$ in drei Koordinatensysteme. Du kannst dafür auch ein Computerprogramm verwenden.

a) Ersetze im Funktionsterm x durch $x - 1$. Vergleiche die Graphen der so erzeugten Funktionen $f(x-1)$, $g(x-1)$ und $h(x-1)$ jeweils mit den Graphen der ursprünglichen Funktionen $f(x)$, $g(x)$ und $h(x)$. Was stellst du fest? Kannst du deine Beobachtung begründen?

b) Vergleiche die Graphen der Funktionen $f(x) + 1$, $g(x) + 1$ und $h(x) + 1$ mit den Graphen der ursprünglichen Funktionen. Was stellst du fest?

c) Vergleiche die Graphen der Funktionen $-f(x)$, $-g(x)$ und $-h(x)$ und anschließend die der Funktionen $2 \cdot f(x)$, $2 \cdot g(x)$ und $2 \cdot h(x)$ mit den Graphen der ursprünglichen Funktionen. Was stellst du fest?

d) $f(x)$ sei eine beliebige Funktion. Was kannst du über den Graphen der Funktion $g(x) = a \cdot f(x - c) + d$ aussagen?

10 Riesenrad

Das abgebildete Riesenrad hat eine maximale Höhe von 30 m. Im tiefsten Punkt befindet sich die Gondel auf einer Höhe von 2 m über dem Boden. Eine volle Umdrehung dauert 6 min. Wir interessieren uns für die Höhe h(t) der Gondel, die sich zum Zeitnullpunkt t = 0 im tiefsten Punkt befindet.

a) Stelle die Gleichung der Funktion h auf, welche die Höhe der Gondel in Abhängigkeit von t beschreibt.

b) Zeichne mit einem Funktionsplotter oder einer Wertetabelle den Graphen der Funktion h.

c) Löse grafisch und rechnerisch: In welcher Höhe befindet sich die Gondel nach 5,5 Minuten?

11 Ebbe und Flut

An der Küste lassen Ebbe und Flut den Wasserstand periodisch fallen und steigen. Der niedrigste Wasserstand, das Niedrigwasser, und der höchste Wasserstand, das Hochwasser, treten jeweils in Zeitabständen von etwa 12,4 Stunden auf. Das Diagramm zeigt den Wasserstand bei Helgoland am 13. und 14. September 2007.

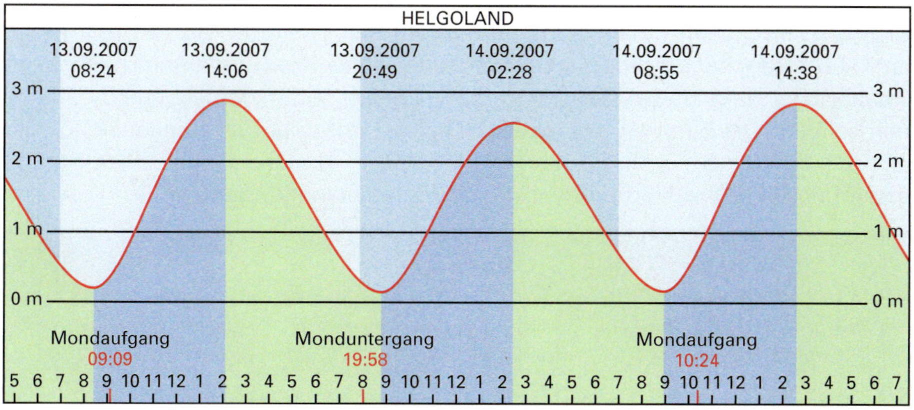

Wir interessieren uns für die Funktion f(t), die den Wasserstand in Abhängigkeit von der Zeit t beschreibt.

a) Überprüfe, ob Niedrig- bzw. Hochwasser jeweils im Abstand von 12,4 h aufgetreten sind. Welche Ursache haben die Abweichungen?

b) Berechne den Mittelwert des Hochwassers und den Mittelwert des Niedrigwassers. Gib die mittlere Amplitude der Schwankung des Wasserstands an.

c) Setze für die Beschreibung des Wasserstands am 13. September eine Sinusfunktion f(t) an. Berechne mithilfe der Zeiten 08:24 und 14:06 den Parameterwert c (den „Startzeitpunkt"). Stelle den Term für f(t) auf.

d) Zeichne den Graphen der Funktion mithilfe eines Funktionsplotters oder einer Wertetabelle. Trage zur Überprüfung der Modellrechnung sechs Messwerte ein.

12 Lufttemperatur

In der folgenden Tabelle sind für Sydney die Monatsmittelwerte der Lufttemperatur ϑ in °C angegeben. Dabei sind die Monate von Januar bis Dezember mit 1 bis 12 bezeichnet.

t	1	2	3	4	5	6	7	8	9	10	11	12
ϑ in °C	21,9	21,9	21,2	18,3	15,7	13,1	12,3	13,4	15,3	17,6	19,4	21,0

a) Zeichne ein Diagramm des Verlaufs der Monatsmittelwerte der Lufttemperatur ϑ in Abhängigkeit von der Zeit t in Monaten.

b) Berechne die mittlere Jahrestemperatur. Bestimme die Amplitude der Temperaturschwankung.

c) Den Temperaturverlauf können wir näherungsweise mit der Sinusfunktion $\vartheta(t) = 4{,}8 \cdot \sin\frac{\pi}{6}(t+2) + 17{,}6$ beschreiben. Erläutere, wie die Parameterwerte in der Gleichung zustande kommen.

d) Trage den Graphen der Sinusfunktion in das Diagramm ein. In welchem Monat ist die Abweichung am größten? Wie viel Prozent beträgt sie?

e) Skizziere den Verlauf der mittleren Monatstemperatur in Abhängigkeit von der Zeit für München. Erläutere den wesentlichen Unterschied zu jenem von Sydney.

13 Mitternachtssonne

Nördlich des nördlichen Polarkreises (geographische Breite $\varphi = 66{,}5°$) gibt es im Sommer Tage, an denen die Sonne nicht untergeht. Weil die Sonne selbst um Mitternacht über dem Horizont steht, spricht man von Mitternachtssonne.
Am nördlichsten Ort Europas, am Nordkap, hat ein Fotograf den Sonnenstand vom 20. Juni um 19 Uhr bis zum 21. Juni um 18 Uhr in Abständen von einer Stunde fotografiert und zu einer eindrucksvollen Fotofolge aneinandergereiht.

Um Mitternacht, zur Ortszeit 0 Uhr, war die Sonne nur 4,7° über dem Horizont zu sehen. Am 21. Juni betrug der höchste Sonnenstand um 12 Uhr 42,3°.

a) Der Fotograf befand sich ständig am gleichen Ort. Wie musste er seine Kamera von Stunde zu Stunde ausrichten?

b) Der Verlauf der Sonne während des 21. Juni am Himmel kann durch eine Sinusfunktion beschrieben werden. Stelle die Gleichung der Funktion f(t) auf, die den Sonnenstand in Grad über dem Horizont am 21. Juni beschreibt.

c) Ab welchem Sonnenstand beginnt es „dunkel“ bzw. „hell“ zu werden?

d) Informiere dich, warum die Sonne nördlich des Polarkreises an manchen Tagen im Sommer 24 Stunden lang scheint und im Winter nie aufgeht.

14 Die Tageslänge im Jahresverlauf

Die Tageslänge ist die Zeit, die zwischen Sonnenaufgang und Sonnenuntergang verstreicht. Nur am Äquator beträgt die Tageslänge an jedem Tag 12 Stunden. Sonst hängt die Tageslänge von der geografischen Breite φ und der Jahreszeit ab. Aber ungefähr am 21. März und am 23. September beträgt die Tageslänge an allen Orten der Erde genau 12 Stunden.

a) Beschreibe qualitativ, wie sich die Tageslänge ab dem 21. März im Verlauf eines Jahres bei uns ändert.

Der Unterschied zwischen der Länge des längsten und des kürzesten Tages ist umso größer, je größer die geografische Breite φ ist. Für nicht allzu große geografische Breiten lässt sich die Tageslänge in sehr guter Näherung durch eine Sinusfunktion der Form $f(t) = a \cdot \sin b(t - c) + d$ beschreiben.
Regensburg liegt auf dem 49. Breitengrad. Der kürzeste Tag ist 8 Stunden, der längste 16 Stunden. Für das Aufstellen der Gleichung für f(t) nummerieren wir die 365 Tage von 1 bis 365 durch. Wir bedenken ferner, dass am 21. März – d. h. am $(31 + 28 + 21)$-sten $= 80$-sten Tag – die Tageslänge den Wert 12 Stunden hat, und um diesen schwankt.

b) Bestimme für Regensburg die Parameterwerte a, b, c und d der Funktion f(t) und gib ihre Gleichung an.

c) Berechne für Regensburg die Tageslänge am 1. Mai und am 1. November.

d) Zeichne den Graphen der Funktion f(t) mithilfe eines Funktionsplotters oder einer Wertetabelle.

e) Wann ist die Tageslänge am größten, wann am kleinsten? Wann ändert sich die Länge der Tage am stärksten, wann am wenigsten?

Das unten angegebene Diagramm zeigt, wie die Tageslänge f(t) vom Tag t des Jahres für geografische Breiten φ auf der Nordhalbkugel abhängt.

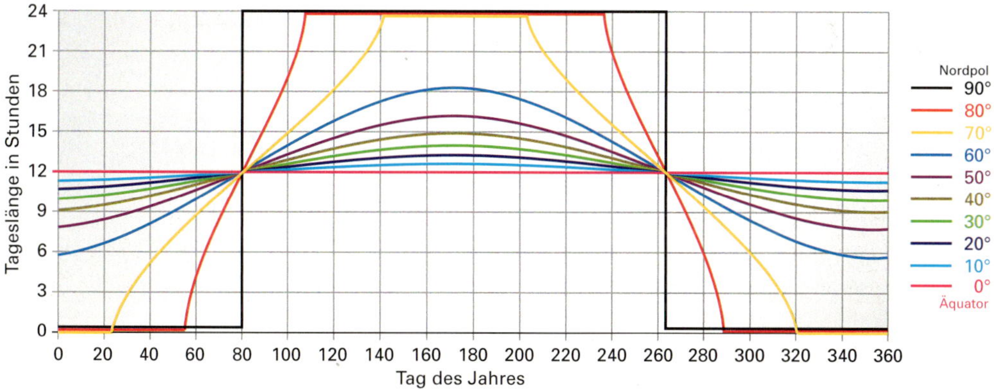

f) Bis etwa zu welcher geografischen Breite φ wird f(t) durch eine Sinusfunktion beschrieben?

g) Beschreibe den Verlauf der Tageslänge zu $\varphi = 70°$ in Abhängigkeit von der Jahreszeit. Welche Besonderheit ergibt sich hier?
Was bringt eine Erhöhung der geografischen Breite mit sich? Was ergibt sich insbesondere für $\varphi = 90°$?

15 Die allgemeine Kosinusfunktion $f(x) = a \cdot \cos b(x - c) + d$

a) Zeichne die Graphen der Funktionen $f(x) = \cos x$, $g(x) = 1{,}5 \cdot \cos x$, $h(x) = \cos(2x)$, $k(x) = \cos(x - \frac{\pi}{3})$ und $l(x) = \cos x + 3$ mit verschiedenen Farben in ein gemeinsames Koordinatensystem.

b) Überprüfe deine Lösung von Aufgabe a) mit einem Funktionsplotter. Variiere jeweils die Parameterwerte a, b, c und d. Was bewirken diese jeweils?

c) Zeichne den Graphen der Funktion $f(x) = 1{,}5 \cdot \cos 2(x - \frac{\pi}{3})$.

d) Fasse die Kosinuskurve $y = \cos x$ als Graphen einer Sinusfunktion auf und gib ihre Gleichung an.

e) Die Komplementformel lautet $\cos(90° - \alpha) = \sin\alpha$, im Bogenmaß $\cos(\frac{\pi}{2} - x) = \sin x$. Diese gilt bisher für $0 \leq x \leq \frac{\pi}{2}$. Begründe mithilfe der Graphen der Funktionen $f(x) = \sin x$ und $g(x) = \cos(\frac{\pi}{2} - x)$, dass die Komplementformel für beliebige Winkel gilt.

16 Mehrere Lösungen

Gib zu jeder der beiden Kurven **zwei** mögliche Funktionsgleichungen an!

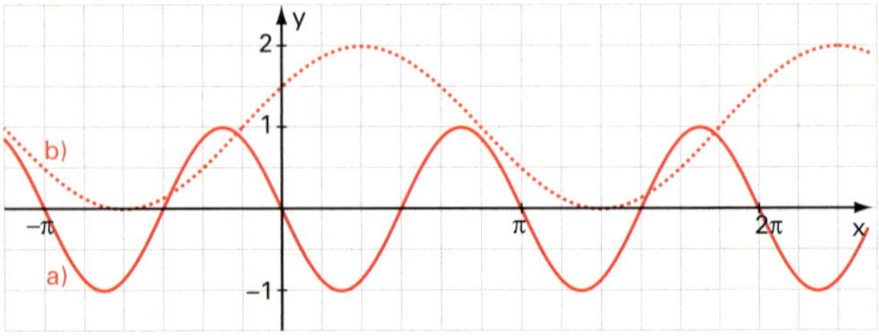

Zum Intensivieren

17 Sinusfunktionen gesucht!

Eine Sinusfunktion der Form $f(x) = a \cdot \sin b(x - c) + d$ hat die folgenden Eigenschaften. Bestimme eine mögliche Gleichung und zeichne den Graphen.

a) $W = [-1; 1]$; Periode 2π; $f(-2) = 0$

b) $W = [-2; 2]$; Periode π; $f(\frac{\pi}{2}) = 0$

c) $W = [-3; 3]$; Periode π; $f(\frac{\pi}{6}) = 0$

d) $W = [1; 3]$; Periode 2π; $f(-\frac{\pi}{3}) = 2$

e) $W = [-\frac{1}{2}; \frac{1}{2}]$; Periode $\frac{\pi}{2}$; $f(\frac{\pi}{2}) = 0$

f) $W = [-1; 3]$; Periode 3π; $f(\pi) = 1$

18 Grundwissen: Prozentrechnung

Insgesamt 1,2 Millionen Kühe sorgen nach Angaben der Landesvereinigung der Bayerischen Milchwirtschaft im Freistaat für den wertvollen Rohstoff Milch. Rechts sind die fünf leistungsstärksten Landkreise angegeben.

a) Wie viel Milch gab eine bayerische Kuh im Jahr 2006 durchschnittlich pro Tag?

b) Wie viel Milch wurde 2006 in Deutschland erzeugt?

c) Wie groß ist der prozentuale Anteil der in Ansbach erzeugten Milch bezogen auf Bayern bzw. bezogen auf Deutschland?

Wahrscheinlichkeitsrechnung

Schüleraustausch

Am König-Ludwig-Gymnasium ist der Schüleraustausch mit der schottischen Partnerstadt sehr beliebt. Antonia, Boris, Carla, Daniel und Emil der Klasse 10b bewerben sich um die Teilnahme. Leider entfallen auf die 10b nur zwei Plätze. Diese werden verlost. Wir interessieren uns für die Wahrscheinlichkeit, dass die beiden Mädchen gezogen werden.

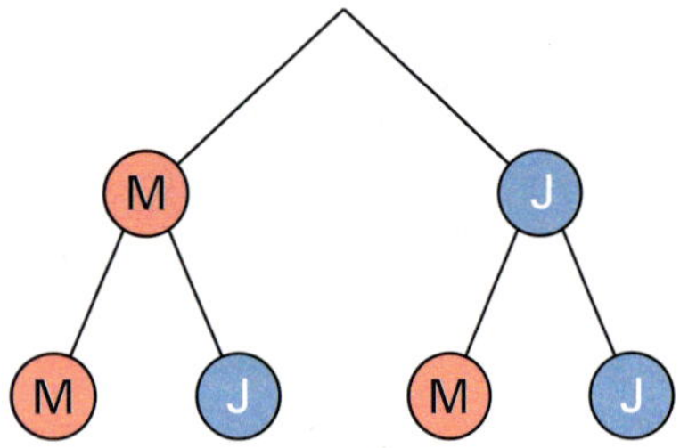

a) Übertrage das rechts dargestellte Baumdiagramm in dein Heft.

b) Mit welcher Wahrscheinlichkeit steht auf dem ersten gezogenen Los ein Mädchenname, mit welcher nicht?

c) Es wurde zuerst ein Mädchen gelost. Mit welcher Wahrscheinlichkeit trifft dann das zweite Los ein Mädchen, mit welcher kein Mädchen?

d) Beschrifte die Zweige des Baumdiagramms mit den zugehörigen Wahrscheinlichkeiten.

e) Wie kannst du damit die Wahrscheinlichkeit berechnen, mit der zwei Mädchen gezogen werden? Wie heißt die Regel? Berechne den Wert.

f) Wie kannst du die Wahrscheinlichkeit berechnen, mit der ein Mädchen und ein Junge gelost werden? Berechne den Wert.

g) Wie kannst du möglichst geschickt die Wahrscheinlichkeit berechnen, mit der mindestens ein Mädchen gelost wird?

h) Wie könntest du die berechneten Werte durch eine Simulation mit einer Urne überprüfen?

5.1 Interessante Probleme der Wahrscheinlichkeitsrechnung

Mit der Wahrscheinlichkeitsrechung wird der Zufall berechenbar (Seite 66). Leistungsfähige Werkzeuge sind dabei Baumdiagramme und Pfadregeln (Aufgaben 1 und 2). Häufig versagt aber unsere Intuition beim Abschätzen von Wahrscheinlichkeiten. Exakte Berechnungen können zu überraschenden Ergebnissen führen. Dazu einige Beispiele!

Der Begriff „bedingte Wahrscheinlichkeit"

Aus einer Lostrommel mit 2 Treffern und 3 Nieten sollen Antonia und dann Boris jeweils ein Los ziehen. Boris wendet ein: „Ich möchte als Erster ziehen, denn dann sind meine Chancen größer." Hat Boris Recht?

Um dies zu untersuchen, zeichnen wir ein Baumdiagramm. Uns interessieren die Wahrscheinlichkeiten der Ereignisse

A: „Antonia zieht einen Treffer" und
B: „Boris zieht einen Treffer".

Es ist $P(A) = \frac{2}{5} = 40\%$ und
$P(\overline{A}) = \frac{3}{5} = 60\%$.

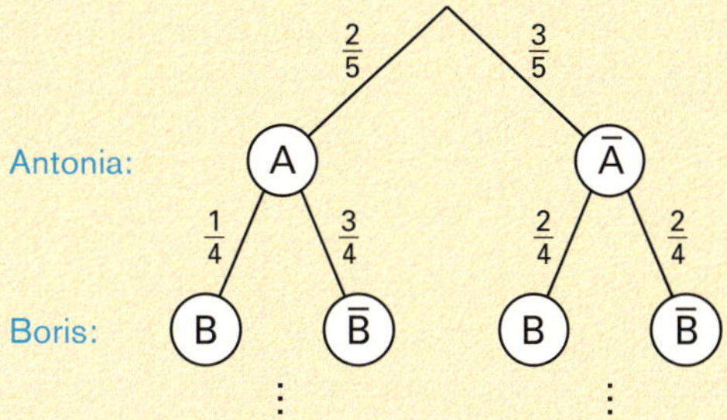

Hat Antonia einen Treffer gezogen, dann sind noch 4 Lose – 1 Treffer und 3 Nieten – in der Trommel. Die Wahrscheinlichkeit, dass Boris unter dieser Bedingung einen Treffer zieht, beträgt nur $\frac{1}{4} = 25\%$. Das ist aber nicht die gesuchte Wahrscheinlichkeit P(B), sondern die Wahrscheinlichkeit, bei der bereits bekannt ist, dass die Bedingung A eingetreten ist. Man nennt sie deshalb **bedingte Wahrscheinlichkeit** und schreibt die Bedingung als Index:

$$P_A(B) = \frac{1}{4}$$ gelesen: P von B unter der Bedingung A

Analog ergeben sich die anderen bedingten Wahrscheinlichkeiten:

$$P_A(\overline{B}) = \frac{3}{4},\quad P_{\overline{A}}(B) = \frac{2}{4} \text{ und } P_{\overline{A}}(\overline{B}) = \frac{2}{4}.$$

Die bedingten Wahrscheinlichkeiten schreiben wir an die zugehörigen Äste des Baumdiagramms. Um die **totale Wahrscheinlichkeit** P(B) zu berechnen, verwenden wir die Pfadregeln:

$$P(B) = \frac{2}{5} \cdot \frac{1}{4} + \frac{3}{5} \cdot \frac{2}{4} = \frac{2}{20} + \frac{6}{20} = \frac{8}{20} = \frac{2}{5}.$$

Boris hat also Unrecht: Die Reihenfolge, in der die Lose gezogen werden, spielt für die totale Wahrscheinlichkeit, einen Treffer zu ziehen, keine Rolle!

$P_A(B)$ ist die Wahrscheinlichkeit von B unter der Bedingung, dass *A eingetreten* ist. Die *möglichen Ergebnisse* sind nur noch die Ergebnisse von A. Die *günstigen Ergebnisse* sind die Ergebnisse von A, bei denen zusätzlich B eintritt.

Das Ziegenproblem

Bei einer Fernsehshow darf der Kandidat eine von drei verschlossenen Türen auswählen. Hinter einer verbirgt sich der Hauptgewinn – ein Auto –, hinter den beiden anderen stehen Ziegen. Der Moderator weiß, hinter welcher Tür sich das Auto befindet. Nachdem sich der Kandidat für eine Tür entschieden hat, öffnet der Moderator stets eine nicht gewählte Tür, hinter der sich eine Ziege befindet. Danach fragt er den Kandidaten, ob er bei seiner gewählten Tür bleiben oder lieber wechseln möchte.
Die Frage, ob ein Wechsel günstig ist, wurde am Ende des letzten Jahrhunderts in der amerikanischen Öffentlichkeit leidenschaftlich diskutiert. Viele waren der Meinung, dass es egal ist, ob man wechselt oder nicht. Die Chance sei schließlich „fifty–fifty". Dieser Ansicht widerspricht aber unsere Simulation (Aufgabe 8).

Lösung des Problems mithilfe eines Baumdiagramms

Wir setzen voraus, dass das Auto – wie im Bild dargestellt – hinter Tür 2 steht. Für diesen Fall ist rechts ein Baumdiagramm gezeichnet. Es bedeutet K1: „Kandidat zeigt auf Tür 1", K2: „Kandidat zeigt auf Tür 2" und K3: „Kandidat zeigt auf Tür 3". Da das Auto hinter Tür 2 steht, kann der Moderator nur die Tür 1 (O1) oder die Tür 3 (O3) öffnen.

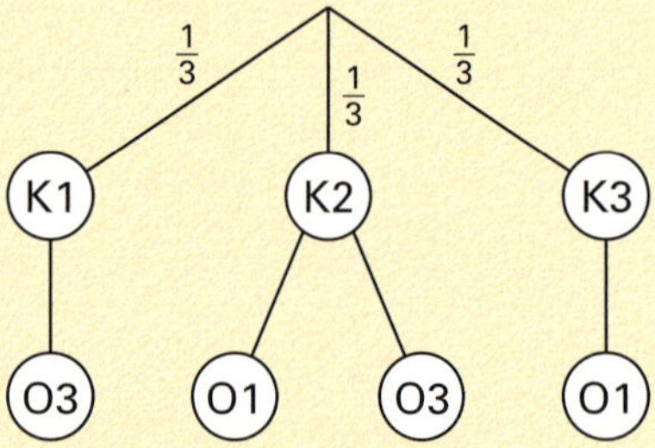

Unter der Bedingung, dass der Kandidat nicht wechselt, gewinnt er nur im Fall K2. Damit ist die Gewinnwahrscheinlichkeit: $P_{\text{Nichtwechseln}}(\text{Gewinn}) = \frac{1}{3}$.

Unter der Bedingung, dass der Kandidat wechselt, gewinnt er bei den Ästen K1-O3 und K3-O1, da er in beiden Fällen auf die Tür 2 wechselt: $P_{\text{Wechseln}}(\text{Gewinn}) = \frac{2}{3}$. Seine Chance hat sich durch das Wechseln verdoppelt!

Das Geburtstagsproblem

Wie groß ist die Wahrscheinlichkeit, dass in deiner Klasse mindestens zwei Schüler am gleichen Tag Geburtstag haben? „Eher gering"? Schließlich gibt es für jeden Geburtstag 365 Möglichkeiten. (Von Schaltjahren sehen wir ab.) Erst ab 366 Schülerinnen und Schülern wäre doch die Sicherheit gegeben, dass mindestens zwei am gleichen Tag Geburtstag haben.

Die Verallgemeinerung dieses Problems auf n Personen bezeichnet man als Geburtstagsproblem:

Wie groß ist die Wahrscheinlichkeit, dass von n Personen mindestens zwei am gleichen Tag Geburtstag haben?

Wir setzen voraus, dass alle 365 Tage des Jahres für die Geburtstage gleich wahrscheinlich sind und bezeichnen das Ereignis „Mindestens zwei Personen haben am gleichen Tag Geburtstag" mit E.
Wir betrachten zunächst das Problem für vier Personen.

Anna, Beate, Carmen und Dieter

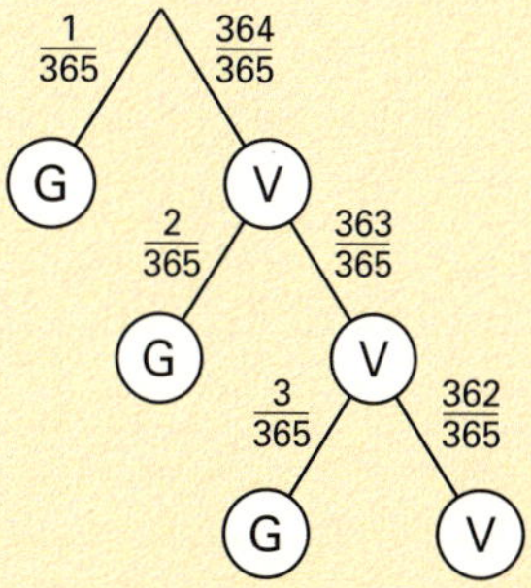

Durch Annas Geburtstag ist ein Datum festgelegt. Mit einer Wahrscheinlichkeit von $\frac{1}{365}$ fällt Beates Geburtstag auf den gleichen Tag (G), mit einer Wahrscheinlichkeit von $\frac{364}{365}$ auf einen anderen Tag (V).
Haben Anna und Beate am gleichen Tag Geburtstag, so ist das Ereignis E eingetreten, ganz egal, an welchem Tag Carmen oder Dieter Geburtstag haben.
Unter der Bedingung, dass Anna und Beate an verschiedenen Tagen Geburtstag haben, hat Carmen mit einer Wahrscheinlichkeit von $\frac{2}{365}$ an einem dieser beiden Tage Geburtstag.
Mit einer Wahrscheinlichkeit von $\frac{363}{365}$ hat Carmen unter dieser Bedingung weder mit Anna noch mit Beate gemeinsam Geburtstag.
Unter der Bedingung, dass Anna, Beate und Carmen an verschiedenen Tagen Geburtstag haben, hat Dieter mit einer Wahrscheinlichkeit von $\frac{3}{365}$ mit einer der drei Geburtstag und mit einer Wahrscheinlichkeit von $\frac{362}{365}$ mit keiner der drei am gleichen Tag Geburtstag.

Wir erhalten für unser gesuchtes Ereignis E:

$$P(E) = P(G) + P(VG) + P(VVG) = \frac{1}{365} + \frac{364}{365} \cdot \frac{2}{365} + \frac{364}{365} \cdot \frac{363}{365} \cdot \frac{3}{365} \approx 1{,}6\,\%$$

Der Ast V-V-V beschreibt das Ereignis „Alle Geburtstage sind verschieden". Dies ist das Gegenereignis zu „Mindestens zwei Geburtstage sind gleich" (Aufgabe 9). Deshalb ergänzen sich ihre Wahrscheinlichkeiten zu 100 %.

$$P(VVV) = P(\overline{E}) = \frac{364}{365} \cdot \frac{363}{365} \cdot \frac{362}{365} \approx 98{,}4\,\%.$$

Mit dieser Wahrscheinlichkeit für das Gegenereignis können wir die gesuchte Wahrscheinlichkeit auch einfacher berechnen:

$$P(E) = 1 - P(\overline{E}) = 1 - \frac{364}{365} \cdot \frac{363}{365} \cdot \frac{362}{365} \approx 1{,}6\,\%$$

n Personen

Wir verallgemeinern auf n Personen: Im Term für die Wahrscheinlichkeit für „n verschiedene Geburtstage" tritt im Nenner $(n-1)$-mal der Faktor 365 auf. Im Zähler stehen die Faktoren $365-1$, $365-2$, $365-3$, … bis $365-(n-1)$.

$$\begin{aligned} P(\text{mindestens 2 gleich}) &= 1 - P(\text{alle verschieden}) \\ &= 1 - \frac{364 \cdot 363 \cdot 362 \cdot \ldots \cdot (365-n+1)}{365^{n-1}} \end{aligned}$$

Für n = 366 erhalten wir die erwarteten 100 %.

Mit einer Tabellenkalkulation bestimmen wir weitere Wahrscheinlichkeiten.

n	P(mindestens 2)
2	0,002739726
3	0,008204166
4	0,016355912
5	0,027135574
6	0,040462484
7	0,056235703
8	0,074335292
9	0,094623834
10	0,116948178
11	0,141141378
12	0,167024789
13	0,194410275
14	0,223102512
15	0,25290132
16	0,283604005
17	0,315007665
18	0,346911418
19	0,379118526
20	0,411438384
21	0,443688335
22	0,475695308
23	0,507297234
24	0,538344258
25	0,568699704
26	0,59824082

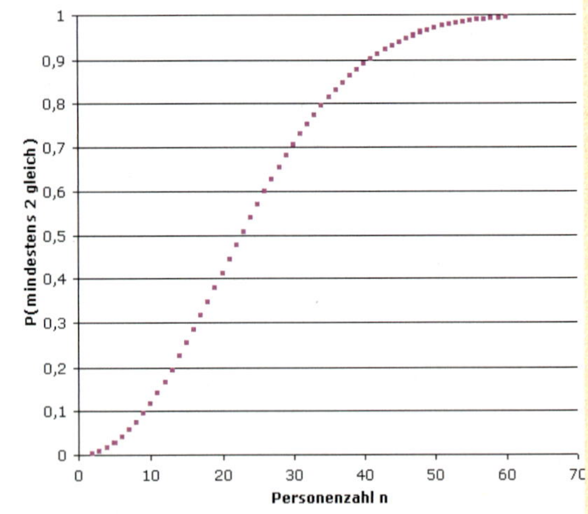

Es fällt auf: Bereits ab 23 Personen ist die Wahrscheinlichkeit, dass mindestens zwei Personen am gleichen Tag Geburtstag haben, größer als 50 %. Das überrascht sehr. Bei 40 Personen beträgt die Wahrscheinlichkeit sogar schon 90 %, bei 60 Personen schon fast 100 %.

Aufgaben

1 Wiederholung der Pfadregeln

In einer Urne befinden sich 5 rote (R) und 2 weiße (W) Kugeln. Es werden nacheinander drei Kugeln ohne Zurücklegen gezogen.

a) Gib den Ergebnisraum Ω an.

b) Zeichne ein Baumdiagramm und beschrifte die Zweige mit den zugehörigen Wahrscheinlichkeiten.

c) Mit welcher Wahrscheinlichkeit sind alle gezogenen Kugeln rot?

d) Mit welcher Wahrscheinlichkeit werden die beiden weißen Kugeln gezogen?

2 „Baumsterben“

In einer Urne befinden sich 6 rote (R) und 2 weiße (W) Kugeln. Es wird so lange eine Kugel ohne Zurücklegen gezogen, bis es eine weiße Kugel ist – höchstens jedoch dreimal.

a) Gib den Ergebnisraum Ω an.

b) Zeichne ein Baumdiagramm und beschrifte die Zweige mit den zugehörigen Wahrscheinlichkeiten.

c) Ist die Wahrscheinlichkeit, dass keine weiße Kugel gezogen wird, kleiner oder größer als 50 %? Schätze zunächst und berechne dann die Wahrscheinlichkeit.

3 Bedingte Wahrscheinlichkeit

In einer Urne befinden sich 7 rote (R) und 3 weiße (W) Kugeln. Es werden nacheinander zwei Kugeln gezogen und nicht zurückgelegt.

a) Handelt es sich dabei um ein Laplace-Experiment? Gib den Ergebnisraum Ω an.

b) Zeichne das zugehörige Baumdiagramm. Formuliere die bedingten Wahrscheinlichkeiten $P_R(R)$, $P_R(W)$, $P_W(R)$ und $P_W(W)$ in Worten und berechne sie. Beschrifte das Baumdiagramm mit den Wahrscheinlichkeiten. Formuliere die Wahrscheinlichkeit $P(RR)$ in Worten und berechne sie. Erkläre den Unterschied zu $P_R(R)$.

c) Mit welcher Wahrscheinlichkeit werden zwei gleichfarbige Kugeln gezogen?

d) Berechne auf zwei Arten die Wahrscheinlichkeit, mit der zwei verschieden farbige Kugeln gezogen werden.

4 Warten auf die Sechs

Beim „Mensch-ärgere-Dich-nicht" braucht man eine Sechs, um anfangen zu können. Man darf höchstens dreimal würfeln.

a) Beschreibe, wie eine Serie aus höchstens drei Würfen verlaufen kann.

b) Ist die Wahrscheinlichkeit, bei einer solchen Serie eine Sechs zu würfeln, nach deiner Erfahrung größer oder kleiner als $\frac{1}{2}$? (Probiere es aus!)

c) Du hast im ersten Wurf eine Fünf gewürfelt. Wie groß ist die Wahrscheinlichkeit, unter dieser Bedingung im zweiten Wurf eine Sechs zu würfeln?

d) Zeichne ein Baumdiagramm und berechne die Wahrscheinlichkeit, mit der man nach einer Serie aus höchstens drei Würfen anfangen darf.

5 Teilbarkeit

In einer Urne befinden sich sechzig Kugeln, die von 1 bis 60 nummeriert sind. Eine Kugel wird zufällig gezogen. Mit welcher Wahrscheinlichkeit ist die Nummer der gezogenen Kugel

a) durch 2 teilbar, b) durch 3 teilbar, c) durch 6 teilbar,

d) durch 6 teilbar, unter der Bedingung, dass sie gerade ist,

e) durch 6 teilbar, unter der Bedingung, dass sie durch 3 teilbar ist,

f) durch 6 teilbar, unter der Bedingung, dass sie durch 5 teilbar ist?

6 Brillenträger

In der Klasse 10b gibt es Mädchen (W) und Jungs. Einige der Schülerinnen und Schüler tragen Brillen (B). Die Situation ist in der rechts abgebildeten Vierfeldertafel dargestellt.
Aus der Klasse wird zufällig eine Person bestimmt.
Mit welcher Wahrscheinlichkeit ist es

	W	$\overline{W}$	
B	4	4	8
$\overline{B}$	8	16	24
	12	20	32

a) ein Mädchen, b) ein Brillenträger,

c) ein Brille tragendes Mädchen,

d) ein Brillenträger, wenn bereits bekannt ist, dass es ein Mädchen ist,

e) ein Brillenträger, wenn bereits bekannt ist, dass es ein Junge ist,

f) ein Mädchen, wenn bereits bekannt ist, dass es ein Brillenträger ist?

7 Bedingte Wahrscheinlichkeiten beim Ziehen einer Spielkarte

Ein Kartenspiel für „Schafkopf" besteht aus 32 Karten. Jede der vier „Farben"

 Herz (H),  Schellen (S),  Grün (G) und  Eichel (E) besteht aus einem Satz der Karten 7, 8, 9, 10, Unter (U), Ober (O), König (K), Ass (A). Die 7er, 8er und 9er haben keinen Wert und werden deshalb auch als „Luschen" (L) bezeichnet.

Toni zieht eine Karte. Mit welcher bedingten Wahrscheinlichkeit ist die Karte

a) ein Ass, wenn sie ein Herz ist,
b) ein Herz, wenn sie ein Ass ist,
c) ein 7er, wenn sie eine Lusche ist,
d) eine Lusche, wenn sie ein 7er ist,
e) ein 7er oder 8er, wenn sie eine Lusche ist?

Fasse jeweils in Worte und gib die Wahrscheinlichkeit an:

f) $P(L)$ g) $P(\overline{L})$ h) $P_H(L)$ i) $P_H(\overline{L})$ k) $P_L(H)$ l) $P_L(\overline{H})$
m) $P_L(9)$ n) $P_9(L)$ o) $P_{\overline{L}}(A)$ p) $P_L(A)$ q) $P_{\overline{L}}(H)$ r) $P_A(\overline{L})$

8 Simulation des Ziegenproblems (Gruppenarbeit)

Lies auf Seite 68 die Aufgabenstellung zum Ziegenproblem durch. Einen ersten Einblick soll uns eine Simulation geben. Nehmt dafür drei gleiche, undurchsichtige Gefäße und einen kleinen Gegenstand und spielt die Show nach.

a) Notiert, ob der Kandidat gewechselt oder nicht gewechselt und ob er gewonnen oder verloren hat. Führt das Experiment mehrfach durch.
b) Betrachtet zunächst nur die Fälle, in denen der Kandidat nicht gewechselt hat. In wie viel Prozent der Fälle hat der Kandidat gewonnen? Wie groß ist die Gewinn-Wahrscheinlichkeit unter der Bedingung, dass der Kandidat nicht wechselt? Vergleicht damit euren experimentellen Wert.
c) Betrachtet die Fälle, in denen der Kandidat gewechselt hat. Dürfte sich dadurch gegenüber b) seine Gewinnchance vergrößert haben?

9 Das Gegenereignis

Mit einem Würfel wird viermal gewürfelt. Beschreibe jeweils das Gegenereignis zum folgenden Ereignis mit Worten.

a) A: „Es werden nur gerade Zahlen gewürfelt."
b) B: „Es wird mindestens ein Fünfer gewürfelt."
c) C: „Es werden mindestens zwei Fünfer gewürfelt."
d) D: „Es werden mindestens zwei gleiche Zahlen gewürfelt."
e) E: „Es werden lauter verschiedene Zahlen gewürfelt."
f) F: „Es wird höchstens ein Sechser gewürfelt."
g) G: „Es wird spätestens beim dritten Wurf ein Sechser erzielt."
h) H: „Es wird kein Sechser gewürfelt."
i) I: „Es werden höchstens drei Sechser gewürfelt."
k) K: „Es werden gleich viele Einser und Sechser gewürfel."

10 Das Geburtstagsproblem – light – (für Gruppenarbeit geeignet)

In einem Zimmer sind n Personen versammelt. Wir interessieren uns für die Wahrscheinlichkeit des Ereignisses E: „Mindestens zwei Personen haben im gleichen Monat Geburtstag".

a) Dieses Zufallsexperiment kannst du durch den Wurf einer Münze und eines Würfels simulieren. Welches Ergebnis ordnest du jeweils den Monaten von Januar bis Dezember zu? Wie lässt sich das Zufallsexperiment für vier Personen ($n = 4$) simulieren? Gib je drei Ergebnisse an, die zu E gehören bzw. nicht zu E gehören.

b) Bestimme durch Simulation einen Schätzwert für die Wahrscheinlichkeit, dass von vier zufällig ausgewählten Personen mindestens zwei im gleichen Monat Geburtstag haben.

c) Wie lautet das Gegenereignis $\overline{E}$ in Worten? Berechne für vier Personen $P(\overline{E})$ und damit $P(E)$. Vergleiche mit deinem Simulations-Ergebnis.

d) Bestimme für n Personen die Wahrscheinlichkeit von E in Abhängigkeit von n.

e) Ab welcher Personenzahl ist die Wahrscheinlichkeit $P(E)$ größer als 75 %?

f) In einer Klasse haben fünf Schüler im Juni Geburtstag. Wie groß ist die Wahrscheinlichkeit, dass mindestens zwei am gleichen Tag Geburtstag haben?

11 „Bitte nach Ihnen!"

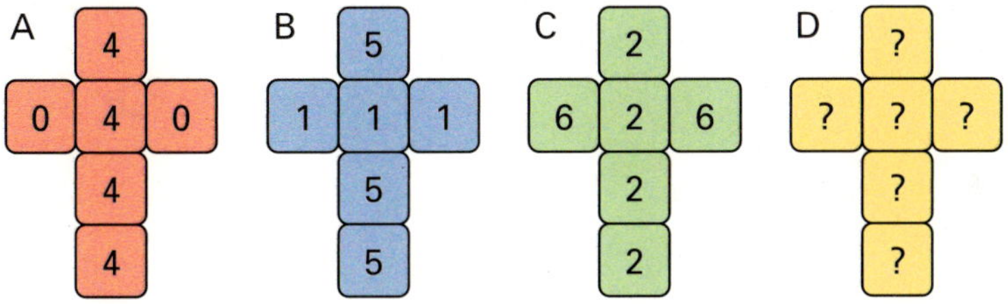

Oben sind die Netze von vier Würfeln zu sehen. Der Würfel D muss noch beschriftet werden. Dein Freund nimmt einen Würfel und anschließend nimmst du einen anderen. Jeder wirft seinen Würfel. Die höhere Augenzahl gewinnt.

a) Zeichne für das Spiel A gegen B ein Baumdiagramm und beschrifte es mit den Wahrscheinlichkeiten. Wie groß ist die Wahrscheinlichkeit, dass Würfel B gewinnt, unter der Bedingung, dass A eine 0 bzw. eine 4 gewürfelt hat? Mit welcher Wahrscheinlichkeit gewinnt Würfel B?

b) Zeige: Beim Spiel B gegen C ist die Gewinnwahrscheinlichkeit von C größer.

c) Alle sechs Seiten des Würfels D werden mit der gleichen Augenzahl beschriftet. Welche Zahl muss man wählen, damit beim Spiel C gegen D die Gewinnwahrscheinlichkeit von D größer ist, aber beim Spiel D gegen A die Gewinnwahrscheinlichkeit von A größer ist?

d) Du überlässt deinem Freund die Wahl eines Würfels. Kannst du zu jeder Wahl einen Würfel finden, sodass deine Gewinnwahrscheinlichkeit größer ist als seine?

12 Mini-Lotto „3 aus 10"

Am Schulfest veranstaltet deine Klasse ein Mini-Lotto: In einer Urne liegen zehn mit den Zahlen von 1 bis 10 nummerierte Kugeln. Drei Kugeln werden ohne Zurücklegen nacheinander gezogen. Stell dir vor, du hast drei Zahlen getippt.

a) Die erste Zahl wird gezogen. Mit welcher Wahrscheinlichkeit wird diese mit einer von dir getippten Zahl übereinstimmen (R), mit welcher nicht (F)? Die zweite Zahl wird gezogen. Mit welcher Wahrscheinlichkeit wird diese im ersten bzw. im zweiten Fall mit einer von dir getippten Zahl übereinstimmen, mit welcher nicht? Berechne die entsprechenden Wahrscheinlichkeiten für das Ziehen der dritten Zahl. Zeichne das zugehörige Baumdiagramm und beschrifte es mit den Wahrscheinlichkeiten.

b) Berechne die Wahrscheinlichkeiten für drei Richtige, zwei Richtige, eine Richtige, keine Richtige.

c) Nur wer drei Richtige hat, gewinnt. Der Einsatz für einen Tipp beträgt 10 Cent. Wie hoch sollte der Gewinn angesetzt werden, damit das Mitspielen attraktiv ist und trotzdem kein Verlust für die Klassenkasse zu erwarten ist?

13 Lotto „6 aus 49"

Wir interessieren uns für die Wahrscheinlichkeit, beim „Lotto 6 aus 49" sechs Richtige zu tippen.

a) Stell dir dazu vor, du hast sechs Zahlen getippt und verfolgst im Fernsehen die Ziehung. Mit welcher Wahrscheinlichkeit wird die erste gezogene Zahl richtig sein, die zweite gezogene Zahl richtig sein, ..., die sechste gezogene Zahl richtig sein? Zeichne nur den Ast des Baumdiagramms zu den sechs Richtigen. Berechne die Wahrscheinlichkeit für sechs Richtige. Gib sie als Bruch mit dem Zähler 1 an.

b) Wie viele Lotto-Tipps müsstest du abgeben, damit du mit Sicherheit einmal sechs Richtige hast?

c) Was spricht dafür, Lotto zu spielen, was dagegen? Informiere dich im Internet, wie viel Prozent des Einsatzes bei einer Ziehung für Gewinne ausgeschüttet werden.

14 Wetterprognose

Robert, Sigi und Tom wollen eine dreitägige Wanderung durch das Fichtelgebirge unternehmen.

Freitag 03.09.		Samstag 04.09.		Sonntag 05.09.	
Wetterzustand:	mäßiger Regen	Wetterzustand:	mäßiger Regen	Wetterzustand:	leichter Regen
Niederschlag:	10%	Niederschlag:	20%	Niederschlag:	50%
Min/Max:	15 / 22 °C	Min/Max:	14 / 21 °C	Min/Max:	13 / 19 °C

Im Internet finden sie die Wetterprognose für die nächsten drei Tage.

a) Wie groß schätzt du die Wahrscheinlichkeit, dass es an keinem Tag regnet? Berechne diese Wahrscheinlichkeit.

b) Mit welcher Wahrscheinlichkeit regnet es frühestens am Sonntag?

c) Wie müsste sich die Regenwahrscheinlichkeit für den Sonntag während der nächsten beiden Tagen ändern, damit es mit einer Wahrscheinlichkeit von 50% an keinem Tag regnet?

15 Top secret!

Angelina, Bettina, Carina und Doris treffen eine Vereinbarung, die sie geheim halten wollen. Jedes der vier Mädchen hält zwar nicht 100%ig dicht, aber doch mit der gleichen, hohen Wahrscheinlichkeit p. Wie groß muss p mindestens sein, damit die Vereinbarung mit einer Wahrscheinlichkeit von höchstens 20% ausgeplaudert wird?

16 Der Dieb von Bagdad

Abu, der berühmte Dieb von Bagdad, wurde ergriffen. Er soll in den Kerker geworfen werden. Kalif Ahmed räumt ihm noch eine Chance ein. Drei Urnen enthalten jeweils fünf Kugeln: die erste eine grüne und vier rote, die zweite zwei grüne und drei rote und die dritte drei grüne und zwei rote. Mit verbundenen Augen soll Abu rein zufällig eine Urne auswählen und dann daraus eine Kugel ziehen. Ist es eine grüne Kugel, wird er noch einmal laufen gelassen.

a) Wie groß ist seine Chance?

Abu bittet darum, dass er die Kugeln vor dem Ziehen anders auf die Urnen verteilen darf. Kalif Ahmed erfüllt ihm seinen Wunsch.

b) Zeige: Die Chance ändert sich nicht, wenn Abu wieder fünf Kugeln in jede Urne legt.

c) Bei welcher Verteilung der Kugeln ist Abus Gewinnchance am größten? Wie groß ist die Chance maximal? (Tipp: Abu legt zunächst in jede Urne eine grüne Kugel und in eine Urne noch eine rote. Wie muss er die restlichen Kugeln verteilen, damit sich eine möglichst große Gewinnchance ergibt?)

17 Kinobesuch

40% der Besucher eines Kinos sind männlich (M). 30% der Besucher haben einen ermäßigten Eintritt bezahlt (E). 45% der Kinobesucher sind weiblich und haben den vollen Eintritt bezahlt.

a) Lege eine Vierfeldertafel an und trage die relativen Häufigkeiten des Textes ein. Fülle die Tabelle vollständig aus.

b) Formuliere die Wahrscheinlichkeiten $P(E)$, $P_M(E)$ und $P_{\overline{M}}(E)$ in Worten. Berechne die drei Wahrscheinlichkeiten. Was besagt das Ergebnis?

c) Eine Person wird willkürlich ausgewählt. Mit welcher Wahrscheinlichkeit handelt es sich dabei um eine „weibliche Person mit ermäßigtem Eintritt (Ereignis A)". Wie lautet das Gegenereignis $\overline{A}$ zu A? Gib $P(\overline{A})$ an.

d) Wir wollen das Zufallsexperiment „ein beliebiger Kinobesucher wird ausgewählt" unter den oben beschriebenen Bedingungen mithilfe einer Urne mit 20 Kugeln simulieren. Beschreibe die dafür benötigten Kugeln.

Zum Intensivieren

18 Freier Eintritt

Die Klasse 10c besuchen 16 Schülerinnen und 8 Schüler. Die Klasse hat beim Wettbewerb „Schönstes Klassenzimmer" den Trostpreis gewonnen, der aus drei Kinokarten besteht. Sie werden verlost. Mit welcher Wahrscheinlichkeit gewinnen sie

a) drei Jungen, b) mindestens ein Mädchen, c) drei Mädchen?

19 Füllung gesucht!

In eine Urne sollen grüne und rote Kugeln gelegt werden, insgesamt 10 Stück. Wie viele Kugeln von jeder Sorte muss man in die Urne legen, damit sich die folgenden Wahrscheinlichkeiten ergeben?

Eine Kugel wird gezogen, in die Urne zurückgelegt und dann wird die zweite Kugel gezogen. Die Wahrscheinlichkeit soll für das Ziehen von

a) zwei roten Kugeln 25% sein, b) gleichfarbigen Kugeln 68% sein,

c) verschieden farbigen Kugeln 42% sein.

Beim Ziehen von zwei Kugeln ohne Zurücklegen soll die Wahrscheinlichkeit für

d) zwei rote Kugeln $\frac{1}{3}$ sein, e) gleichfarbigen Kugeln 80% sein,

f) verschieden farbigen Kugeln $\frac{16}{45}$ sein.

20 Anschauliche Lösung des Ziegenproblems

Lies auf Seite 68 die Aufgabenstellung zum Ziegenproblem durch. Der Moderator öffnet eine Tür, hinter der sich das Auto nicht befindet.

a) Der Kandidat wechselt grundsätzlich nicht. In wie vielen aller Fälle wird er gewinnen?

b) Der Kandidat wechselt grundsätzlich. Was ist die Folge, wenn er bei seiner ersten Wahl die Tür mit dem Gewinn bzw. eine der beiden anderen Türen gewählt hat?

c) Wie groß sind folglich die Wahrscheinlichkeiten $P_{\text{Nichtwechseln}}$ (Gewinn) und P_{Wechseln} (Gewinn)?

21 Grundwissen: Gleitkommadarstellung

Um eine große Zahl, wie z. B. 702 000 000, übersichtlicher zu schreiben, verwendet man die Gleitkommadarstellung. Sie besteht aus dem Produkt einer Zahl zwischen 1 und 10 und einer Zehnerpotenz: $7{,}02 \cdot 10^8$.

Schreibe die Angabe in Gleitkommadarstellung mit der in Klammern genannten Einheit.

a) 20 km [m] b) 25 cm [km] c) 250 mm [km]

d) 20 km^2 [m^2] e) 25 ha [m^2] f) 250 m^2 [km^2]

g) 25 000 l [m^3] h) 0,25 m^3 [l] i) 0,25 m^3 [hl]

Berechne ohne TR und gib das Ergebnis in Gleitkommadarstellung an.

k) $1{,}8 \cdot 10^5 + 2 \cdot 10^4$ l) $1{,}8 \cdot 10^5 \cdot 2 \cdot 10^{-4}$ m) $\frac{1{,}8 \cdot 10^5}{2 \cdot 10^{-4}}$

n) $\frac{2{,}4 \cdot 10^6 + 6 \cdot 10^5}{3 \cdot 10^{-7}}$ o) $\frac{2{,}4 \cdot 10^6 \cdot 6 \cdot 10^5}{3 \cdot 10^{-7}}$ p) $\frac{2{,}4 \cdot 10^{-6} \cdot 6 \cdot 10^{-7}}{3 \cdot 10^5 \cdot 1{,}6 \cdot 10^{-19}}$

5.2 Bedingte Wahrscheinlichkeit

Medizinische Tests auf eine bestimmte Krankheit sollten diese bei allen Kranken anzeigen: Die Tests sollten „positiv“ ausfallen. Bei allen Gesunden sollten sie „negativ“ ausfallen. In der Praxis treten jedoch zwei Fehler auf: Einerseits kommt es vor, dass die Krankheit nicht erkannt wird und andererseits erhalten Gesunde fälschlicherweise positive Testergebnisse. Selbst Ärzte haben große Schwierigkeiten, die Wahrscheinlichkeit für das Vorliegen der Krankheit bei einem positiven Testergebnis richtig einzuschätzen. Dazu ein Beispiel!

Unsicherheit einer Krebsuntersuchung

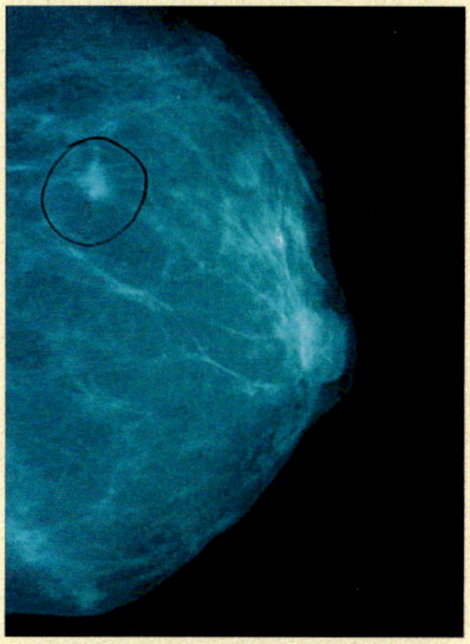

Die Röntgenuntersuchung der Brust einer Frau heißt nach dem lateinischen Wort „*mamma*“ für die weibliche Brust *Mammographie*. Sie ist ein sicheres Diagnoseverfahren. Ein sehr sicheres? Die Wahrscheinlichkeit, dass eine beschwerdefreie Frau im Alter zwischen 40 und 50 Jahren Brustkrebs hat, beträgt 1 %. Wenn eine Frau Brustkrebs hat, ist die Wahrscheinlichkeit, dass sie einen positiven Mammographie-Befund erhält, 80 %. Wenn eine Frau keinen Brustkrebs hat, ist die Wahrscheinlichkeit, dass sie trotzdem einen positiven Befund bekommt, 10 %. Frau Meier ist 50 Jahre alt. Sie hat keine Beschwerden. Auf Anraten ihres Arztes nimmt sie an einer Mammographie-Reihenuntersuchung teil – und erhält einen positiven Befund. Wie groß ist die Wahrscheinlichkeit, dass sie tatsächlich Krebs hat? 95 von 100 in Amerika befragten Ärzten schätzten die Wahrscheinlichkeit auf 70 bis 80 Prozent ein. Was meinst du?

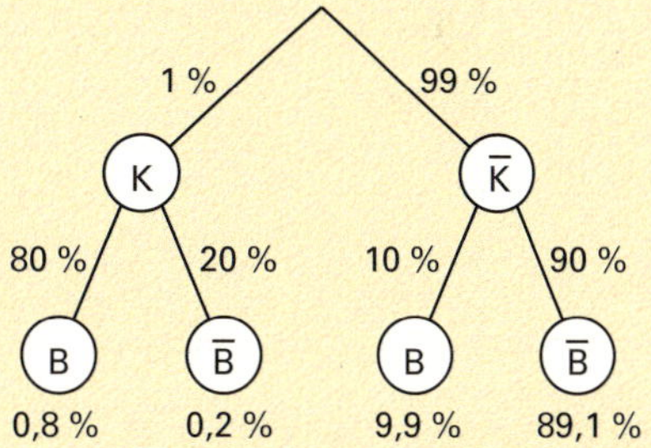

Durch ein Baumdiagramm verschaffen wir uns einen Überblick: 1 % der Frauen sind krank (K), 99 % sind gesund ($\overline{K}$). 80 % der Kranken erhalten einen positiven Befund (B), 20 % einen negativen ($\overline{B}$). 10 % der Gesunden bekommen einen positiven Befund, 90 % einen negativen.

Die bedingten Wahrscheinlichkeiten $P_K(B)$, $P_K(\overline{B})$, $P_{\overline{K}}(B)$ und $P_{\overline{K}}(\overline{B})$ sind gegeben. Wir suchen aber die Wahrscheinlichkeit $P_B(K)$, dass Frau Meier krank ist unter der Bedingung, dass sie einen positiven Befund bekommen hat. Diese können wir nicht aus dem Baumdiagramm ablesen. Um sie zu finden, übertragen wir deshalb die Zahlen in eine Vierfeldertafel. Dazu betrachten wir 1000 Frauen, die sich nach den Wahrscheinlichkeiten verteilen und der Mammographie unterziehen: 10 Frauen sind krank, 990 gesund. Von den 10 kranken Frauen erhalten 8 einen positiven Befund, 2 einen negativen. Von den 990 Gesunden bekommen 99 einen positiven Befund, 891 einen negativen.

	positiver Befund B	negativer Befund $\overline{B}$	gesamt
krank K	8	2	10
gesund $\overline{K}$	99	891	990
gesamt	107	893	1000

Nach der Vierfeldertafel erhielten insgesamt 107 Frauen einen positiven Befund und davon sind 8 krank. Damit können wir $P_B(K)$ berechnen:

$$P_B(K) = \frac{8}{107} = 7{,}5\,\%$$

Überraschend? Der positive Befund ist für Frau Meier kein Grund zur Panik. Sie sollte sich weiteren Untersuchungen unterziehen. Mit einer Wahrscheinlichkeit von 92,5 % hat sie keinen Brustkrebs.

Die Vierfeldertafel zeigt uns, warum die bedingte Wahrscheinlichkeit für Krankheit bei einem positiven Befund so klein ist. Von den vielen Gesunden erhalten 10 % einen positiven Befund. Das sind etwa 12-mal so viel wie die Kranken mit positivem Befund.

Ohne den Umweg über die Vierfeldertafel hätten wir die bedingte Wahrscheinlichkeit sofort mit dem Baumdiagramm berechnen können. Dividieren wir den Nenner 107 und den Zähler 8 jeweils durch die Gesamtzahl 1000 der Frauen, steht im Nenner die *totale Wahrscheinlichkeit* für „positiver Befund" und im Zähler die *spezielle Wahrscheinlichkeit* für das Ereignis „positiver Befund und krank":

$$P_B(K) = \frac{P(\text{positiver Befund und krank})}{P(\text{positiver Befund})} = \frac{0{,}008}{0{,}008 + 0{,}099} = \frac{0{,}008}{0{,}107} = 7{,}5\,\%$$

Ist das Ereignis B eingetreten, dann ist die **bedingte Wahrscheinlichkeit** für das Eintreten eines Ereignisses E gleich der *speziellen Wahrscheinlichkeit* von B und E, geteilt durch die *totale Wahrscheinlichkeit* von B:

$$P_B(E) = \frac{P(B \text{ und } E)}{P(B)}$$

Interessant ist in unserem Beispiel noch die Wahrscheinlichkeit für den anderen Fehler, der beim Test auftreten und verhängnisvoll sein kann: Eine Frau erhält einen negativen Befund. Mit welcher Wahrscheinlichkeit ist sie trotzdem krank?

$$P_{\overline{B}}(K) = \frac{P(\text{negativer Befund und krank})}{P(\text{negativer Befund})} = \frac{0{,}002}{0{,}002 + 0{,}891} = \frac{0{,}002}{0{,}893} = 0{,}2\,\%$$

Aufgaben

1 **Zuverlässigkeit eines Schnelltests**

In Taskinien ist ein neues Virus aufgetreten. Man geht davon aus, dass 2 % aller Personen infiziert sind. Mit einem neu entwickelten Schnelltest kann das Virus nachgewiesen werden: Wenn eine Person infiziert ist, liefert der Test in 75 % aller Fälle einen positiven Befund. Allerdings liefert er auch bei Gesunden in 10 % aller Fälle einen positiven Befund.

a) Zeichne ein Baumdiagramm und beschrifte es mit den Wahrscheinlichkeiten.

b) Stelle zu 1000 Personen, die sich nach den Wahrscheinlichkeiten verteilen, eine Vierfeldertafel auf.

c) Tasso unterzieht sich dem Test und erhält einen positiven Befund. Mit welcher Wahrscheinlichkeit ist er infiziert?

d) Theo erhält einen negativen Befund. Mit welcher Wahrscheinlichkeit ist er trotzdem infiziert?

Das Virus breitet sich aus: 10% der Bevölkerung sind infiziert.

e) Tanja lässt sich testen und erhält einen positiven Befund. Mit welcher Wahrscheinlichkeit ist sie infiziert?

f) Damit sich die Krankheit nicht weiter ausbreitet, soll der Test verbessert werden. Bei welchen Prozentsätzen des Tests wäre eine Person mit einem positiven Befund mit der Wahrscheinlichkeit $\frac{2}{3}$ tatsächlich krank?

2 Fahrscheinkontrolle in der U-Bahn

In den Morgenstunden benutzen 80% der Fahrgäste eine Dauerkarte (D) und die restlichen einen anderen Fahrschein ($\overline{D}$). Während nur 1% der Dauerkartenbesitzer ihren Fahrschein vergessen ($\overline{F}$), sind 10% der anderen ohne Fahrerlaubnis unterwegs.

a) Zeichne ein Baumdiagramm und beschrifte es mit den Wahrscheinlichkeiten.

b) Stelle zu 1000 Fahrgästen, die sich nach den Wahrscheinlichkeiten verteilen, eine Vierfeldertafel auf.

c) Mit welcher Wahrscheinlichkeit hat ein Fahrgast keine Fahrkarte bei sich?

Bei einer Fahrkartenkontrolle wird ein Fahrgast ohne Fahrerlaubnis ertappt. Berechne auf zwei Arten: Mit welcher Wahrscheinlichkeit ist er

d) ein Dauerkartenbesitzer,
e) kein Dauerkartenbesitzer?

3 Leichter Regen in London

Das Klima in Großbritannien ist gemäßigt, im Sommer feucht-warm, im Winter nass-kühl. In London regnet es häufig, aber selten stark. Die jährliche Niederschlagsmenge pro m^2 ist sogar wesentlich kleiner als die in München. An 40% aller Tage regnet es in London, an 35% aller Tage ist es bewölkt, an 25% scheint die Sonne. John schaut, bevor er das Haus verlässt, nach dem Wetter. Wenn es regnet, nimmt er seinen Schirm mit. Bei bewölktem Himmel nimmt er ihn in 60% aller Fälle mit, bei Sonnenschein in 20%.

a) Zeichne ein Baumdiagramm und beschrifte es mit den Wahrscheinlichkeiten.

b) Stelle zu 100 Tagen, die sich nach den Wahrscheinlichkeiten verteilen, eine Sechsfeldertafel auf.

c) Mit welcher Wahrscheinlichkeit verlässt John das Haus ohne Schirm?

d) John verlässt das Haus mit Schirm. Mit welcher Wahrscheinlichkeit scheint die Sonne?

4 Zwillinge

Es gibt eineiige und zweieiige Zwillinge. Die „Sechsfeldertafel“ schlüsselt für Bayern auf, wie viele der im Jahr 2005 geborenen Zwillingspaare zwei Mädchen (MM), ein Mädchen und ein Junge (MJ), zwei Jungen (JJ) sind.

	MM	MJ	JJ	gesamt
eineiig E	200	0	200	400
zweieiig Z	300	600	300	1200
gesamt	500	600	500	1600

a) Warum haben eineiige Zwillinge das gleiche Geschlecht?

b) Wie viel Prozent der Zwillingspaare sind eineiig, wie viel Prozent zweieiig? Wie viel Prozent der eineiigen Zwillingspaare sind zwei Mädchen? Wie viel Prozent der zweieiigen Zwillingspaare sind zwei Jungen?

c) Zeichne zur Sechsfeldertafel das zugehörige Baumdiagramm und beschrifte es mit den Wahrscheinlichkeiten.

d) Stell dir vor, du siehst einen Kinderwagen mit Zwillingen. Mit welcher Wahrscheinlichkeit sind es eineiige Mädchen?

e) Tatsächlich sind die beiden Babys rosa gekleidet. Mit welcher Wahrscheinlichkeit sind sie eineiig, mit welcher zweieiig?

5 „Hier werden Sie geholfen.“

Eine Firma beschäftigt drei Personen, die telefonisch Anfragen von Kunden beantworten. Frau Geschwind nimmt 50% aller Anfragen entgegen, Herr Alleskönner 40% und Herr Pingelig 10%. Frau Geschwind beantwortet 70% aller Fragen zur Zufriedenheit der Kunden, Herr Alleskönner 80% und Herr Pingelig 90%.
Mit welcher Wahrscheinlichkeit ist

a) ein Kunde an Frau Geschwind geraten und mit ihrer Antwort nicht zufrieden,

b) ein Kunde an Herrn Pingelig geraten und mit der Antwort zufrieden,

c) ein Kunde mit der Antwort nicht zufrieden?

Ein Kunde ist mit der erhaltenen Antwort nicht zufrieden. Mit welcher Wahrscheinlichkeit stammt die Auskunft von

d) Frau Geschwind, e) Herrn Alleskönner, f) Herrn Pingelig?

Ein Kunde ist mit der Auskunft zufrieden.

g) Mit welcher Wahrscheinlichkeit stammt sie von Herrn Pingelig?

6 Frühstücksgewohnheiten

In der Pariser Jugendherberge „La Maison“ sind 25% der Gäste Engländer. 80% der Engländer und 10% der Nicht-Engländer trinken zum Frühstück Tee. Du beobachtest einen Gast, der zum Frühstück Tee trinkt. Mit welcher Wahrscheinlichkeit ist er Engländer?

7 Opas Lieblingsmusik

Opa Alfred liebt Marschmusik. Sein Lieblingssender bringt zwischen 11 und 12 Uhr an jedem Freitag mit einer Wahrscheinlichkeit von 60% Marschmusik, an allen anderen Wochentagen mit einer Wahrscheinlichkeit von 10%. Opa hört Marschmusik. Mit welcher Wahrscheinlichkeit ist

a) Freitag, b) Donnerstag?

8 **Essgewohnheiten in der „Goldenen Gans"**

Im Gasthaus „Goldene Gans" essen 60% der Gäste keine Vorspeise und 70% keinen Nachtisch. 40% bestellen weder eine Vor- noch eine Nachspeise.

a) Stelle eine Vierfeldertafel auf.

b) Ein Gast aß keinen Nachtisch. Mit welcher Wahrscheinlichkeit hatte er auch keine Vorspeise?

c) Ein Gast bestellt eine Vorspeise. Mit welcher Wahrscheinlichkeit wird er auch einen Nachtisch bestellen?

9 **Lockere und feste Schrauben**

In der Fabrik „Schrauben Locker" produzieren zwei Maschinen Schrauben. Der Anteil der ersten Maschine an der Gesamtproduktion beträgt 40%. Insgesamt sind 5% aller produzierten Schrauben unbrauchbar. Die erste Maschine trägt dazu mit 2,5% ihrer Produktion bei. Wie viel Prozent der Produktion der zweiten Maschine sind unbrauchbar?

10 **Kaufhausdiebe**

Mit einer elektronischen Anlage wird am Ausgang überprüft, ob ein Kunde unbezahlte Kleidungsstücke bei sich führt. Bei Kaufhausdieben spricht die Anlage mit einer Wahrscheinlichkeit von 93% an, allerdings auch bei ehrlichen Kunden mit einer Wahrscheinlichkeit von einem $\frac{3}{4}$ %. Nur die Hälfte der Verdachtsfälle erweist sich als gerechtfertigt. Wie groß ist demnach der Anteil der Diebe unter allen Kunden?

11 **Hochwertiges Porzellan zweiter Wahl**

Hochwertiges Porzellan wird auch heute noch in drei langwierigen Arbeitsgängen hergestellt: Die Porzellanmasse wird in Gipsformen gegossen, getrocknet und bei 1000°C gebrannt. Nachdem das poröse Rohporzellan eine Glasurflüssigkeit aufgesaugt hat, wird es ein zweites Mal bei 1400°C gebrannt. Dabei werden die Porzellanteile weich und es können unerwünschte Verformungen auftreten. Anschließend wird das Porzellan durch Abziehbilder oder durch Handmalerei dekoriert und ein drittes Mal gebrannt.

Bei der Porzellanherstellung können zwei Fehler auftreten, nämlich beim zweiten Brand ein Formfehler und beim dritten ein Farbfehler. Die berühmte Porzellanmanufaktur Tulpenberg sondert die Teile, die sowohl einen Form- als auch einen Farbfehler haben, als unbrauchbar aus. Teile zweiter Wahl haben entweder einen Form- oder einen Farbfehler. 80% der herstellten Teile sind fehlerfrei, bei 90% ist die Form fehlerfrei, bei 85% die Farbe.

a) Wie viel Prozent einer Produktion sind unbrauchbar?

b) Wie viel Prozent der Teile sind zweite Wahl?

c) Eine Kanne hat einen Farbfehler. Mit welcher Wahrscheinlichkeit hat sie auch noch einen Formfehler?

Zum Intensivieren:

12 Rinderseuche (Abiturprüfung 1998)

In der Rinderpopulation eines Landes tragen 4 % der Rinder den Erreger der Seuche B in sich; diese werden als B-Rinder bezeichnet. Alle anderen Rinder werden als gesund bezeichnet.

Ein von einem Tierarzt durchzuführender, einfacher Schnelltest erkennt 95 % der B-Rinder als solche. Irrtümlicherweise stuft dieser Schnelltest von den gesunden Rindern 15 % als B-Rinder ein.

Bestimme die Wahrscheinlichkeit dafür, dass ein durch den Schnelltest für gesund erklärtes Rind auch wirklich gesund ist.

13 Automatische Gepäckverteilung (Abiturprüfung 1997)

Auf einem Flughafen werden die aufgegebenen Gepäckstücke unabhängig voneinander auf ein Förderband gelegt. Die Wahrscheinlichkeit, dass ein Gepäckstück das Ziel München hat, sei p.

a) Die Wahrscheinlichkeit, dass von zwei aufeinanderfolgenden Gepäckstücken mindestens eines nicht den Zielflughafen München hat, sei 93,75 %. Berechne daraus die Wahrscheinlichkeit p.

b) 1 % der Gepäckstücke werden fehlgeleitet; von den fehlgeleiteten Gepäckstücken haben 20 % das Ziel München. Mit welcher Wahrscheinlichkeit wird demnach ein Gepäckstück, das das Ziel München hat, richtig weitergeleitet?

14 Grundwissen: Funktionen

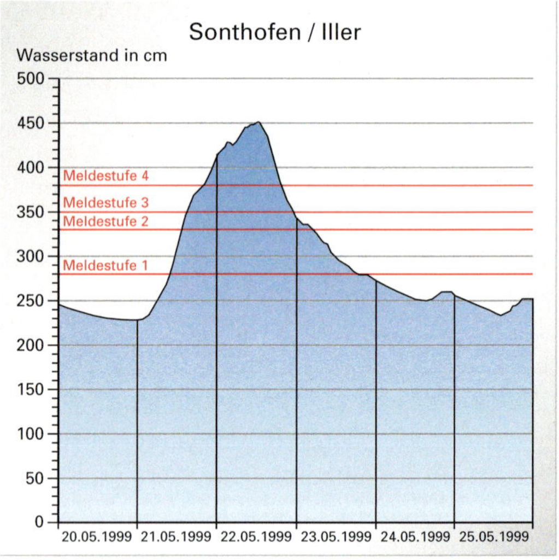

Das Diagramm zeigt den Wasserstand der Iller in Sonthofen in der Pfingstwoche 1999. Anhaltende Regenfälle und ein Dauerwolkenbruch brachten außergewöhnliche Wassermengen. Zusätzlich ließ der Regen die immensen Schneemengen im Gebirge schmelzen. Das führte im Allgäu zum sog. „Jahrhunderthochwasser".

a) Beschreibe den zeitlichen Verlauf mit eigenen Worten. An welchem Tag ging der Dauerwolkenbruch nieder?

b) Um wie viele Zentimeter nahm der Wasserstand am 21. 05., 22. 05. und 23. 05. zu bzw. ab? Um wie viel Prozent änderte sich der Wasserstand an diesen Tagen?

c) Warum gelingt es uns nicht, den Wasserstand in Abhängigkeit von der Zeit durch eine Gleichung zu beschreiben?

d) Begründe, warum die Zuordnung Zeit $\mapsto$ Wasserstand eine Funktion ist. Ist die umgekehrte Zuordnung Wasserstand $\mapsto$ Zeit auch eine Funktion?

Exponentielles Wachstum und Logarithmen

Algenalarm

Der Miesbacher Karpfenweiher soll zu einem 70 000 m² großen Badesee erweitert werden. Die Baggerarbeiten laufen auf Hochtouren. Der anfänglich 20 000 m² große Teich wächst jede Woche um 2000 m². Allerdings haben die wöchentlichen Untersuchungen der Wasserproben ergeben, dass sich eine schnell wachsende Algensorte im Wasser befindet. Die Biologen schlagen Alarm: „Die von den Algen bedeckte Fläche betrug zu Beginn der Arbeiten nur 100 m². Nach 3 Wochen ist sie auf 220 m² angewachsen." Nach Ansicht der Biologen ist damit die Nutzung des gesamten Sees gefährdet. Der Bauleiter warnt vor Panikmache und meint, dass „ein paar Algen einem Naturbad dieser Größe nicht schaden können".

1. Wer hat Recht? Wer wird gewinnen, die Algen oder die Bagger? Warum?
2. Erstelle eine Tabelle nach folgendem Vorbild und ergänze sie im Laufe der folgenden Aufgaben.

Zeit t in Wochen	0	1	2	3	4	5	10	15	20	25
A_{See} in $10^3\,m^2$	20	22	?	?	?	?	?	?	?	?
A_{Algen} in $10^3\,m^2$	0,100	0,130	0,169	0,220	0,286	?	?	?	?	?

a) Nach wie vielen Wochen ist die Arbeit der Bagger beendet?
Bestimme die Fläche des Sees A_{See} für die angegebenen Wochen. Wie groß ist der Zuwachs pro Woche?
Stelle eine Gleichung auf, mit der sich A_{See} aus der Anfangsfläche von 20 000 m² und der Zeit t Wochen berechnen lässt.

b) Um wie viel hat die Fläche der Algen A_{Algen} wöchentlich zugenommen?
Was stellst du über den wöchentlichen Zuwachs fest?

c) Um welchen Faktor hat die Fläche A_{Algen} pro Woche jeweils zugenommen?
Was stellst du über diesen Wachstumsfaktor fest? Um wie viel Prozent nimmt die Algenfläche wöchentlich zu?

d) Wie groß ist die Algenfläche nach 5 Wochen?
Stelle eine Gleichung auf, mit der sich A_{Algen} aus dem Anfangsbestand von 100 m² und der Zeit t Wochen berechnen lässt.
Berechne mithilfe dieser Gleichung die Fläche der Algen im restlichen Zeitraum.

e) Wer hat Recht?

f) Zeichne die Graphen beider Funktionen in ein gemeinsames Koordinatensystem und beschreibe ihren Verlauf in Worten (t-Achse: 1 cm ≙ 2 Wochen, A-Achse: 1 cm ≙ 10 000 m²).

6.1 Lineares und exponentielles Wachstum

Unser Leben wird von sich ändernden Größen bestimmt. Gelingt es uns, in den Vorgängen eine Gesetzmäßigkeit zu entdecken und die Größen durch eine Gleichung zu beschreiben, können wir Prognosen für die Zukunft aufstellen. Ist die Entwicklung unerwünscht, müssen wir Maßnahmen entwickeln, den Prozess zu verlangsamen oder zu stoppen (Seite 84).

Untersuchen wir, wie sich eine Größe pro Zeiteinheit ändert, kann das beim Aufspüren des mathematischen Zusammenhangs hilfreich sein.

Lineares Wachstum

Kommt zu einem Anfangsbestand pro Einheit ein konstanter Zuwachs hinzu, so spricht man von einem linearen Wachstum. Der zugehörige Graph ist eine Gerade (Aufgabe 1).

Beispiel

In einem Heizöltank befinden sich vor der Befüllung noch 800 Liter. Pro Minute kommen 500 Liter dazu. Die Zunahme des Füllvolumens pro Minute ist konstant.
Wir können das Volumen V in Litern aus dem Anfangsbestand von 800 Litern und dem Zuwachs in t Minuten berechnen:

$V = 800 + 500 \cdot t$

Wir verallgemeinern diese Überlegungen für einen Anfangsbestand b und einen konstanten Zuwachs d:

Lineares Wachstum
Der Zuwachs d pro Einheit ist konstant.

x	0	1	2	3
y	b	b + d	b + 2d	b + 3d

Zum Anfangsbestand b ist nach x Einheiten x-mal d hinzugekommen:

$y = b + \underbrace{d + d + d + \ldots + d}_{x\text{-mal}} = b + d \cdot x$

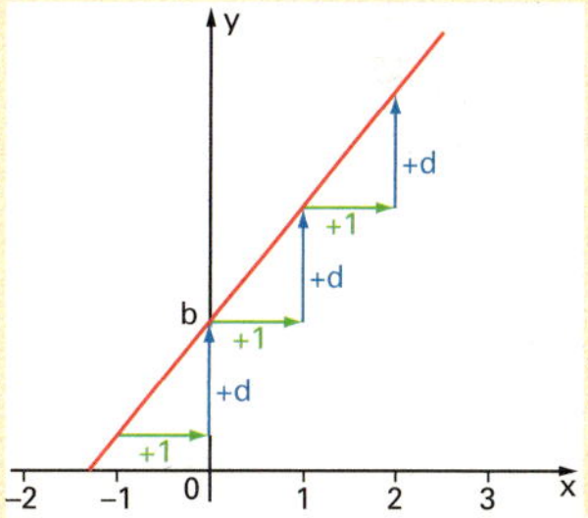

Der Graph ist eine Gerade mit dem y-Abschnitt b und der Steigung d.

Exponentielles Wachstum

Bakterien und die meisten Algenarten sind Einzeller. Sie vermehren sich ungeschlechtlich. Hat eine Bakterie eine bestimmte Größe erreicht, teilt sich die Zelle und es entstehen zwei Bakterien. Sind doppelt, dreimal so viele Bakterien vorhanden, teilen sich in der Zeiteinheit auch doppelt, dreimal so viele. Das heißt, mit wachsender Bakterienzahl nimmt der Zuwachs pro Zeiteinheit zu. Der Zuwachs ist nicht

konstant, sondern zur jeweiligen Anzahl der Bakterien proportional. Die Bakterienkultur nimmt pro Zeiteinheit um den gleichen Faktor, den sogenannten **Wachstumsfaktor**, zu.
Diese Überlegungen sind nur dann richtig, wenn genügend viel Nahrung für die Bakterien vorhanden ist und sich diese nicht gegenseitig beeinträchtigen.

Wir können dies für einen Anfangsbestand b und konstanten Wachstumsfaktor a verallgemeinern:

Exponentielles Wachstum
Der Zuwachs pro Einheit ist zum jeweiligen Bestand proportional. Während jeder Einheit ändert sich der Bestand um den gleichen **Wachstumsfaktor** a.

x	0	1	2	3
y	b	$b \cdot a$	$b \cdot a^2$	$b \cdot a^3$

Nach x Einheiten hat sich der Anfangsbestand b x-mal ver-a-facht:
$$y = b \cdot \underbrace{a \cdot a \cdot a \cdot \ldots \cdot a}_{\text{x-mal}} = b \cdot a^x$$

Für $a > 1$ liegt eine exponentielle Zunahme,
für $a < 1$ eine exponentielle Abnahme vor.

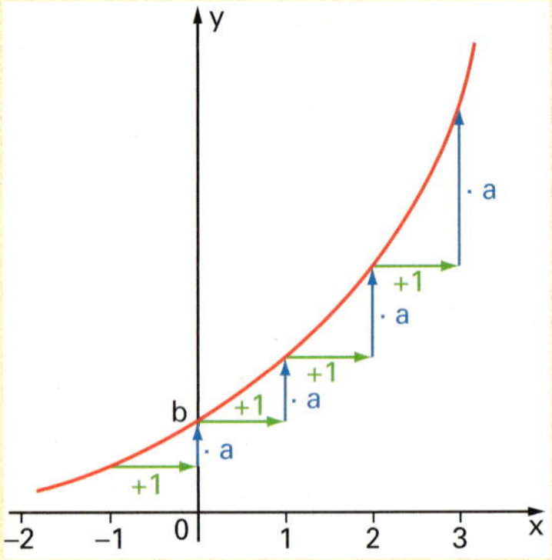

Aufgaben

1 ## Graph des linearen Wachstums
Der Anfangsbestand b ändert sich bei jeder Zunahme des x-Wertes um 1 um den konstanten Wert d. Stelle die Gleichung auf, die den Zusammenhang zwischen x und y beschreibt. Zeichne ein x-y-Diagramm.

a) $b = 2$; $d = 1{,}5$ b) $b = 1{,}5$; $d = 2$ c) $b = 3$; $d = -0{,}5$ d) $b = -3$; $d = 1$

2 ## Lineares oder exponentielles Wachstum?
Handelt es sich um lineares oder um exponentielles Wachstum? Stelle eine Gleichung auf, die den Vorgang beschreibt. Führe dazu zunächst die nötigen Variablen bzw. Parameter ein.

a) Zunahme der Schneedicke bei gleichmäßigem Schneefall.
b) Zunahme der Winkelsumme im n-Eck bei wachsender Eckenzahl.
c) Zunahme des Kapitals auf dem Konto bei jährlicher Verzinsung.
d) Zunahme des Kapitals im Sparschwein bei monatlicher Einzahlung eines festen Betrags.
e) Zunahme der Papierdicke bei n Faltvorgängen.
f) Zunahme der Haarlänge.

3 Vermehrung von Kolibakterien

Die bekanntesten Bakterien sind die Kolibakterien. Sie besiedeln unseren Darm und vergären Zucker. In Gewässern ist ihre Anzahl ein Maß für die Verschmutzung durch Kot. Eine Nährlösung enthält Kolibakterien. Messungen ergeben dabei folgende Werte:

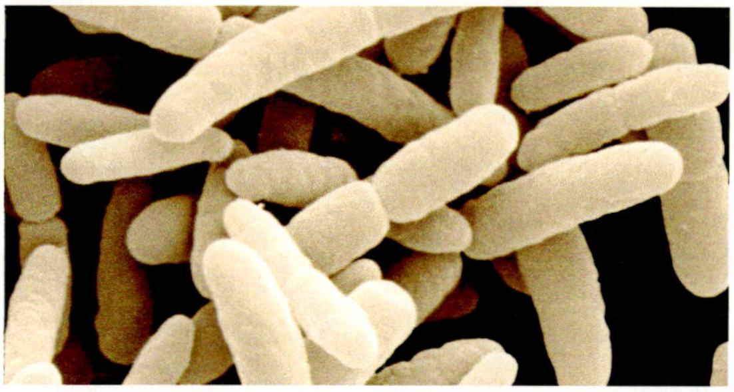

Zeit t in min	0	1	2	3	4	5	10	20	30	40
Anzahl N in Mio.	2,000	2,070	2,142	2,217	2,295	2,375	?	?	?	?

a) Bestimme den Wachstumsfaktor a. Um wie viel Prozent nimmt die Anzahl pro Minute zu?

b) Stelle eine Gleichung auf, mit der sich die Anzahl N der Bakterien aus dem Anfangsbestand von 2 Mio. und der Zeit t in Minuten berechnen lässt.

c) Berechne die restlichen Werte der Tabelle und zeichne ein t-N-Diagramm. Wann hat sich der Anfangsbestand der Bakterien verdoppelt, wann vervierfacht?

4 Ungehindertes Wachstum

Die Anzahl N der Bakterien einer bestimmten Art nimmt innerhalb einer Stunde in einer Kultur um 50% zu. Am Beobachtungsbeginn sind $N_0 = 4$ Millionen Bakterien vorhanden.

a) Stelle eine Wertetabelle von t = 0 Stunden bis t = 3 Stunden mit der Schrittweite 1 auf.

b) Stelle die Gleichung auf, die den Zusammenhang zwischen t und N beschreibt.

c) Wie viele Bakterien sind nach $\frac{1}{2}$ h, $\frac{3}{2}$ h, $\frac{5}{2}$ h vorhanden?

d) Um wie viel Prozent wächst die Bakterienkultur innerhalb einer halben Stunde? Vergleiche mit dem Prozentsatz für eine Stunde.

e) Zeichne ein t-N-Diagramm. In welcher Zeit verdoppelt sich die Bakterienzahl?

f) Aus wie vielen Bakterien bestand die Kultur eine halbe Stunde vor dem Beobachtungsbeginn?

5 Finstere Bergseen

Je tiefer man in einem klaren See taucht, desto dunkler wird es. Beim Durchgang durch eine 1 dm dicke Wasserschicht nimmt die Beleuchtungsstärke des Lichts jeweils um 20% ab. Die relative Beleuchtungsstärke y gibt an, auf welchen Wert die Beleuchtungsstärke 1 an der Wasseroberfläche in der Tiefe x dm gefallen ist.

a) Stelle eine Wertetabelle von x = 0 bis x = 10 mit der Schrittweite 1 auf. Zeichne ein x-y-Diagramm.

b) Gib die Gleichung an, die den Zusammenhang zwischen x und y beschreibt.

c) In welcher Tiefe hat die Beleuchtungsstärke auf die Hälfte, auf ein Viertel, auf ein Achtel abgenommen?

6 **Exponentielles Wachstum und exponentielle Abnahme**

Gib jeweils den Wachstumsfaktor a an:

a) 20% Wachstum b) 7% Wachstum c) 0,3% Wachstum
d) 15% Abnahme e) 12,5% Abnahme f) 0,25% Abnahme
g) 100% Wachstum h) 200% Wachstum i) 125% Wachstum

Um wie viel Prozent nimmt der Bestand pro Einheit zu bzw. ab?

k) $y = 1{,}04^x$ l) $y = 1{,}6^x$ m) $y = 0{,}95^x$ n) $y = 2{,}5^x$
o) $y = 0{,}5^x$ p) $y = 0{,}999^x$ q) $y = 2 \cdot 1{,}3^x$ r) $y = 5 \cdot 4^x$

7 **Abbau des Koffeins im Blut**

Eine Tasse Kaffee enthält 50 bis 100 mg Koffein, eine Tasse schwarzer Tee bis zu 50 mg. Das Koffein wird vom Magen und Darm rasch und nahezu vollständig an das Blut abgegeben. Die Koffeinmenge von y Milligramm im Blut eines Erwachsenen wurde in Abhängigkeit von der Zeit x Stunden gemessen.

a) Übertrage die Tabelle in dein Heft und berechne, um wie viele Milligramm die Koffeinmenge im Blut innerhalb einer Stunde jeweils abnimmt. Was stellst du fest?

Zeit x in h	0	1	2	3	4
Masse y in mg	50,0	40,0	32,0	25,6	20,5
Änderung in mg	-	?	?	?	?
Wachtumsfaktor	-	?	?	?	?

b) Um welchen Faktor nimmt die Koffeinmenge innerhalb einer Stunde ab? Wie viel Prozent sind das?

c) Stelle eine Gleichung auf, die den Zusammenhang zwischen x und y beschreibt.

d) Welche Koffeinmenge y liegt nach 5, 6, 7, 8 Stunden vor?

e) Zeichne ein x-y-Diagramm. Nach wie vielen Stunden hat sich die Koffeinmenge halbiert bzw. geviertelt?

f) Koffein ist anregend. Übermäßiger Kaffeegenuss kann aber zu Nervosität und erhöhter Erregung führen. Das obere Netz hat eine Spinne im nüchternen Zustand gebaut, das untere nach übermäßigem Kaffeegenuss. Eine Koffeinmenge von mehr als 150 mg kann bei Erwachsenen schädlich sein. Wie viele Tassen Kaffee darf ein Erwachsener im zeitlichen Abstand von einer halben Stunde höchstens trinken, damit er nicht nervös wird?

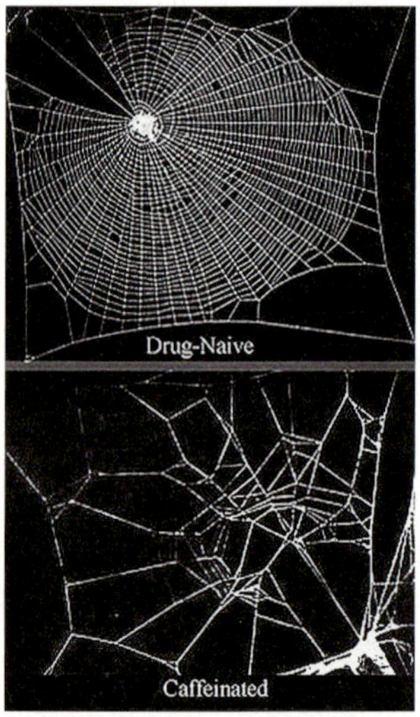

8 Das Bevölkerungsmodell von Malthus

Im Jahr 1798 veröffentlichte der englische Philosoph Thomas R. Malthus seinen „Essay on the Principles of Population". Er versuchte das Bevölkerungswachstum in den USA mit seiner Wachstumsfunktion $N = N_0 \cdot 1{,}0302^t$ zu beschreiben. Dabei ist N_0 die Personenzahl zu einem Anfangszeitpunkt und t die Zeit in Jahren. In der folgenden Tabelle findest du die Ergebnisse der ersten Volkszählungen in den USA.

Jahr	1790	1800	1810	1820	1830	1840	1850	1860
N in Mio.	$N_0 = 3{,}9$	5,3	7,2	9,6	12,9	17,1	23,2	31,4

a) Vergleiche die mit der Wachstumsfunktion von Malthus vorhergesagten Werte mit den tatsächlichen Zahlen. Bewerte das Modell.

b) Im Jahr 2000 betrug die Bevölkerung der USA 281,4 Mio. Berechne den von Malthus vorhergesagten Wert für dieses Jahr und gib die prozentuale Abweichung vom tatsächlichen Wert an.

Malthus vermutete, dass die Nahrungsmittelerzeugung dem rasanten Bevölkerungswachstum im Zuge der industriellen Revolution nicht würde folgen können und prognostizierte permanente Hungersnöte. Zur Begründung entwickelte er einfache Modelle für das Wachstum von Populationen, z. B.:

Eine Bevölkerung besteht zu Beginn aus 1 Million Personen und wächst jährlich um 3%. Zum Anfangszeitpunkt sind Nahrungsmittel für 2 Millionen Personen verfügbar, wobei die Produktion für jährlich 100 000 Personen gesteigert werden kann.

c) Handelt es sich beim Wachstum der Bevölkerung und dem der Nahrungsmittelproduktion um exponentielles oder lineares Wachstum? Gib die zugehörigen Gleichungen an.

d) Zeichne die zugehörigen Funktionsgraphen mithilfe eines Funktionsplotters in ein gemeinsames Koordinatensystem und ermittle damit den Zeitpunkt, zu dem die Anzahl der Personen die zur Verfügung stehenden Nahrungsmittel übersteigt.

e) Wie bewertest du dieses Modell?

9 Wachstumsvorgänge

Unten ist eine Tabelle zu fünf Wachstumsvorgängen angegeben. Zeichne jeweils ein x-y-Diagramm und untersuche, um welche Art von Wachstum es sich handelt. Stelle die Gleichung auf, die den Zusammenhang zwischen x und y beschreibt.

	x	0	1	2	3	4
a)	y	3,00	3,75	4,50	5,25	6,00
b)	y	5,00	6,00	7,20	8,64	10,37
c)	y	3,00	2,50	2,00	1,50	1,00
d)	y	16,00	12,00	9,00	6,75	5,06
e)	y	2,00	2,50	4,00	6,50	10,00

10 Das Wachstum der Wasserhyazinthe

Vergleiche die Aussagen der drei Zeitungsartikel:

Fischsterben im Viktoria-See

Die vor gut 100 Jahren aus Brasilien eingeschleppte Wasserhyazinthe wird zu einem immer größeren Problem für den Viktoria-See, da ihre natürlichen Fressfeinde fehlen. Die von ihr bedeckte Fläche verdoppelt sich in nur 14 Tagen. Durch den Lichtmangel sterben zunächst die Wasserpflanzen und als Folge die Fische des Sees.

Krokodilgefahr

In vielen Flüssen Afrikas finden Krokodile optimalen Schutz im Pflanzenteppich der Wasserhyazinthe. Da sich der Teppich in jeder Woche um 40 % vergrößert, werden die Krokodile zu einer großen Gefahr für die anwohnenden Menschen.

Schifffahrt eingestellt

Mit ihren großen Blüten sieht der Pflanzenteppich der Wasserhyazinthe eigentlich sehr schön aus. Aber die Pflanze vermehrt sich mit atemberaubender Geschwindigkeit. Innerhalb von 4 Monaten werden aus einer einzigen Pflanze ganze 500. In Nigeria musste auf mehreren Binnenseen inzwischen die Schifffahrt eingestellt werden.

11 Bevölkerungswachstum

In Europa hat sich das Bevölkerungswachstum abgeschwächt. Die Größe der Bevölkerung ist in manchen Ländern sogar rückläufig. Im Gegensatz dazu nimmt die Bevölkerung in den Entwicklungsländern Afrikas deutlich zu. Zu einigen Ländern ist im Folgenden die Anzahl der Bevölkerung im Jahr 2000 angegeben und die Wachstumsprognose für die nächsten Jahre. Berechne unter der Annahme, dass sich diese nicht ändert, die Anzahl der Bevölkerung für das Jahr 2025 und für das Jahr 2050.

a) Deutschland: 82 Mio., 0,1 % Abnahme pro Jahr
b) Großbritannien: 60 Mio., 0,1 % Zunahme pro Jahr
c) Frankreich: 60 Mio., 0,2 % Zunahme pro Jahr
d) Äthiopien: 64 Mio., 2,0 % Zunahme pro Jahr

12 Ein fairer „Deal"?

Die Insel Manhattan hat eine Fläche von 60 km^2. Im Jahr 1626 kaufte ein Niederländer Manhattan den Indianern für 60 Gulden ab und gründete darauf eine Siedlung. 50 Jahre später ging der Besitz an die Engländer über. Die Siedlung erhielt dann nach dem Herzog von York den Namen New York. Stell dir vor, die Indianer hätten die 60 Gulden bei der Niederländischen Bank zu einem Zinssatz von 5 % pro Jahr und einer Laufzeit bis zum Jahr 2008 angelegt.

a) Gib den Wachstumsfaktor a an, wenn die Zinsen mitverzinst wurden.
b) Wie viele Gulden hätte die Bank den Indianern im Jahr 2008 auszahlen müssen? Welchem Preis pro m^2 entspricht das?
c) 1626 kostete eine Kuh 10 Gulden. War der Kauf ein fairer „Deal"?

Zum Intensivieren

13 Wachstum einer Bakterienkultur

Die Anzahl N der Bakterien in einer Nährlösung, in Abhängigkeit von der Zeit t in Stunden, wird beschrieben durch die Gleichung $N = 500 \cdot 1{,}30^t$.

a) Lege eine Wertetabelle von t = 0 bis t = 5 mit einer Schrittweite von einer halben Stunde an. Berechne jeweils N.

b) Um wie viel Prozent nimmt die Anzahl pro halber Stunde, um wie viel Prozent pro ganzer Stunde zu? Warum ist der Prozentsatz für eine ganze Stunde größer als der doppelte Prozentsatz für eine halbe Stunde?

c) Wie viele Bakterien waren eine halbe Stunde vor dem Beobachtungsbeginn vorhanden?

d) Zeichne ein t-N-Diagramm.

e) Nach ungefähr wie vielen Stunden verdoppelt sich jeweils die Anzahl der Bakterien?

14 Lineares und exponentielles Wachstum eines Kapitals

Herr Häberle legt beim Bankhaus Pfleiderer 10 000 € zu einem Zinssatz von 5 % pro Jahr an. Nach 15 Jahren erhält er das Anfangskapital zuzüglich der Zinsen zurück.

a) Die Zinsen werden nicht mitverzinst. Auf wie viele Euro ist das Kapital K nach 1, 2, 3, t Jahren angewachsen? Zeichne für die Anlagedauer von 15 Jahren ein t-K-Diagramm.

b) Die Zinsen werden am Ende jedes Jahres zum Kapital hinzugefügt und dann mit diesem verzinst. Man spricht hier von **Zinseszins**. Gib den Wachstumsfaktor a des Kapitals K für ein Jahr an. Stelle die Gleichung auf, welche die Abhängigkeit des Kapitals K von der Zeit t beschreibt. Ergänze das Diagramm von Aufgabe a) durch das t-K-Diagramm für Zinseszinsen.

c) Vergleiche das lineare Wachstum von Aufgabe a) mit dem exponentiellen Wachstum von Aufgabe b): Nach welcher Zeit hätte sich das Anfangskapital jeweils verdoppelt? Wie viele Euro werden nach 15 Jahren jeweils ausbezahlt?

15 Wanted: Gleichungen zu Wachstumsvorgängen

Suche jeweils eine Gleichung, die ein Wachstum mit der folgenden Eigenschaft beschreibt: Wenn x um 1 wächst, dann

a) wächst y um 0,3.

b) wächst y um 30 %.

c) nimmt y um 0,25 ab.

d) nimmt y um 25 % ab.

16 Grundwissen: Potenzgleichungen

Bestimme sämtliche Lösungen:

a) $x^3 = 27$	b) $x^3 = -27$	c) $x^4 = 81$	d) $x^4 = -81$
e) $2a^5 = 64$	f) $3z^5 = -96$	g) $8x^3 = -27$	h) $16a^4 = 625$
i) $3a^3 = 9$	k) $4z^4 = 16$	l) $4a^4 = 0{,}25$	m) $0{,}1z^3 = -100$
n) $-3x^3 - 1 = 80$	o) $7a^4 + 43 = 50$	p) $2z^2 + 75 = 25$	q) $5z^3 + 8 = z^3$
r) $x^2 = 5x - 6$	s) $x = x^2 + \frac{1}{4}$	t) $2x^7 = 3x^7$	u) $x^3 = x^2$

6.2 Eigenschaften von Exponentialfunktionen

Grundlegende Eigenschaften

Exponentielle Wachstumsvorgänge haben wir durch Gleichungen der Form $y = b \cdot a^x$ beschrieben. Dabei wird vorausgesetzt, dass die Basis a positiv ist. Die zugehörigen Funktionen $f(x) = b \cdot a^x$ heißen **Exponentialfunktionen**, da x im Exponenten steht. Für x haben wir ganze und Bruchzahlen eingesetzt. a^x ist sogar für irrationale Zahlen x beliebig genau berechenbar (Aufgaben 1 und 2). Die größtmögliche Definitionsmenge der Exponentialfunktion ist somit die Menge der rationalen und irrationalen Zahlen, d. h. die Menge $\mathbb{R}$ der reellen Zahlen.

Wir fassen die Eigenschaften der Exponentialfunktionen (Aufgaben 3–5) zusammen:

Exponentialfunktion

$f(x) = b \cdot a^x \quad (a, b > 0,\ a \neq 1)$

- Die größtmögliche **Definitionsmenge** ist $D = \mathbb{R}$.
- Alle **Funktionswerte** y sind positiv.
- Der Graph schneidet die y-Achse im Punkt $P(0|b)$.
- Der Graph nähert sich der x-Achse beliebig genau, erreicht sie aber nie. Die x-Achse ist **Asymptote**.
- Spiegelt man den Graphen an der y-Achse, erhält man den Graphen der Funktion $g(x) = b \cdot \left(\frac{1}{a}\right)^x = b \cdot a^{-x}$.
- Mit wachsendem x nehmen die Funktionswerte für $a < 1$ ab (**exponentielle Abnahme**), $a > 1$ zu (**exponentielle Zunahme**).

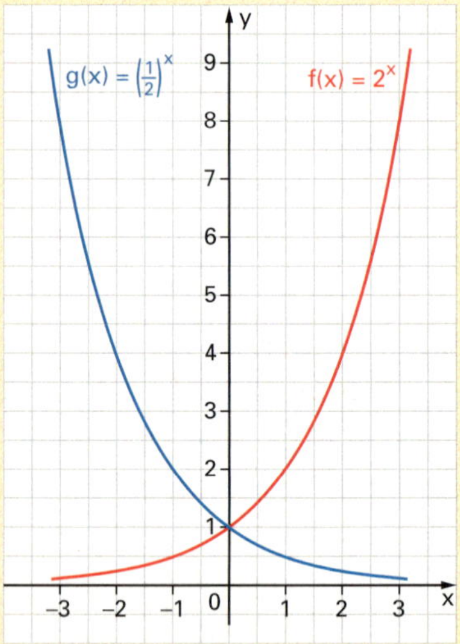

Veränderungen des Graphen durch Verschieben und Spiegeln

Die Graphen vieler Exponentialfunktionen lassen sich schrittweise durch Verschieben und Spiegeln aus dem Graphen einer Exponentialfunktion der Form $f(x) = b \cdot a^x$ gewinnen (Aufgabe 8).

Beispiel Wir wollen den Graphen G_g der Funktion $g(x) = 1{,}5 - 2^{x+1}$ schrittweise aus dem Graphen G_f der Funktion $f(x) = 2^x$. entwickeln.

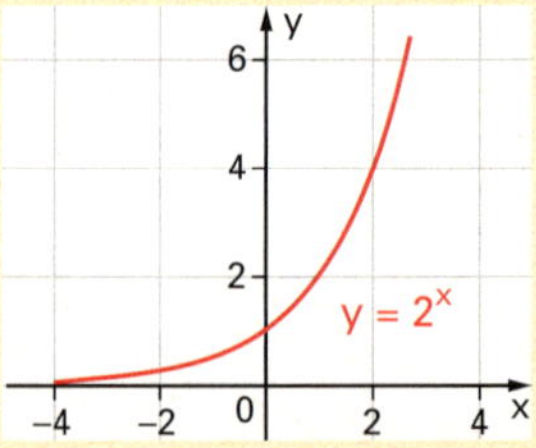

1. Schritt: Durch Verschieben des Graphen G_f um 1 nach links erhalten wir den Graphen von $f_1(x) = 2^{x+1}$.

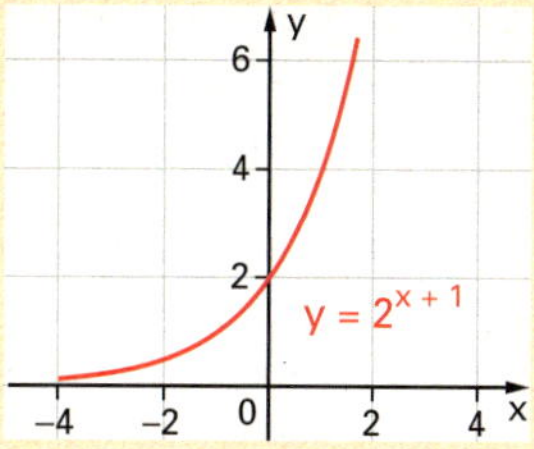

2. Schritt: Durch Spiegeln des Graphen von f_1 an der x-Achse erhalten wir den Graphen von $f_2(x) = -2^{x+1}$.

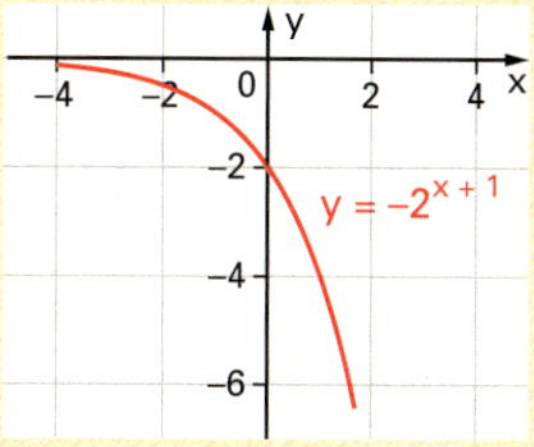

3. Schritt: Durch Verschieben des Graphen von f_2 um 1,5 nach oben erhalten wir schließlich den gesuchten Graphen G_g.

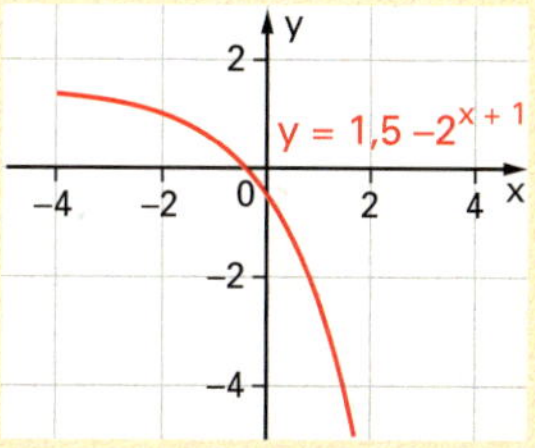

Aufstellen der Funktionsgleichung

Gleichungen der Form $f(x) = b \cdot a^x$ zum Beschreiben des exponentiellen Wachstums haben wir bisher mithilfe des Bestands b für $x = 0$ und des Wachstumsfaktors a pro Einheit aufgestellt. Zum Bestimmen der beiden Unbekannten a und b genügen sogar zwei beliebige Wertepaare.

Beispiel

Wachstum einer Bakterienkultur

Die Bakterienkultur enthält nach 10 Minuten 11,1 Millionen Bakterien und nach 50 Minuten 16,6 Millionen. Im Ansatz $f(t) = b \cdot a^t$ sei t die Beobachtungszeit in Stunden und b der Anfangsbestand in Mio. Also:

(I) $f(\tfrac{1}{6}) = 11{,}1 \quad \Rightarrow \quad b \cdot a^{\frac{1}{6}} = 11{,}1$

(II) $f(\tfrac{5}{6}) = 16{,}6 \quad \Rightarrow \quad b \cdot a^{\frac{5}{6}} = 16{,}6$

Wir müssen zunächst eine Unbekannte eliminieren. Durch die Division (II) : (I) hebt sich b weg:

$$\text{(II)} : \text{(I)} \quad \frac{a^{\frac{5}{6}}}{a^{\frac{1}{6}}} = \frac{16{,}6}{11{,}2} \quad \Rightarrow \quad a^{\frac{5}{6} - \frac{1}{6}} = 1{,}50 \quad \Rightarrow \quad a^{\frac{2}{3}} = 1{,}50 \quad |^{\frac{3}{2}}$$

$$a = 1{,}50^{\frac{3}{2}} = 1{,}84$$

Den Wert für b ermitteln wir durch Einsetzen in (I):

$$b \cdot 1{,}84^{\frac{1}{6}} = 11{,}1 \quad \Rightarrow \quad b = \frac{11{,}1}{1{,}84^{\frac{1}{6}}} = \frac{11{,}1}{1{,}11} = 10$$

Also lautet die Gleichung der Wachstumsfunktion $f(t) = 10 \cdot 1{,}84^t$. Anfangs waren somit 10 Millionen Bakterien vorhanden. Ihre Anzahl nimmt pro Stunde um 84% zu.

Aufgaben

1 Potenzen mit rationalen Exponenten

Du hast zunächst Potenzen mit natürlichen Zahlen im Exponenten kennengelernt. Dann wurde auf Potenzen mit ganzzahligen Exponenten und schließlich auf Bruchzahlen im Exponenten erweitert. Berechne ohne TR:

a) $(-3)^2$; $(-2)^3$; 3^{-2}; 2^{-3}; $(\frac{1}{2})^{-5}$; 10^{-1}; 10^{-2}; $0{,}1^{-3}$; 0^3; 3^0; $(\frac{1}{2})^0$

b) $25^{\frac{1}{2}}$; $25^{-\frac{1}{2}}$; $9^{\frac{3}{2}}$; $9^{-\frac{3}{2}}$; $0{,}125^{\frac{1}{3}}$; $0{,}125^{-\frac{2}{3}}$; $4^{0{,}5}$; $32^{0{,}2}$; $16^{0{,}75}$; $1024^{0{,}7}$

c) Warum sind bei Potenzen mit Brüchen als Exponenten für die Basis nur positive Zahlen zulässig?

Berechne ohne TR:

d) $2^3 \cdot 2^{-1}$	e) $9^{\frac{5}{4}} \cdot 9^{\frac{1}{4}}$	f) $0{,}25 \cdot 0{,}25^{-1{,}5}$	g) $36^{\frac{2}{3}} : 36^{\frac{1}{6}}$
h) $5^{-\frac{1}{2}} : 5^{\frac{1}{2}}$	i) $32^{-0{,}7} : 32^{-0{,}3}$	k) $(49^{\frac{1}{3}})^{\frac{3}{2}}$	l) $(4^{\frac{5}{3}})^{-\frac{3}{2}}$
m) $(27^{-\frac{4}{5}})^{-\frac{5}{6}}$	n) $(3^2 - 2^2)^{-2}$	o) $(2^{-1} + 4^{-1})^{-1}$	p) $(2^{\frac{1}{2}} + 2^{-\frac{1}{2}})^2$

2 Potenzen mit irrationalen Exponenten

Irrationale Zahlen lassen sich durch Intervallschachtelungen mit rationalen Zahlen festlegen. Auf diese Weise können wir auch Potenzen mit irrationalen Exponenten definieren.

Wir suchen eine Intervallschachtelung für $3^{\sqrt{2}}$.

a) Setze die Intervallschachtelung [1; 2], [1,4; 1,5] für $\sqrt{2}$ durch drei weitere Intervalle der Längen 0,01, 0,001 und 0,0001 fort.

b) $\sqrt{2}$ liegt im Intervall [1; 2]. Also liegt $3^{\sqrt{2}}$ im Intervall $[3^1; 3^2] = [3; 9]$. Berechne mithilfe der Intervalle von Aufgabe a) vier weitere Intervalle, in denen $3^{\sqrt{2}}$ liegt. Warum sind die fünf Intervalle der Beginn einer Intervallschachtelung für $3^{\sqrt{2}}$? Mit welcher Genauigkeit ist nun $3^{\sqrt{2}}$ bekannt? Vergleiche mit dem Wert des Taschenrechners.

3 Verlauf des Graphen

Wir untersuchen zunächst die Exponentialfunktion $f(x) = 2^x$.

a) Lege eine dreizeilige Wertetabelle an. Schreibe in die erste Zeile die x-Werte von -3 bis 3 mit einer Schrittweite von 1. Berechne die zugehörigen Funktionswerte f(x) und trage diese in die zweite Zeile der Tabelle ein.

b) Zeichne für das Intervall von -3 bis 3 den Graphen G_f.

c) Stell dir vor, wir würden die Tabelle nach links und rechts fortsetzen. Was kannst du über die Funktionswerte y aussagen? Wie erhält man aus einem y-Wert jeweils den folgenden? Was kannst du über den Verlauf des Graphen aussagen? Welche Rolle spielt die x-Achse für den Graphen?

d) Schreibe in die dritte Zeile die Funktionswerte der Funktion $g(x) = (\frac{1}{2})^x$. Was fällt dir auf? Warum ist das so?

e) Zeichne den Graphen G_g. Welcher Zusammenhang besteht zwischen G_f und G_g?

4 Die Bedeutung der Parameter a und b für den Verlauf des Graphen

Definiere in GeoGebra zwei Schieberegler a und b im Bereich von 0 bis 5 und stelle sie auf die Werte a = 1,5 und b = 1 ein. Gib anschließend $y = b \cdot a^x$ in die Eingabezeile ein.

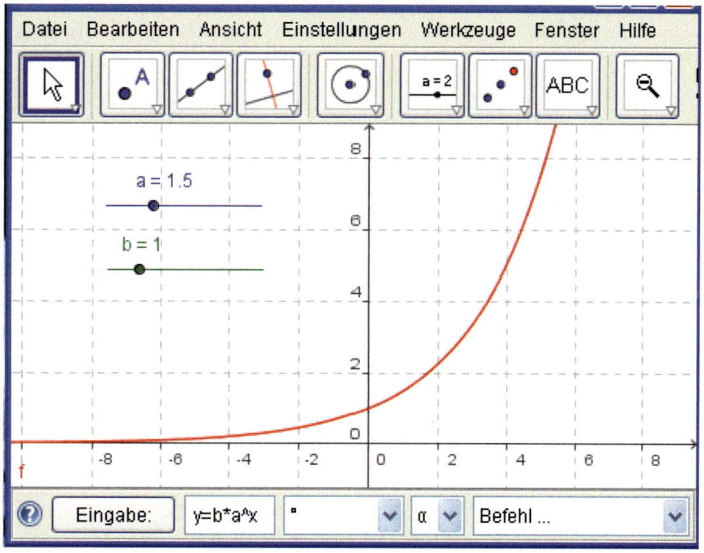

a) Verändere nur den Parameter a und beobachte genau, wie sich der Graph verändert. Welche Bedeutung hat der Wert des Parameters a für den Verlauf des Graphen? Was ergibt sich insbesondere für a = 1?

b) Verändere nur den Parameter b und beobachte genau, wie sich der Graph verändert. Welche Bedeutung hat der Parameter b für den Verlauf des Graphen? Wie könnte man ihn deshalb nennen?

5 Zusammenhang zwischen Exponentialfunktionen

Zeichne die beiden Graphen G_f und G_g für das Intervall $[-2; 2]$ mit einem Funktionsplotter oder mit der Hand. Was stellst du fest? Kannst du deine Beobachtung erklären?

a) $f(x) = 3^x$; $g(x) = \left(\frac{1}{3}\right)^x$ b) $f(x) = \left(\frac{3}{2}\right)^x$; $g(x) = \left(\frac{2}{3}\right)^x$ c) $f(x) = 2{,}5^x$; $g(x) = 0{,}4^x$

6 Gleichung zu Graphen gesucht!

Rechts sind die Graphen von Exponentialfunktionen dargestellt. Gib jeweils die Gleichung der zugehörigen Funktion an.

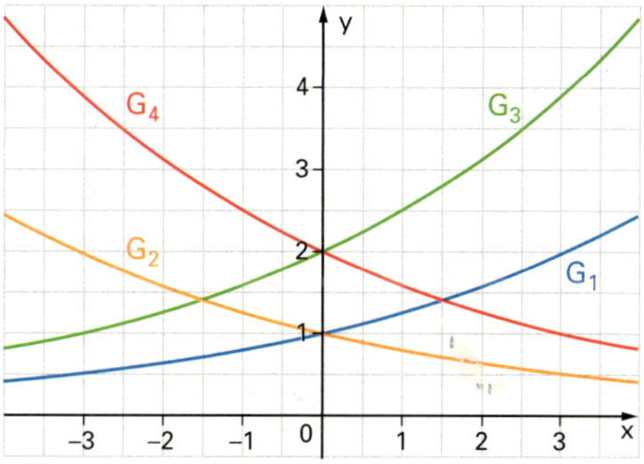

7 Typ und Graph gesucht!

Gib jeweils an, ob es sich um eine Exponentialfunktion, eine lineare Funktion, eine quadratische Funktion oder eine Bruchfunktion handelt. Skizziere jeweils den groben Verlauf des Graphen.

a) $f(x) = 3 \cdot 2^x$ b) $f(x) = 3 \cdot x^2$ c) $f(x) = 3 \cdot 2x$ d) $f(x) = 3 : x$

e) $f(x) = 3 - x^2$ f) $f(x) = 3 - 2x$ g) $f(x) = 3 \cdot 0{,}5^x$ h) $f(x) = (x + 1)(x - 1)$

8 Schieben und Spiegeln (Gruppen- bzw. Expertenarbeit)

Zeichne die Graphen der Funktionen (mithilfe eines Funktionsplotters) jeweils in ein gemeinsames Koordinatensystem. Was stellst du fest? Halte dein Ergebnis schriftlich fest. Überprüfe deine Vermutungen auch mit einer anderen Basis als 2!

a) $f_1(x) = 2^x$; $f_2(x) = 2^x - 1$; $f_3(x) = 2^x + 1$
b) $f_1(x) = 2^x$; $f_2(x) = 2^{x-1}$; $f_3(x) = 2^{x+1}$.
c) $f_1(x) = 2^x$; $f_2(x) = -2^x$; $f_3(x) = 2^{-x}$

9 Who is who?

Begründe, welcher Graph zu welcher Gleichung gehört:

A) $y = 3^x$
B) $y = 3^{x-1}$
C) $y = -3^x$
D) $y = 3^{-x}$

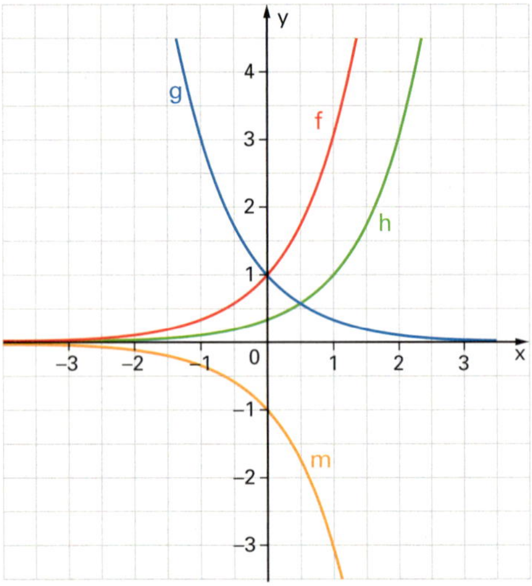

10 Graph von $f(x) = b \cdot (\frac{1}{2})^x + d$

Beschreibe jeweils, wie der Graph der Funktion f(x) aus dem Graphen von $y = (\frac{1}{2})^x$ hervorgeht.
Bestimme die waagrechte Asymptote.

a) $f(x) = (\frac{1}{2})^x - 3$
b) $f(x) = 4 + (\frac{1}{2})^x$
c) $f(x) = 3 \cdot (\frac{1}{2})^x$
d) $f(x) = \frac{1}{3} \cdot (\frac{1}{2})^x$
e) $f(x) = -(\frac{1}{2})^x$
f) $f(x) = -(\frac{1}{2})^x - 3$
g) $f(x) = 1 - (\frac{1}{2})^x$
h) $f(x) = -3 \cdot (\frac{1}{2})^x$

11 Getarnte Exponentialfunktionen

Bringe die Funktionsterme durch Umformen in die Form $f(x) = b \cdot a^x + d$.
Beschreibe den groben Verlauf in Worten und gib auch die Asymptote an.

a) $f(x) = 3^{x+1}$
b) $f(x) = 10^{-x}$
c) $f(x) = 2^{-x-1}$
d) $f(x) = 2^{-x} - 1$
e) $f(x) = 2^{2x+5}$
f) $f(x) = 3^{-2x+5}$
g) $f(x) = 3^{-2x} + 5$
h) $f(x) = 4^{\frac{1}{2}x}$

12 Aufstellen der Gleichung

Bestimme mithilfe der beiden bekannten Wertepaare jeweils die Parameter a und b der Exponentialfunktion $f(x) = b \cdot a^x$. Um wie viel Prozent ändert sich f(x), wenn x um 1 zunimmt?

a) $f(2) = 12$; $f(5) = 1{,}5$
b) $f(4) = 28$; $f(6) = 56$
c) $f(-2) = 250$; $f(2) = 0{,}4$
d) $f(-1) = 7{,}68$; $f(1) = 12$
e) $f(-2) = 160$; $f(3) = 5$
f) $f(-1) = 24$; $f(0{,}5) = 3$

13 Verdoppelungszeit

Im Jahr 1751 schätzte Benjamin Franklin, dass sich die Bevölkerung von „Amerika" alle 20 Jahre verdoppeln wird.

a) Warum bedeutet das nicht, dass die Bevölkerung von Jahr zu Jahr um 5% zunehmen wird?
b) Welche prozentuale Zunahme pro Jahr liegt Franklins Schätzung zugrunde?

14 Bevölkerungswachstum Afrikas

Afrika hat aufgrund seiner vielen Entwicklungsländer das größte prozentuale Bevölkerungswachstum aller Kontinente. Im Jahr 2000 lebten 830 Mio. Menschen in Afrika, im Jahr 2005 waren es schon 898 Mio.

a) Berechne den jährlichen Wachstumsfaktor a. Um wie viel Prozent hat die Bevölkerung im Mittel pro Jahr zugenommen?

b) Berechne unter der Annahme, dass sich der prozentuale Zuwachs pro Jahr nicht ändert, die Zahl der Bevölkerung für das Jahr 2025 und für das Jahr 2050.

c) Sind tatsächlich höhere oder niedrigere Zahlen zu erwarten? Begründe deine Antwort.

15 Abbau eines Medikaments im Blut

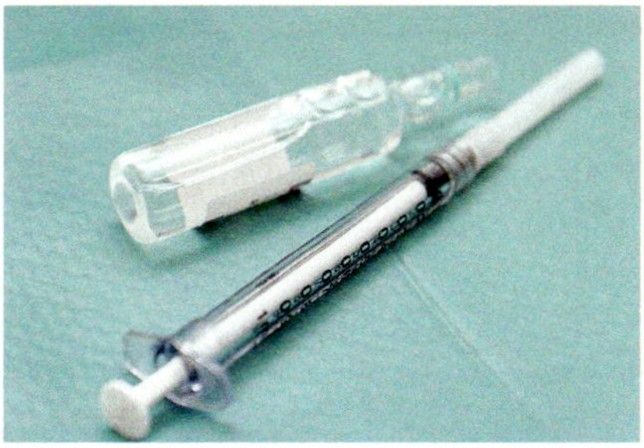

Ein Medikament wurde intravenös mithilfe einer Spritze verabreicht. Es verteilt sich sehr schnell im Blut. Seine Konzentration c gibt man in mg/l an. Ist c zu hoch, besteht die Gefahr zu starker Nebenwirkungen. Ist c zu klein, entfaltet das Medikament die gewünschte Wirkung nicht.

a) Warum ist es sinnvoll, eine exponentielle Abnahme der Konzentration c in Abhängigkeit von der Zeit t anzunehmen?

b) Nach 3 Stunden beträgt die Konzentration 8,4 mg/l, nach 8 Stunden 6,3 mg/l. Stelle die Gleichung auf, welche die Abnahme der Konzentration c in Abhängigkeit von der Zeit t beschreibt. Wie groß war die Anfangskonzentration? Um wie viel Prozent nimmt die Konzentration pro Stunde ab?

c) Wie groß ist die Konzentration nach 12 Stunden, wie groß nach 24 Stunden?

d) Warum sollten Tabletten genau nach Vorschrift eingenommen werden?

16 Die Luftdruckformel

Der Luftdruck p nimmt mit wachsender Höhe h exponentiell ab. In Garmisch-Partenkirchen (708 m) wird ein Druck von 915 hPa gemessen, auf der Zugspitze (2963 m) von 689 hPa.

a) Stelle die Gleichung auf, welche die Abhängigkeit des Luftdrucks p von der Höhe h in km beschreibt. Welcher Luftdruck herrscht zur gleichen Zeit in Meereshöhe? Um wie viel Prozent nimmt der Luftdruck bei einem Höhenzuwachs von 1 km ab?

b) Zeichne mit einem Funktionsplotter oder mit der Hand ein h-p-Diagramm für Höhen bis zu 10 km. (h-Achse: 1 cm ≙ 1 km; p-Achse: 1 cm ≙ 100 hPa)

c) Löse grafisch: Bei welchem Höhenzuwachs halbiert sich jeweils der Luftdruck?

d) Löse grafisch und rechnerisch: Welcher Luftdruck herrscht ungefähr auf dem Montblanc (4807 m), dem Mount Everest (8850 m), am Toten Meer (−400 m)?

Zum Intensivieren

17 Zinseszins – vom Feinsten!

Ein Grundkapital K wird bei einem jährlichen Zinssatz p für t Jahre mit Zinseszins verliehen.

a) Erstelle mit einer Tabellenkalkulation eine Berechnung nach folgendem Vorbild. Verändere auch dein Grundkapital und deinen Zinssatz in den Felder B4 bzw. B5 und überprüfe, ob deine Berechnung funktioniert.

	A	B	C
1	Kapitalvermehrung mit Zinseszins		
2	bei jährlicher Verzinsung		
3			
4	**Grundkapital**	100,00 €	
5	**Zinssatz pro Jahr**	0,02	
6			
7	Jahr	Kapital am Jahresanfang	Kapital am Jahresende
8	1	100,00 €	102,00
9	2	102,00 €	104,04
10	3	104,04 €	106,12

b) Wie lautet der Term, mit dem man das Kapital K(t) nach t Jahren berechnen kann?

c) Wie ändert sich das Kapital, wenn die Zinsen jeweils nach einem halben Jahr zum Kapital hinzugefügt und mitverzinst werden? Erstelle auch dazu eine Tabelle und einen Term, mit dem man das Kapital K(t) nach t Jahren berechnen kann.

7	Jahr	Kapital am Jahresanfang	Kapital in der Jahresmitte	Kapital am Jahresend
8	1	100,00 €	101,00 €	102,01
9	2	102,01 €	103,03 €	104,06
10	3	104,06 €	105,10 €	106,15

d) Im Bankgewerbe findet man alle möglichen Arten von Zinseszinsformen – jährliche, halbjährliche, vierteljährliche, wöchentliche und sogar tägliche. Erstelle eine Tabelle nach dem Vorbild. Stelle einen Term auf, mit dem man jeweils das Kapital K(t) nach t Jahren berechnen kann.

	A	B	C	D	E	F
1	Kapitalvermehrung mit Zinseszins					
2						
3	**Grundkapital**	100,00 €				
4	**Zinssatz pro Jahr**	0,02				
5			**Kapital am Jahresende**			
6	Jahre	jährlich	halbjährlich	vierteljährlich	wöchentlich	tägli
7	1	102,00 €	102,01 €			
8	2	104,04 €	104,06 €			
9	3	106,12 €	106,15 €			

e) Wir betrachten nun einen im Bankgewerbe nicht üblichen Spezialfall. Unser Grundkapital beträgt 1 €, der jährliche Zinssatz beträgt 100 % und wir legen das Geld nur für $t = 1$ Jahr an. Verändere in deiner Tabelle aus Aufgabe d) die entsprechenden Parameter und beobachte, wie sich dein Euro vermehrt. Verändere das Zellenformat entsprechend, damit du mehr als zwei Nachkommastellen erhältst. Was stellst du fest?

18 Grundwissen: Grafisches und rechnerisches Lösen von Gleichungen

Löse die folgenden Gleichungen sowohl grafisch als auch rechnerisch. Welche Gleichungen kannst du nur grafisch lösen? Woran liegt das?

a) $x + 4 = 2$
b) $x + 4 = -2x + 1$
c) $-2x + 1 = x^2 + 1$
d) $x^2 + 1 = -0{,}5x^2 + 7$
e) $x + 4 = \frac{1}{x} + 2{,}5$
f) $\frac{1}{x} + 2{,}5 = -2x + 1$
g) $x + 2 = \frac{1}{x+2}$
h) $-0{,}5x^2 + 7 = \frac{1}{x}$
i) $x^3 + 1 = -5$
k) $\frac{1}{x-1} = \frac{2}{x+1}$
l) $3 \cdot 2^x = 6$
m) $3 \cdot 2^x = 9$

Der barometrische Höhenmesser

Der Luftdruck in der Höhe h hängt vom Druck p_0 am Erdboden und von der Höhe h ab. Bei einem Höhenzuwachs von 1 km nimmt der Luftdruck um etwa 12% ab.

a) Stelle die Formel für den Luftdruck p auf, die seine Abhängigkeit vom Bodendruck p_0 und der Höhe h in km gegenüber dem Erdboden beschreibt.

b) Skizziere den Graphen der Funktion $h \mapsto p$. Warum kann man bei einem bestimmten Bodendruck p_0 auch umgekehrt jedem Druckwert p eine bestimmte Höhe h zuordnen?

Deshalb kann man ein Dosenbarometer zum Höhenmesser umeichen. Man muss dazu nur an die Druckwerte die zugehörigen Höhen schreiben. Bergsteiger führen einen solchen barometrischen Höhenmesser mit sich. Um den jeweiligen Höhenzuwachs abzulesen, stellen sie am Ausgangsort zunächst den Nullpunkt der Höhenskala auf den Ausgangsdruck p_0 ein. Hermann Buhl betritt in Grainau die Zugspitzbahn. Er stellt den Nullpunkt der Höhenskala auf den Bodendruck $p_0 = 900$ Hektopascal. Beim Aussteigen am Schneefernerhaus herrscht der Luftdruck $p = 706$ Hektopascal. Welchen Höhenunterschied h kann der Bergsteiger auf seinem barometrischen Höhenmesser ablesen?

c) Erstelle eine Tabelle nach dem unten angegebenen Vorbild und fülle sie aus. Bestimme, zwischen welchen Werten der Höhenzuwachs h liegt.

d) Schachtle h zur Beantwortung der Frage mithilfe des Taschenrechners (oder einer Tabellenkalkulation) auf 100 m (bzw. 10 m) genau ein.

Höhenzuwachs in km	0	0,5	1	1,5	2	2,5	3
Druck in hPa	900						

7.1 Definition des Logarithmus

Exponenten gesucht!

„Nach welcher Zeit hat sich die Anzahl der Kolibakterien verdoppelt?" – „Nach welcher Zeit ist die Konzentration eines Medikaments unter den Wirksamkeitsspiegel gesunken?" – „Welche Höhe gehört zu einem bestimmten Luftdruck über dem Erdboden?" (Seite 99) – Die Zeit und die Höhe sind die Exponenten der zugehörigen Exponentialfunktionen. Diese Fragen zielen darauf, Potenzen nach den Exponenten aufzulösen.

Beispiel

$2^x = 8$
$2^x = 2^3$
$x = 3$

3 ist der Exponent, mit dem man 2 potenzieren muss, um 8 zu erhalten.

Anstatt Exponent sagt man auch **Logarithmus**: 3 ist der Logarithmus von 8 zur Basis 2.

> Der **Logarithmus** von u zur Basis a ist diejenige Zahl r, mit der man a potenzieren muss, um u zu erhalten:
>
> $a^r = u \qquad (a, u \in \mathbb{R}^+)$
>
> Man schreibt: $r = \log_a u$ Lies: „Logarithmus von u zur Basis a"

Anstatt „Logarithmus zur Basis 2", „Logarithmus zur Basis 3" usw. sagt man auch kurz Zweierlogarithmus, Dreierlogarithmus usw.

Logarithmus ist nur ein anderer Name für **Exponent**! Das Auflösen nach dem Exponenten nennt man Logarithmieren. Das log-Zeichen dient dazu als Schreibweise.

Beispiele

$3^x = 81; \quad x = \log_3 81 = \log_3 3^4 = 4$
$2^x = \frac{1}{32}; \quad x = \log_2 \frac{1}{32} = \log_2 2^{-5} = -5$
$2^x = \sqrt{2}; \quad x = \log_2 \sqrt{2} = \log_2 2^{\frac{1}{2}} = \frac{1}{2}$

Die bisher betrachteten Zahlen ließen sich als Potenzen der Basis schreiben. Die Logarithmen waren sofort ablesbar. Ist das nicht der Fall, kann uns eine grafische Lösung oder eine Intervallschachtelung einen Näherungswert liefern.

Beispiel $x = \log_2 3$, d. h. $2^x = 3$

1. Lösung: Wir zeichnen den Graphen der zugehörigen Exponentialfunktion $f(x) = 2^x$ und lesen zum Funktionswert 3 einen x-Wert von ungefähr 1,6 ab (Seite 101). Also:
$\log_2 3 \approx 1{,}6$

2. Lösung: Wir schachteln den gesuchten Exponenten x mithilfe einer Intervallschachtelung auf drei Nachkommastellen genau ein (Aufgabe 8): $\log_2 3 \approx 1{,}584$

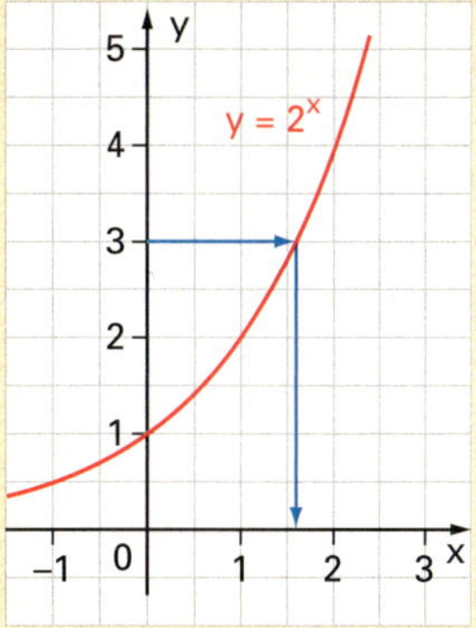

Logarithmen $\log_a u$ gibt es nur von positiven Zahlen u (Aufgabe 5). Für jede positive Basis a gilt: $a^0 = 1$, $a^1 = a$ und $a^{-1} = \frac{1}{a}$.
Wir halten also fest:

Logarithmen können wir nur von positiven Zahlen u zu einer positiven Basis a bilden. Logarithmen selbst können aber 0, positiv oder negativ sein.
Insbesondere ist $\log_a 1 = 0$, $\log_a a = 1$ und $\log_a \frac{1}{a} = -1$.

Aufgaben

1 Logarithmus-Schreibweise

Übersetze jede Exponentialgleichung in die Logarithmus-Schreibweise.

a) $2^3 = 8$ b) $5^4 = 625$ c) $2^{-3} = \frac{1}{8}$ d) $7^0 = 1$

e) $10^{-2} = 0{,}01$ f) $100^{\frac{1}{2}} = 10$ g) $100^{-\frac{1}{2}} = 0{,}1$ h) $(\frac{1}{2})^{-3} = 8$

Übersetze jede Logarithmus-Schreibweise in eine Exponentialgleichung.

i) $\log_3 9 = 2$ k) $\log_4 16 = 2$ l) $\log_4 \frac{1}{16} = -2$ m) $\log_8 0{,}125 = -1$

n) $\log_3 \frac{1}{81} = -4$ o) $\log_5 \sqrt{5} = \frac{1}{2}$ p) $\log_8 2 = \frac{1}{3}$ q) $\log_{49} 7 = \frac{1}{2}$

2 Exponenten gesucht!

Löse nach x auf und gib dann den Wert an.

a) $2^x = 16$ b) $2^x = 128$ c) $2^x = 2$ d) $2^x = 1$

e) $2^x = 0{,}5$ f) $2^x = 0{,}25$ g) $10^x = 1000$ h) $10^x = 0{,}0001$

i) $10^x = \sqrt{10}$ k) $100^x = 10$ l) $1000^x = 10$ m) $3^x = 27$

n) $9^x = 27$ o) $(\frac{3}{2})^x = \frac{2}{3}$ p) $5^x = 0{,}04$ q) $(\frac{3}{2})^x = 1$

3 Logarithmieren I

Berechne ohne TR:

a) $\log_2 32$ b) $\log_2 1024$ c) $\log_3 243$ d) $\log_7 7$

e) $\log_{10} 10\,000$ f) $\log_{10} 1$ g) $\log_2 \frac{1}{2}$ h) $\log_2 \frac{1}{8}$

i) $\log_2 0{,}25$ k) $\log_5 0{,}2$ l) $\log_5 0{,}04$ m) $\log_5 0{,}008$

n) $\log_{10} 0{,}1$ o) $\log_{0,1} 10$ p) $\log_{0,1} 1000$ q) $\log_{0,1} 0{,}01$

r) $\log_{0,1} 1$ s) $\log_{0,5} \frac{1}{4}$ t) $\log_{0,5} \frac{1}{2}$ u) $\log_{0,5} 2$

v) $\log_{2,5} 6{,}25$ w) $\log_{2,5} 1$ x) $\log_{2,5} 0{,}4$ y) $\log_{2,5} 0{,}16$

4 Logarithmieren II

Berechne ohne TR:

a) $\log_7 \sqrt{7}$ b) $\log_4 2$ c) $\log_2 \sqrt[3]{2}$ d) $\log_{27} 3$

e) $\log_{32} 2$ f) $\log_5 \sqrt[3]{25}$ g) $\log_3 \sqrt{27}$ h) $\log_2 (2\sqrt{2})$

i) $\log_2 (8\sqrt{8})$ k) $\log_{100} 10$ l) $\log_{100} 1000$ m) $\log_{100} 0{,}001$

n) $\log_{\sqrt{3}} 3$ o) $\log_{\sqrt{6}} \frac{1}{6}$ p) $\log_{\sqrt{2}} 2^{-3}$ q) $\log_{\sqrt{7}} 1$

5 Logarithmen von 0 und von negativen Zahlen

a) Berechne $\log_{10} 100$, $\log_{10}(-100)$, $\log_{10} 0{,}001$, $\log_{10}(-0{,}001)$, $\log_{10} 0$.

b) Warum gibt es keine Logarithmen von 0 und von negativen Zahlen?

c) Logarithmen können aber negativ sein. Gib dazu ein paar Beispiele an.

6 Logarithmieren mit Variablen ($a > 0$ und $a \neq 1$)

a) $\log_a a^3$ b) $\log_a a^5$ c) $\log_a a^n$ d) $\log_a 1$

e) $\log_a \frac{1}{a^2}$ f) $\log_a \frac{1}{a}$ g) $\log_a \frac{1}{a^n}$ h) $\log_a a$

i) $\log_a \sqrt{a}$ k) $\log_a \sqrt[5]{a}$ l) $\log_a \sqrt[n]{a}$ m) $\log_a \sqrt[4]{a^3}$

n) $\log_a \frac{1}{\sqrt{a}}$ o) $\log_a \frac{a}{\sqrt{a}}$ p) $\log_a \sqrt[3]{\frac{1}{a}}$ q) $\log_a a^{\frac{m}{n}}$

7 Abschätzung

Zwischen welchen aufeinanderfolgenden ganzen Zahlen liegt

a) $\log_2 5$ b) $\log_3 5$ c) $\log_{10} 5$ d) $\log_{10} 5555$ e) $\log_{10} 0{,}5$?

8 Intervallschachtelung für $\log_2 3$ (mit TR oder Tabellenkalkulation)

Wir schachteln $\log_2 3$ mithilfe des Taschenrechners immer genauer ein.

a) Begründe: Aus $2^1 < 3 < 2^2$ folgt $1 < \log_2 3 < 2$
aus $2^{1,5} < 3 < 2^{1,6}$ folgt $1{,}5 < \log_2 3 < 1{,}6$

b) [1; 2] und [1,5; 1,6] sind die ersten beiden Intervalle einer Intervallschachtelung für $\log_2 3$. Setze die Intervallschachtelung durch zwei weitere Intervalle fort.

c) Wie genau ist $\log_2 3$ nun bekannt?

9 Ganzzahlige Logarithmen

a) Wie viele natürliche Zahlen bis 100 haben einen ganzzahligen Zweierlogarithmus?

b) Zu welcher Basis a haben die natürlichen Zahlen bis 100 genau zwei ganzzahlige Logarithmen?

c) Zu welcher Basis a haben natürliche Zahlen bis 100 auch negative ganzzahlige Logarithmen?

Zum Intensivieren

10 Training zum Logarithmieren

Berechne ohne TR:

a) $\log_5 125$ b) $\log_5 \frac{1}{125}$ c) $\log_{\sqrt{5}} 5$ d) $\log_{\sqrt[5]{5}} 5$

e) $\log_3 1$ f) $\log_1 3$ g) $\log_9 3$ h) $\log_8 2$

i) $\log_{1,5} \frac{9}{4}$ k) $\log_{1,5} \frac{4}{9}$ l) $\log_{10} 1000$ m) $\log_{100} 10$

n) $\log_{100} 1000$ o) $\log_{1000} 100$ p) $\log_a (a^2 \sqrt{a})$ q) $\log_{\sqrt{a}} (a^2 \sqrt{a})$

11 Umkehrung des Potenzierens

a) Löse die Potenz $a^3 = 3{,}375$ nach der Basis a auf und bestimme den Wert.

b) Löse die Potenz $2^r = 0{,}25$ nach dem Exponenten r auf und bestimme den Wert.

c) Löse $a^r = u$ nach der Basis a bzw. nach dem Exponenten r auf. Übertrage das rechts dargestellte Schema in dein Heft und ergänze es. Welche beiden Umkehrungen des Potenzierens gibt es also?

d) Löse die Summe $a + b = c$ nach a bzw. b auf. Löse das Produkt $ab = c$ nach a bzw. b auf. Warum gibt es zur Addition und zur Multiplikation jeweils nur eine Umkehrung, aber zwei Umkehrungen des Potenzierens?

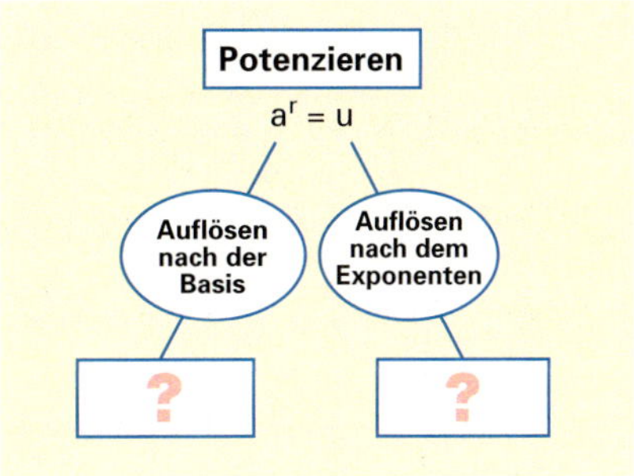

12 Grundwissen: Die Pyramide

Eine gerade Pyramide mit einer quadratischen Grundfläche der Seitenlänge a hat die Höhe h.

a) Löse die Formel $V = \frac{1}{3} a^2 h$ für das Volumen der Pyramide nach der Seitenlänge a auf.

b) Wie groß ist a, wenn das Volumen $3{,}125\,\text{cm}^3$ beträgt und die Pyramide 1,5 cm hoch ist?

c) Wie groß sind die Winkel α und β, wenn die Höhe h und die Seite a gleich lang sind?

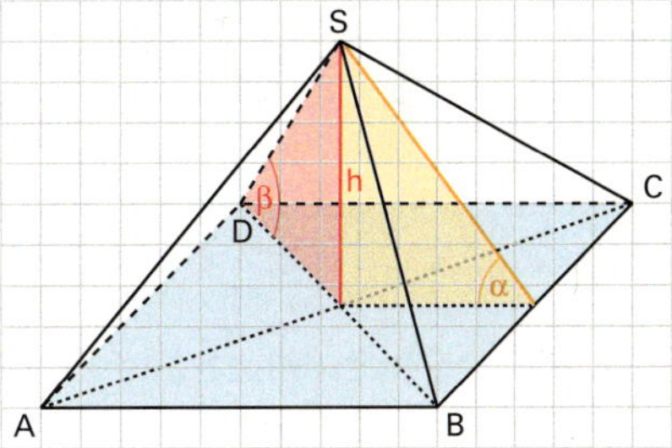

Die Pyramide wird nun in halber Höhe von einer Ebene geschnitten, die parallel zur Grundfläche verläuft.

d) Welcher Bruchteil des Inhalts der Grundfläche ist der Inhalt der Schnittfläche?
A) $\frac{1}{2}$ B) $\frac{1}{3}$ C) $\frac{1}{4}$ D) $\frac{3}{4}$ E) $\frac{1}{8}$ F) $\frac{3}{8}$

e) Welcher Bruchteil des Pyramidenvolumens ist das Volumen der abgeschnittenen kleinen Pyramide?
A) $\frac{1}{2}$ B) $\frac{1}{3}$ C) $\frac{1}{4}$ D) $\frac{3}{4}$ E) $\frac{1}{8}$ F) $\frac{3}{8}$

7.2 Rechenregeln für Logarithmen

Die Regeln

Ein Logarithmus ist ein Exponent zu einer bestimmten Basis. Übersetzen wir die Regeln für das Rechnen mit Potenzen mit einer bestimmten Basis in die „Logarithmus-Sprache“, erhalten wir Rechenregeln für Logarithmen (Aufgaben 1 und 3).

Beispiele

	Potenz	**Logarithmus (d. h. „Exponent von“)**
•	$4 \cdot 8 = 2^2 \cdot 2^3 = 2^{2+3}$	$\log_2(4 \cdot 8) = \log_2 4 + \log_2 8$

Der Logarithmus eines Produkts ist gleich der Summe der Logarithmen der Faktoren.

•	$32 : 8 = 2^5 : 2^3 = 2^{5-3}$	$\log_2(32 : 8) = \log_2 32 - \log_2 8$

Der Logarithmus eines Quotienten ist gleich der Differenz des Logarithmus des Dividenden und des Logarithmus des Divisors.

•	$4^3 = (2^2)^3 = 2^{2 \cdot 3}$	$\log_2 4^3 = 3 \cdot \log_2 4$

Der Logarithmus einer Potenz ist gleich dem Produkt aus dem Exponenten und dem Logarithmus der Basis.

Wir verallgemeinern:

Rechenregeln für Logarithmen

Es sei $a > 0$, $a \neq 1$, $u > 0$, $v > 0$ und r beliebig.
Beim Logarithmieren wird aus

- einem Produkt eine Summe: $\log_a(u \cdot v) = \log_a u + \log_a v$ *Produktregel*
- einem Quotienten eine Differenz: $\log_a \frac{u}{v} = \log_a u - \log_a v$ *Quotientenregel*
- einer Potenz ein Produkt: $\log_a u^r = r \cdot \log_a u$ *Potenzregel*

Durch eine Intervallschachtelung haben wir näherungsweise den Zweierlogarithmus von 3 bestimmt: $\log_2 3 \approx 1{,}584$. Mit der Produkt-, Quotienten- und Potenzregel finden wir weitere Näherungswerte.

Beispiele

a) $\log_2 6 = \log_2(2 \cdot 3) = \log_2 2 + \log_2 3 \approx 1 + 1{,}584 = 2{,}584$

b) $\log_2 0{,}75 = \log_2 \frac{3}{4} = \log_2 3 - \log_2 4 \approx 1{,}584 - 2 = -0{,}416$

c) $\log_2 81 = \log_2 3^4 = 4 \cdot \log_2 3 \approx 4 \cdot 1{,}584 = 6{,}336$

Manchmal kann die Umkehrung der Regeln weiterhelfen:

d) $\log_2 0{,}2 + \log_2 10 = \log_2(0{,}2 \cdot 10) = \log_2 2 = 1$

e) $\log_2 56 - \log_2 7 = \log_2 \frac{56}{7} = \log_2 8 = 3$

Berechnung von Logarithmen zu beliebiger Basis

Für Zehnerlogarithmen „$\log_{10} u$“ schreibt man kürzer „lg u“ oder „log u“, für Logarithmen zur Basis e = 2,718 ... schreibt man „ln u“. Diese „natürlichen“ Logarithmen ln u werden in der Oberstufe verwendet.
Manche Taschenrechner können nur Zehnerlogarithmen (Taste „log“ oder „lg“) und natürliche Logarithmen (Taste „ln“) ausgeben (Aufgabe 4). Häufig suchen wir aber Logarithmen zu anderen Basen. Auch hier helfen uns die Rechenregeln.

Beispiel Wir suchen $x = \log_2 3$. Gleichbedeutend ist $2^x = 3$.
Logarithmieren wir beide Seiten dieser Gleichung mit lg und wenden anschließend die Potenzregel an, können wir nach x auflösen:

$$\lg 2^x = \lg 3$$
$$x \cdot \lg 2 = \lg 3$$
$$x = \frac{\lg 3}{\lg 2}$$

Dieser Term kann mit dem Taschenrechner berechnet werden.
Wir erhalten: $\log_2 3 \approx 1{,}584962501$

Aufgaben

1 Entdecken von Rechenregeln für Logarithmen

Zum Aufspüren von Rechenregeln betrachten wir Zweierlogarithmen.

a) Übertrage die folgende Tabelle in dein Heft und ergänze sie.

x	2	4	8	16	32	64	128	256
$\log_2 x$	1	2	3	?	?	?	?	?

b) Bestimme die drei Logarithmen mithilfe der Tabelle und vergleiche!
A) $\log_2(4 \cdot 8)$, $\log_2 4$, $\log_2 8$ B) $\log_2(4 \cdot 16)$, $\log_2 4$, $\log_2 16$
C) $\log_2(4 \cdot 32)$, $\log_2 4$, $\log_2 32$ D) $\log_2(8 \cdot 32)$, $\log_2 8$, $\log_2 32$
Formuliere eine mögliche Regel zur Berechnung von $\log_a(u \cdot v)$.

c) Bestimme die drei Logarithmen mithilfe der Tabelle und vergleiche!
A) $\log_2 \frac{32}{8}$, $\log_2 32$, $\log_2 8$ B) $\log_2 \frac{64}{4}$, $\log_2 64$, $\log_2 4$
C) $\log_2 \frac{128}{8}$, $\log_2 128$, $\log_2 8$ D) $\log_2 \frac{256}{32}$, $\log_2 256$, $\log_2 32$
Formuliere eine mögliche Regel zur Berechnung von $\log_a \frac{u}{v}$.

d) Berechne mit der in b) vermuteten Regel $\log_2 4^3 = \log(4 \cdot 4 \cdot 4)$ und vergleiche mit $\log_2 4$. Formuliere eine mögliche Regel zur Berechnung von $\log_a u^r$.

2 Berechnen von Logarithmen

Es ist $\log_2 3 \approx 1{,}6$ und $\log_2 5 \approx 2{,}3$. Berechne im Kopf mithilfe dieser beiden Werte Näherungen für folgende Logarithmen.

a) $\log_2 15$ b) $\log_2 10$ c) $\log_2 20$ d) $\log_2 \frac{5}{3}$ e) $\log_2 0{,}6$
f) $\log_2 \frac{1}{5}$ g) $\log_2 125$ h) $\log_2 225$ i) $\log_2 \frac{9}{25}$ k) $\log_2 300$

3 Logarithmus aus einer Summe

Eine Wurzel aus einer Summe darf man nicht auf die einzelnen Summanden verteilen. Auch *den Logarithmus aus einer Summe darf man nicht auf die einzelnen Summanden verteilen.*

a) Zeige, dass $\log_2(1+1)$ nicht gleich $\log_2 1 + \log_2 1$ ist.

b) Suche zwei weitere Zahlenbeispiele, die unsere Behauptung belegen.

c) Suche zwei Beispiele, die zeigen, dass der Logarithmus ebenfalls nicht auf Minuend und Subtrahend einer Differenz verteilt werden darf.

4 Zehnerlogarithmen

Der englische Mathematiker Henry Briggs erkannte, dass man mit Zehnerlogarithmen leicht Tabellen aufstellen kann. Er berechnete im Jahr 1617 die Zehnerlogarithmen der Zahlen von 1 bis 1000 auf 8 Dezimalen genau. Uns genügt eine Genauigkeit auf drei Dezimalen:

x	1	2	3	4	5	6	7	8	9	10
lg x	0	0,301	0,477	**?**	**?**	**?**	**?**	**?**	**?**	1

a) Übertrage die Tabelle in dein Heft. Ergänze sie mithilfe der Produkt-, Quotienten- und Potenzregel. Zu welchem x-Wert gelingt das ohne TR nicht? Überprüfe deine Werte mit dem Taschenrechner: Verwende dazu die log- bzw. lg-Taste. Trage ferner den noch fehlenden Wert ein.

b) Berechne mithilfe der Tabelle und der Produktregel lg 20, lg 200 und lg 2000. Überprüfe deine Ergebnisse mit dem TR.

c) Gib lg 3 000 000 an. Von welchen Zahlen kann man mithilfe der obigen Tabelle sofort die Zehnerlogarithmen angeben?

d) Es ist $\lg x \approx 2{,}845$. Bestimme x mithilfe der Tabelle.

e) Durch Logarithmieren konnte man das Multiplizieren und Dividieren von Zahlen in ein Addieren und Subtrahieren verwandeln. Auf diese Weise fand Johannes Kepler (1571 – 1630) seine berühmten Gesetze über die Bewegung der Planeten. Dazu ein einfaches Rechenbeispiel: Bestimme lg 30 und lg 5 mithilfe der Tabelle. Subtrahiere die Logarithmen voneinander und ermittle die zugehörige Zahl x. Welche Rechnung hast du auf diese Weise mithilfe der Logarithmen ausgeführt?

f) Berechne ohne TR lg 0,2 und lg 0,02.

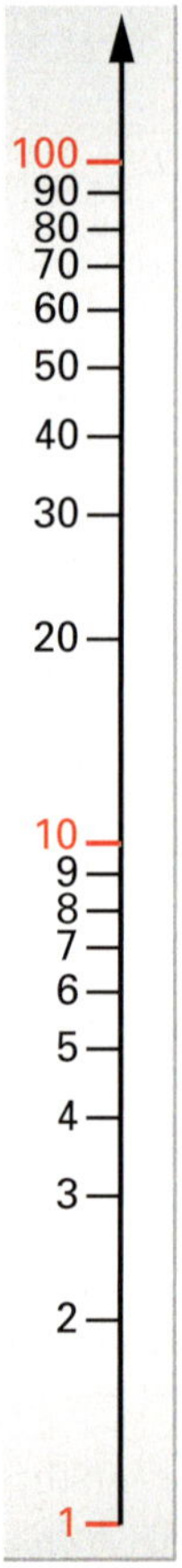

5 Logarithmische Skala

Zum Veranschaulichen von Daten, die sich über mehrere Zehnerpotenzen erstrecken, ist eine gleichmäßig geteilte Skala ungeeignet. Man verwendet deshalb logarithmisch geteilte Skalen.

a) Rechts ist eine logarithmisch geteilte Skala von 1 bis 100 dargestellt: Wie erhält man die Punkte, die mit den Zahlen 1, 2, 3, …, 10, 20, 30, …, 100 beschriftet sind?

Töne sind umso höher, je höher ihre Frequenz ist. Die Schallfrequenz wird in Hertz (Hz) gemessen. n Hz bedeutet n Schwingungen pro Sekunde. Der Frequenzbereich, in dem Lebewesen Laute hervorbringen, heißt *Stimmbereich*. Der Frequenzbereich, in dem sie Laute wahrnehmen, heißt *Hörbereich*.

	Stimmbereich in Hz	Hörbereich in Hz
Mensch	80 bis 1 000	20 bis 20 000
Hund	400 bis 1 000	15 bis 50 000
Fledermaus	30 000 bis 100 000	1 000 bis 100 000

b) Zeichne eine logarithmische Skala von 10 bis 100 000. (Einheitsstrecke: lg 10 ≙ 5 cm).

c) Markiere die Stimm- und die Hörbereiche in der logarithmischen Skala jeweils farbig.

d) Hört ein Hund den Schrei einer Fledermaus?

6 Die Richter-Skala zum Vergleich der Stärke von Erdbeben

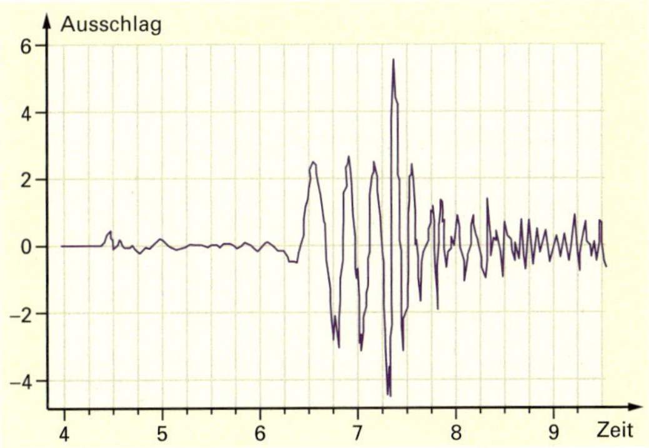

Das Epizentrum eines Erdbebens ist der Punkt auf der Erdoberfläche, der genau über dem Ausgangspunkt des Erbebens liegt. Zur Angabe der Stärke eines Erdbebens verwendet man die von einem Seismographen in einer Entfernung von 100 km registrierten Erschütterungen. Der Amerikaner Charles Richter hat 1935 eine logarithmische Skala vorgeschlagen: Ist a_0 die kleinste mit einem genormten Seismographen registrierbare Auslenkung und a die größte vom Erdbeben hervorgerufene Auslenkung, so ist seine Stärke $S = \lg \frac{a}{a_0}$.

In der Tabelle sind zu Werten der Richter-Skala Wirkungen des Erdbebens angegeben.

Stärke	Wirkung
$0 \leq S < 4$	Von Menschen kaum bemerkbar
$4 \leq S < 5$	Gläser und Teller klappern
$5 \leq S < 6$	Risse im Putz von Häusern
$6 \leq S < 7$	Erhebliche Beschädigungen
$7 \leq S < 8$	Spalten im Boden reißen auf
$8 \leq S < 9$	Verwüstungen; Lebensgefahr innerhalb und außerhalb von Gebäuden
$9 \leq S$	Erdschollen verschieben sich

a) Wie macht sich ein Erdbeben bemerkbar, dessen größte registrierte Auslenkung a das 10 000- bzw. 100 000- bzw. 1 000 000-fache von a_0 ist?

b) Das stärkste Erdbeben seit der Einführung der Richter-Skala war ein Erdbeben im Pazifischen Ozean bei Chile im Jahr 1960. Es hatte die Stärke 9,5. Welches Vielfache der Auslenkung a eines Erdbebens der Stärke 5 war seine Auslenkung?

c) Was spricht für eine logarithmische Erdbebenskala, was dagegen?

7 Die Lautstärke

Unter der Schallintensität I versteht man die auf eine Fläche von 1 m² auftreffende Schallleistung. Diese wird in Watt/m² gemessen. Der Physiologe Ernst Heinrich Weber und der Physiker Gustav Theodor Fechner entdeckten im 19. Jahrhundert, dass wir die doppelte, dreifache Schallintensität nicht als doppelt, dreimal so laut empfinden. Das Lautstärkeempfinden hängt logarithmisch von der Schallintensität ab. Heute wird es in Dezibel (dB) gemessen.
Ein Ton mit der Schallintensität $I_0 = 10^{-12}\,W/m^2$ ist für den Menschen gerade noch hörbar. Ist I die Schallintensität eines Geräusches, so ist seine Lautstärke

$$L = 10 \cdot \lg \frac{I}{I_0} \text{ in dB.}$$

a) Berechne zu den Beispielen der Tabelle jeweils die Lautstärke. Lärm ist gesundheitsschädigend. Zwischen 90 und 120 dB ist eine Hörschädigung zu erwarten, über 120 dB eine Schädigung von Nervenzellen. Welche in der Tabelle beschriebenen Schallquellen überschreiten diese Grenzen?

Schallquelle	Schallintensität I in W/m²	Lautstärke L in dB
Hörschwelle	10^{-12}	?
Blätterrauschen	10^{-11}	
Flüstern	10^{-10}	
Unterhaltung	10^{-8}	
Zimmerlautstärke	10^{-7}	
Verkehrslärm	10^{-5}	
Autohupen	10^{-3}	
Dikso-Musik	10^{-1}	
Rockkonzert	10^{0}	
Schmerzschwelle	10^{1}	

b) Welche Lautstärke haben 10 Personen, die flüstern?

c) Um wie viele dB ändert sich die Lautstärke, wenn sich die Schallintensität verdoppelt bzw. verdreifacht?

d) Löse die Gleichung für die Lautstärke L nach $\lg \frac{I}{I_0}$ auf und gib dann die zugehörige Exponentialgleichung an. Die Dezibel-Skala ist so gewählt, dass man Änderungen von 1 dB gerade noch unterscheiden kann. Um wie viel Prozent ändert sich dabei die Schallintensität?

e) Musik aus Ohrhörern kann bis zu 110 dB laut sein. Bei vielen Geräten ist eine automatische Lautstärkebegrenzung von 95 dB eingebaut. Berechne die zugehörige Schallintensität und vergleiche sie mit den Werten der Tabelle.

8 Training der Rechengesetze

Zerlege soweit wie möglich:

a) $\log_2 ab$ b) $\log_2 2a$ c) $\lg abc$ d) $\log_a abc$ e) $\lg \frac{xy}{z}$

f) $\log_a \frac{a}{b}$ g) $\log_a \frac{bc}{a}$ h) $\lg a^2$ i) $\log_a a^2b^3$ k) $\log_a \frac{a^3}{b^2}$

l) $\log_a(a+b)$ m) $\log_a 2ab^3$ n) $\log_a(a^2+ab)$ o) $\log_a \frac{1}{a}$ p) $\log_a \frac{2a^3}{3b^2}$

q) $\log_a \frac{a^2}{a+1}$ r) $\lg\sqrt{x}$ s) $\lg \frac{1}{\sqrt{y}}$ t) $\lg \frac{\sqrt{a}}{100}$ u) $\lg(10+\sqrt{a})$

v) $\lg(\sqrt{10}x^2)$ w) $\log_a \frac{2}{\sqrt{a}}$ x) $\log_a(a^2+b^2)$ y) $\log_a(a^2-b^2)$ z) $\log_a(a+b)^2$

9 Terme vereinfachen

Fasse zusammen und vereinfache – falls möglich.

a) $\lg 2+\lg 5$ b) $\lg 2-\lg 0{,}02$ c) $\log_2 104-\log_2 13$

d) $3\cdot\lg 2+3\cdot\lg 5$ e) $2\cdot\lg 6-3\cdot\lg 3+\lg 75$ f) $2\cdot\lg 5-\frac{1}{2}\cdot\lg 6{,}25$

g) $1+\lg 2$ h) $3-2\cdot\log_2 2$ i) $3-\lg 8-3\cdot\lg 5$

k) $\lg a+\lg b$ l) $2\cdot\lg a-2\cdot\lg b$ m) $\lg 2a-2\cdot\lg b$

n) $\lg a-\frac{1}{2}\cdot\lg b$ o) $1-\log_a b$ p) $\frac{1}{2}\cdot\lg a-1$

10 Berechnen von Logarithmen mit dem TR

a) Berechne auf vier gültige Ziffern genau: $\log_3 2$, $\log_2 6$, $\log_6 2$, $\log_6 3$, $\log_6 0{,}5$, $\log_2 500$, $\log_2 1000$.

b) Leite die Formel zur Berechnung von Logarithmen ab: $\log_a u=\frac{\lg u}{\lg a}$.

11 Wachstum der Erdbevölkerung

Am 12. Oktober 1999 hat die Weltbevölkerung die Grenze von sechs Milliarden Menschen überschritten. Zu Beginn des Jahres 2003 lebten bereits 6,274 Milliarden Erdenbürger. Im Jahr 2003 wurden im weltweiten Durchschnitt auf tausend Menschen, die zu Jahresbeginn lebten, 22 Geburten und 9 Todesfälle gezählt.

a) Wie viele Kinder wurden 2003 im Durchschnitt pro Minute geboren? Wie viele Milliarden Menschen lebten zu Beginn des Jahres 2004?

b) Sollte sich die Bevölkerungsentwicklung von 2003 in Zukunft nicht ändern, so ließe sich die Anzahl N(j) der Erdenbürger zu Beginn des Jahres j mit der Formel $N(j)=N(2003)\cdot a^{j-2003}$ berechnen. Bestimme a. In welchem Kalenderjahr würde die Zahl von neun Milliarden Menschen überschritten?

12 Der pH-Wert

Der pH-Wert einer wässrigen Lösung ist der negative Zehnerlogarithmus der H_3O^+-Konzentration in mol/l. Diese ist für reines Wasser 10^{-7} mol/l. Sein pH-Wert ist somit $-\lg 10^{-7}=-(-7)=7$.

a) Bedeutet ein niedriger pH-Wert eine niedrige oder eine hohe Konzentration der Oxoniumionen? Wann ist eine Lösung sauer, wann basisch?

b) Vergleiche die rechts angegebenen mittleren pH-Werte. Wie viel mal so viele Oxoniumionen findet man in 1 Liter Cola wie in 1 Liter Milch?

Lösung	pH-Wert
Magensäure	1,0 bis 1,5
Cola	2,5
Wein	4,0
Bier	5,0
Regen (sauer)	< 5,0
(natürlich)	5,6
Milch	6,5
Wasser (rein)	7,0
Meerwasser	8,0
Seifenlauge	9,5

Zum Intensivieren

13 **Kopf oder Taschenrechner**

Es ist $\log_3 5 \approx 1{,}5$ und $\log_3 2 \approx 0{,}6$. Berechne im Kopf mithilfe dieser beiden Werte Näherungen für die folgenden Logarithmen. Um wie viel Prozent weichen deine Ergebnisse von den TR-Ergebnissen ab?

a) $\log_3 10$ b) $\log_3 15$
c) $\log_3 18$ d) $\log_3 \frac{5}{2}$
e) $\log_3 0{,}4$ f) $\log_3 0{,}2$
g) $\log_3 125$ h) $\log_3 225$

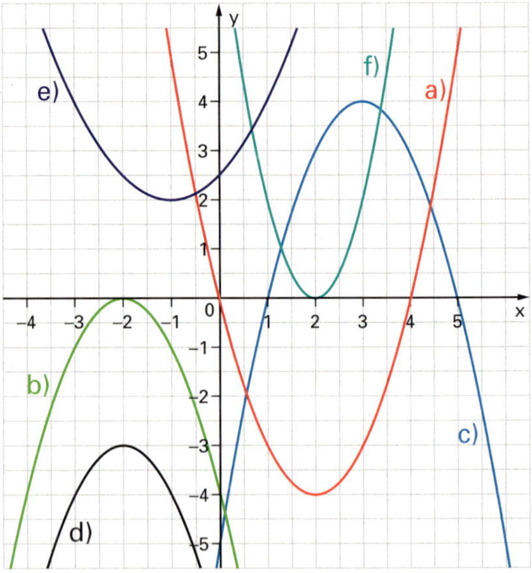

14 **Grundwissen: Parabel**

Bestimme die Gleichungen der rechts abgebildeten Parabeln.

15 **Grundwissen: Lineare Funktionen**

a) Welche Funktionsgleichung gehört zum skizzierten Graphen?

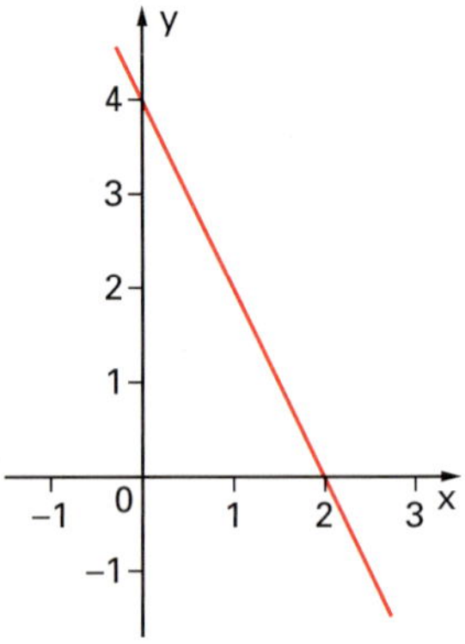

Wie lautet die Funktionsgleichung, wenn man die Gerade

b) an der x-Achse spiegelt,

c) an der y-Achse spiegelt,

d) am Ursprung spiegelt?
Welche besondere Lage haben in diesem Fall Gerade und Bildgerade?

16 **Fliesenmuster**

Ein Mosaik wird aus weißen und blauen rautenförmigen Fliesen nach folgendem System aufgebaut:

Aus wie vielen Fliesen besteht die zehnte Figur? Wie viele davon sind weiß, wie viele blau?

7.3 Einfache Exponentialgleichungen

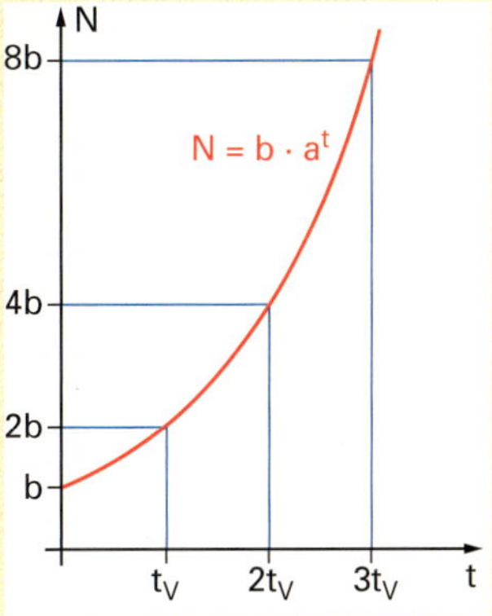

Die Verdoppelungszeit

Unter günstigen Bedingungen vermehren sich manche Bakterienarten schnell, andere langsamer. Anschaulicher als der prozentuale Zuwachs pro Minute ist die Zeitspanne, in der sich die Anzahl jeweils verdoppelt, die **Verdoppelungszeit** t_V.

Beispiel **Die Verdoppelungszeit von Kolibakterien**

Die Anzahl N der Kolibakterien nimmt pro Minute um 3,5% zu. Ihr Wachstum kann also durch die Gleichung

$$N = b \cdot 1{,}035^t$$

beschrieben werden. Nach der Verdoppelungszeit t_V hat sich der Bestand b verdoppelt: N = 2b. Also:

$$b \cdot 1{,}035^{t_V} = 2b$$
$$b \cdot 1{,}035^{t_V} = 2b \qquad | : b$$
$$1{,}035^{t_V} = 2$$

Zum Auflösen dieser Gleichung nach dem Exponenten t_V müssen wir logarithmieren:

$$t_V = \log_{1{,}035} 2 \approx 20{,}1$$

Nach ungefähr 20 Minuten verdoppelt sich die Anzahl der Kolibakterien.

Bakterien haben Verdoppelungszeiten von 15 Minuten bis zu einigen Tagen.

In einer Exponentialgleichung tritt die Unbekannte nur im Exponenten auf. Wir beschränken uns auf das Lösen einfacher Exponentialgleichungen (Aufgabe 1).

> Beim Lösen einer einfachen Exponentialgleichung isolieren wir zunächst die Potenz mit dem unbekannten Exponenten. Anschließend bestimmen wir die Unbekannte durch Logarithmieren.

Mithilfe der Verdoppelungszeit t_V lassen sich exponentielle Wachstumsvorgänge auch durch eine übersichtliche Gleichung beschreiben.

Beispiel **Wachstum von Kolibakterien**

Erweitern wir den Exponenten der obigen Gleichung mit t_V, können wir wie folgt umformen:

$$N = b \cdot 1{,}035^{t_V \cdot \frac{t}{t_V}} = b \cdot (1{,}035^{t_V})^{\frac{t}{t_V}} = b \cdot 2^{\frac{t}{t_V}}$$

Der Exponent $\frac{t}{t_V}$ zählt die Verdoppelungszeiten.

Jedes exponentielle Wachstum lässt sich in dieser Form beschreiben.

> Ein exponentielles Wachstum mit der Verdoppelungszeit t_V und dem Anfangsbestand b lässt sich durch eine Exponentialfunktion der Form
>
> $f(t) = b \cdot 2^{\frac{t}{t_V}}$ beschreiben.

Die Halbwertszeit

Manche Atomkerne sind nicht stabil. Sie zerfallen in kleinere Bruchstücke und senden dabei Strahlung aus. Beim Zerfall nimmt die Anzahl der radioaktiven Atomkerne exponentiell ab.
Anschaulicher als die prozentuale Abnahme der radioaktiven Atomkerne pro Zeiteinheit ist die Zeitspanne, in der die Hälfte der Kerne zerfallen ist, die **Halbwertszeit** t_H.

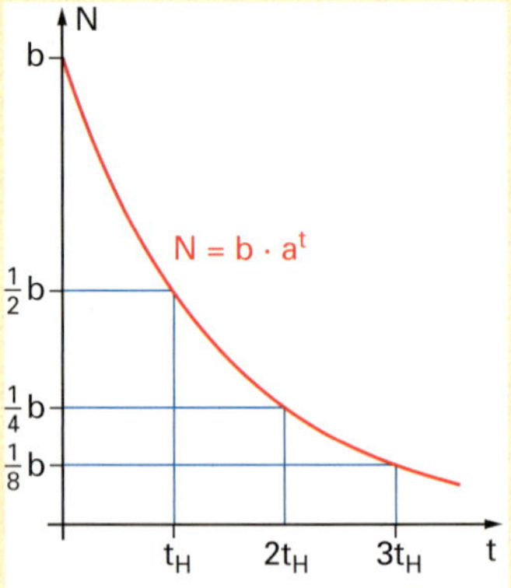

Beispiel **Die Halbwertszeit von Jod-131**

Jod-131 ist radioaktiv. Pro Tag zerfallen 8,3% der vorhandenen Kerne. Den Zerfall beschreibt also die Gleichung

$$N = b \cdot 0{,}917^t.$$

Nach der Halbwertszeit t_H hat sich der Bestand b halbiert: $N = \frac{1}{2}b$. Also:

$$b \cdot 0{,}917^{t_H} = \tfrac{1}{2}b \qquad | :b$$
$$0{,}917^{t_H} = 0{,}5$$
$$t_H = \log_{0{,}917} 0{,}5 \approx 8{,}0$$

Die Halbwertszeit von J-131 beträgt 8,0 Tage.

Die Halbwertszeiten der radioaktiven Stoffe unterscheiden sich erheblich: Es gibt Halbwertszeiten von Bruchteilen einer Sekunde bis hin zu mehreren tausend Jahren (Aufgabe 5). Radium-226 hat zum Beispiel eine Halbwertszeit von 1600 Jahren.

Analog zu den Wachstumsvorgängen kann man zeigen:

> Ein exponentiell abnehmender Zerfalls- oder Abklingvorgang mit der Halbwertszeit t_H und dem Anfangsbestand b lässt sich durch eine Exponentialfunktion der Form
>
> $f(t) = b \cdot 0{,}5^{\frac{t}{t_H}}$ beschreiben.

Aufgaben

1 Einfache Exponentialgleichungen

Löse die Exponentialgleichung. Ist die Lösung nicht ganzzahlig, so runde auf drei Dezimalen.

a) $10^x = 3$ b) $3^x = 10$ c) $2^x = 5$ d) $5^x = 2$

e) $1{,}2^x = 2$ f) $8^x = 0{,}25$ g) $25^x = 0{,}25$ h) $0{,}5^x = 0{,}1$

i) $2^{\frac{x}{5}} = 3$ k) $0{,}5^{\frac{x}{3}} = 4$ l) $3 \cdot 0{,}5^{\frac{x}{4}} = 6$ m) $5 \cdot 2^{\frac{x}{3}} = 12$

2 Virenbefall

Ein Organismus wird von 500 Viren befallen, die sich eine Zeit lang exponentiell vermehren. Während jeder Stunde wächst ihre Anzahl N um 20%.

a) Stelle eine Gleichung auf, welche die Anzahl N in Abhängigkeit von der Zeit t beschreibt.

b) Wird die Verdoppelungszeit t_V vermutlich größer oder kleiner als 5 Stunden sein? Begründe deine Antwort. Berechne die Verdoppelungszeit.

c) Gib die Gleichung an, welche die Anzahl N in Abhängigkeit von der Zeit t und der Verdoppelungszeit t_V beschreibt.

d) Nach welcher Zeit sind 1250 Viren vorhanden, nach welcher Zeit 2500 Viren?

3 Moore'sches Gesetz

Die Kapazität moderner Speicherchips wird in bit/cm^2 gemessen. Der Mitbegründer der Firma Intel, Gordon Moore, hat 1970 vorausgesagt, dass sich die Speicherkapazität alle 1,5 Jahre verdoppeln wird. Im Jahr 1970 betrug sie 10^3 bit/cm^2 = 1 Kilobit/cm^2.

a) Stelle eine Gleichung nach Moores Voraussage auf, welche die Abhängigkeit der Speicherkapazität s in Abhängigkeit von der Zeit t nach 1970 beschreibt.

b) Um wie viel Prozent nimmt die Speicherkapazität ungefähr pro Jahr zu?

c) Um welchen Faktor vervielfacht sich die Speicherkapazität ungefähr nach 10 Verdoppelungszeiten?

d) In welchem Jahr sollte nach Moores Voraussage die Speicherkapazität ungefähr 1 Gigabit/cm^2 betragen? Tatsächlich war das der Stand der Technologie im Jahr 2000.

4 Exponentialgleichungen

Löse die Exponentialgleichung.
Runde die Lösung gegebenenfalls auf drei Dezimalen.

a) $5 \cdot 1{,}06^x = 15$ b) $5 \cdot 0{,}94^x = 2$ c) $3^{2x} = 6$ d) $2^x \cdot 3^x = 10$

e) $2^x \cdot 5^{-x} = 6{,}25$ f) $2^x = 3^{2x}$ g) $2^{x-1} = 3$ h) $11^{x+1} = 10$

i) $0{,}25^{1-x} = 5$ k) $6 \cdot 2^{x-2} = 3$ l) $10 \cdot 25^{x+3} = 2$ m) $3^x = 2^{x+1}$

n) $2^x = 3^{2x+1}$ o) $9^x = 9 \cdot 5^{1-x}$ p) $2^x \cdot 3^{x+2} = 4$ q) $2^{2x} = 4^x \cdot 3^{x-2}$

r) $2^x + 2^3 = 10{,}25$ s) $5 \cdot 9^x + (\frac{1}{3})^{-2} = 7$ t) $2^x + (\frac{1}{2})^{-x} = 12{,}5$

u) $3^{x+1} = (\frac{1}{3})^{-x} + 54$ v) $5^{x+1} = (\frac{1}{5})^{1-x} + 72$ w) $3^{2x+1} + (\frac{1}{9})^{-x} = 36$

5 Die Zerfallsrate

In einem Behälter befinden sich $6{,}4 \cdot 10^9$ Atome des gasförmigen radioaktiven Radon-220. In einer Sekunde zerfallen 1,25 % der vorhandenen Atome.

a) Berechne die Halbwertszeit t_H von Rn-220.

b) Wie viele Atome sind nach einer Halbwertszeit bzw. zwei Halbwertszeiten noch unzerfallen?

Die Anzahl der Zerfälle pro Sekunde heißt **Zerfallsrate** oder Aktivität A.
Nach dem Entdecker der Radioaktivität Henri Becquerel (1852–1908) nennt man „1 Zerfall pro Sekunde" auch 1 Becquerel (1 Bq).

c) Wie groß ist die Zerfallsrate am Anfang, nach einer Halbwertszeit, nach zwei Halbwertszeiten?

d) Warum hat die Zerfallsrate die gleiche Halbwertszeit wie der radioaktive Stoff?

e) Nach welcher Zeit ist die Zerfallsrate des Rn-220 auf ein Zehntel bzw. ein Hundertstel zurückgegangen?

6 Tschernobyl – auch heute noch aktuell!

Am 26. April 1986 explodierte ein Reaktorblock im ukrainischen Kernkraftwerk Tschernobyl. Die freigesetzten radioaktiven Teilchen wurde zum Teil mit dem Wind davongetragen. Ende April regnete es heftig. Auf Deutschland verteilten sich „nur" 1 g radioaktives Jod-131 und 300 g radioaktives Cäsium-137. Vor allem Südbayern wurde damit besorgniserregend belastet. Jod-131 hat eine Halbwertszeit von 8,0 Tagen, bei Cäsium-137 beträgt sie 30 Jahre.

a) Wie viel Gramm dieser radioaktiven Stoffe waren in Deutschland nach 80 Tagen, nach einem Jahr, nach 20 Jahren, nach 25 Jahren noch vorhanden?

b) Ende April 1986 zerfielen in einem Liter Frischmilch im Raum München pro Sekunde 400 Jodatome und 200 Cäsiumatome. Die Zerfallsrate (vergleiche Aufgabe 5) betrug also 600 Bq. Wie groß war die Zerfallsrate der Milch nach 8 Tagen, wie groß nach 80 Tagen?

Die EU hat für die radioaktive Belastung von Nahrungsmitteln folgende Grenzen festgesetzt: 600 Bq/kg für Lebensmittel und 370 Bq für Milch.

c) Warum nehmen auch heute noch Pilze über ihr Myzel radioaktives Cäsium-137 des Reaktorunfalls auf? Ausgesprochene Cäsium-Sammler sind Maronen (rechts abgebildet). Pfifferlinge und Steinpilze enthalten am gleichen Standort nur etwa ein Drittel so viel Cäsium-137 wie Maronen. Im Jahr 1990 wiesen Maronen aus dem Münchner Raum eine Zerfallsrate von 2000 Bq/kg auf. Welche Zerfallsrate pro kg war im Jahr 2000 zu erwarten? Warum war diese in Wirklichkeit mit 800 Bq/kg deutlich niedriger?

d) Heute liegt die Belastung von Maronen im Münchner Raum im Mittel unter 100 Bq/kg. Warum ist trotzdem noch Vorsicht geboten?

7 Ötzis Alter

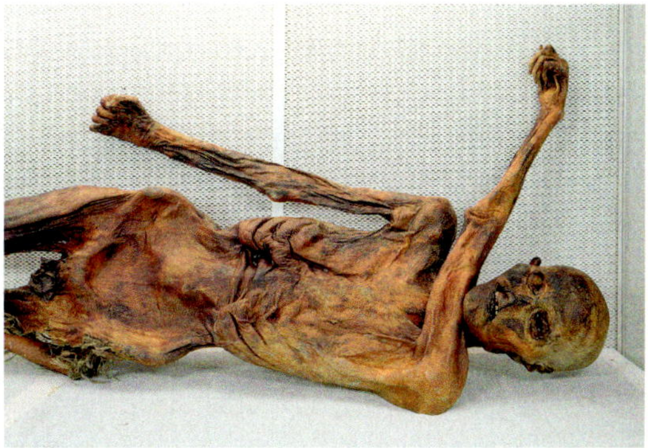

Im Jahr 1991 wurde in den Ötztaler Alpen auf einem Gletscher in einer Höhe von 3200 m eine Mumie gefunden. Der 1,58 m große Mann erhielt den Namen „Ötzi". Sein Alter wurde mit der C-14-Methode bestimmt. Durch die kosmische Strahlung entstehen in der Lufthülle der Erde ständig geringe Mengen des radioaktiven Kohlenstoffs C-14. Dieser hat eine Halbwertszeit von 5730 Jahren. Infolge der Neubildung und des Zerfalls von C-14 ist der Anteil von C-14 in der Atmosphäre stets der gleiche. Wie der gewöhnliche Kohlenstoff C-12 verbindet sich auch das radioaktive C-14 mit Sauerstoff zu Kohlenstoffdioxid. Alle Pflanzen assimilieren neben dem gewöhnlichen Kohlenstoffdioxid auch radioaktives. In jedem Gramm Kohlenstoff, das aus lebenden Pflanzen gewonnen wurde, zerfallen pro Minute 15 Kohlenstoffatome. Nach dem Tod einer Pflanze hört der Nachschub an C-14 auf. Von diesem Zeitpunkt an nimmt die Zerfallsrate A (vergleiche Aufgabe 5) ab.

a) Stelle die Gleichung auf, welche die Abhängigkeit der Zerfallsrate A in Abhängigkeit von der Zeit t nach dem Tod beschreibt.

b) Zeichne für die Zeit t von 0 bis 10 000 Jahren ein t-A-Diagramm mithilfe eines Funktionsplotters oder einer geeigneten Wertetabelle.

c) Aus der Mumie wurde 1 Gramm Kohlenstoff gewonnen. Dieses wies eine Zerfallsrate A von 7,9 Zerfällen pro Minute auf. Bestimme Ötzis Alter grafisch und rechnerisch. In welchem Zeitalter lebte Ötzi?

8 Abkühlgesetz einer Kaffeetasse

Körper, die wärmer als ihre Umgebung sind, kühlen sich ab. Schon Isaac Newton erkannte, dass der Temperaturunterschied $\Delta\vartheta$ exponentiell mit der Zeit t abnimmt. Die Temperatur einer vollen Kaffeetasse ist 60 °C höher als die Zimmertemperatur. Nach 5 Minuten ist der Temperaturunterschied $\Delta\vartheta$ auf 44 °C gesunken.

a) Stelle eine Gleichung der Abkühlfunktion auf, die den Temperaturunterschied $\Delta\vartheta$ in Abhängigkeit von der Zeit t beschreibt.

b) Zeichne ein t-$\Delta\vartheta$-Diagramm für die Zeit von 0 bis 20 Minuten mithilfe eines Funktionsplotters oder einer geeigneten Wertetabelle.

c) Bestimme die Halbwertszeit t_H grafisch und rechnerisch.

d) Die Zeitmessung begann erst 2 Minuten nach dem Einschenken des Kaffees. Wie hoch war der Temperaturunterschied $\Delta\vartheta$ unmittelbar nach dem Einschenken?

e) Nach welcher Zeit hat der Kaffee die Trinktemperatur von 55 °C erreicht, die 35 °C über der Zimmertemperatur liegt?

f) Beim Kaffeetrinken nimmt der Inhalt der Tasse ab. Wie wirkt sich das auf das Abkühlverhalten der Tasse aus?

9 Eine Faustregel für die Verdoppelungszeit

Ein Kapital K wird zum Zinssatz p % verzinst. Die Zinsen werden am Ende jedes Jahres zum Kapital hinzugefügt und dann mit diesem verzinst.

a) Gib zum Zinssatz p % = 1 %, 2 %, 3 %, 5 % jeweils den Wachstumsfaktor a pro Jahr an und berechne dann die Verdoppelungszeit t_V. Runde t_V auf ganze Jahre.

b) Wie verhält sich t_V, wenn sich p verdoppelt, verdreifacht, verfünffacht? Fasse den Zusammenhang zu einer Faustregel über p und t_V zusammen.

c) Ein Kapital wird zu 3,5 %, zu 7 %, zu 10 % verzinst. Wie groß ist die Verdoppelungszeit jeweils ungefähr?

d) Überprüfe, ob die Faustregel auch für höhere Zinssätze ordentliche Abschätzungen der Verdoppelungszeit liefert.

10 Gletschersterben

In den Gletschern der Erde sind ungefähr 75 % des lebensnotwendigen Süßwassers gespeichert. Gletscher ernähren sich vom Schnee im hochgelegenen Teil und verlieren Wasser im unteren Teil durch Abschmelzen. Dadurch werden Flüsse gespeist. Durch die Klimaerwärmung ist das Ernähren und Abschmelzen nicht im Gleichgewicht: Gletscher sterben dramatisch. Im Jahr 1850 hatten die Schweizer Gletscher eine Fläche von 1800 km^2. Bis zum Jahr 2000 sind davon 750 km^2 abgeschmolzen.

a) Um wie viel Prozent hat die Gletscherfläche im Mittel pro Jahr abgenommen, wenn das Abschmelzen exponentiell erfolgt ist?

b) Wie groß wäre die Fläche der Schweizer Gletscher im Jahr 2050, wenn sich das Abschmelzen in gleicher Weise fortsetzen würde?

Durch die in den letzten Jahren deutlich spürbare globale Erwärmung hat sich das Gletschersterben beschleunigt: Man geht davon aus, dass die Gletscherfläche ab dem Jahr 2000 im Mittel pro Jahr um 2,7 % exponentiell abnimmt.

c) Wie groß wird die Fläche der Schweizer Gletscher im Jahr 2050 nur noch sein, wenn es nicht gelingt, die globale Erwärmung zu stoppen?

d) Die Fotos zeigen den Schweizer Aletsch-Gletscher in den Jahren 1850 und 2000. Er ist mit noch 90 km^2 der größte Gletscher der Alpen. Welche dramatischen Folgen bringt das Sterben der Gletscher mit sich? Um das Sterben zu verlangsamen, ist man an ein paar Schweizer Gletschern dazu übergegangen, sie unter einer Folie zu verpacken. Was hältst du davon?

11 Treibhauseffekt

Die Luft besteht zu 78% aus Stickstoff und zu 21% aus Sauerstoff. Der Volumenanteil des Kohlenstoffdioxids (CO_2) beträgt nur etwa 380 Millionstel und der des Methans nur 2 Millionstel. Trotz dieser äußerst geringen Anteile bewirken aber gerade diese Gase zusammen mit dem Wasserdampf, dass ein Teil der von der Erde ausgehenden Wärmestrahlung wieder zur Erde zurückgestrahlt wird. Ohne diesen „Treibhauseffekt" wäre die durchschnittliche Temperatur auf unserem Planten nicht ungefähr 15°C, sondern −18°C. Ein Leben wäre auf der Erde nicht möglich.

Bei der Verbrennung von Kohle, Erdöl, Erdgas und Holz entsteht CO_2. Pflanzen assimilieren Kohlenstoffdioxid und geben Sauerstoff ab. Seit der letzten Eiszeit vor 10000 Jahren schwankte der Volumenanteil des CO_2 bis zum Jahr 1850 zwischen 250 und 280 Millionstel.

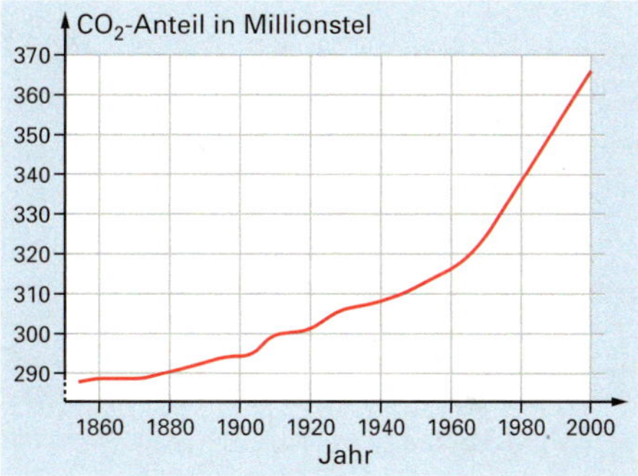

a) Rechts ist das Diagramm des Klimaausschusses IPCC der Vereinten Nationen für den CO_2-Anteil in den Jahren ab 1860 zu sehen. Beschreibe den Verlauf der Kurve mit eigenen Worten und suche dafür Gründe. Welchen Kohlenstoffdioxidanteil würdest du für das Jahr 2050 bzw. 2100 erwarten, wenn es nicht gelingt, den CO_2-Ausstoß drastisch zu reduzieren? Um wie viel Prozent wäre dieser jeweils höher als 280 Millionstel?

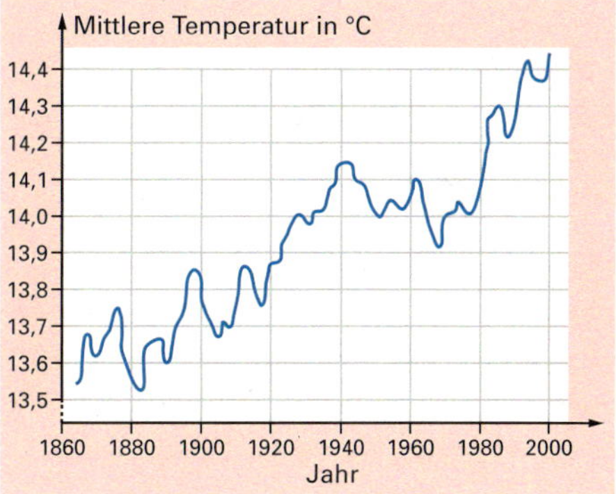

b) Rechts ist das Diagramm der IPCC für die mittlere Jahrestemperatur der Erde von 1860 bis zum Jahr 2000 zu sehen. Beschreibe den Verlauf der Kurve mit eigenen Worten und suche dafür Gründe. Um wie viel °C war die mittlere Temperatur am Ende des letzten Jahrhunderts höher als zu Anfang der Messungen? Hältst du den Unterschied für undramatisch? Bedenke, dass die mittlere Jahrestemperatur während der letzen Eiszeit nur um 5°C niedriger war als heute.

c) Betrachte den Verlauf der mittleren Temperatur für die letzten vierzig Jahre des 20. Jahrhunderts. Versuche, damit eine Vorhersage für die mittlere Temperatur im Jahr 2050 bzw. 2100 zu gewinnen, wenn der CO_2-Ausstoß nicht drastisch gesenkt wird. Informiere dich im Internet über aktuelle Hochrechnungen von Klimaforschern und vergleiche mit deinem Wert.

d) Wie wird sich die globale Erwärmung auswirken, wenn sie nicht gebremst werden kann? Informationen dazu findest du im Internet.

e) Was können wir zum Klimaschutz beitragen?

Zum Intensivieren

12 Exponentialgleichungen

Löse die Exponentialgleichung. Runde gegebenenfalls auf drei Dezimalen.

a) $6 \cdot 2^{x+1} = 3$ b) $3 \cdot 2^{x-1} = 24$ c) $1{,}5 \cdot 2^{\frac{x}{3}} = 15$ d) $21 \cdot 0{,}5^{\frac{6}{x}} = 4$

e) $2^{x+3} = 4^x$ f) $3^{x+1} \cdot 5^x = 1$ g) $5^{x+3} \cdot 25^x = 1$ h) $2^{x+2} = 0{,}5 \cdot 8^x$

i) $\left(\frac{2}{3}\right)^x = \left(\frac{3}{2}\right)^x$ k) $\left(\frac{2}{3}\right)^{x+1} = \left(\frac{3}{2}\right)^x$ l) $3^x = 9 \cdot 5^{2-x}$ m) $2 \cdot 3^{x+2} = 4 \cdot 5^x$

n) $6^x \cdot 4^{x-2} = 12 \cdot 8^{x-1}$ o) $7^{2x-3} = 7^{2x+1} \cdot 49^{1-x}$ p) $405 \cdot 3^x = 5 \cdot 9^{2-x}$

13 Altersbestimmung mit superschwerem Wasserstoff

In der Atmosphäre gibt es superschweren Wasserstoff H-3. Dieser zerfällt mit einer Halbwertszeit von 12,4 Jahren. H-3 wurde durch Kernwaffenversuche in den Sechzigerjahren des letzten Jahrhunderts erzeugt. Aufgrund der Einstellung dieser Versuche nimmt seit 1965 die Konzentration des superschweren Wasserstoffs exponentiell ab. H-3 verbindet sich wie der gewöhnliche Wasserstoff H-1 mit Sauerstoff zu H_2O. Im Jahr 2005 zerfielen in jedem Liter Regenwasser 7 H-3-Atome pro Minute.

a) Wie viele H-3-Zerfälle fanden pro Minute in einem Liter Regenwasser im Jahr 1965 statt?

b) Warum kann man aus der Messung der Zerfallsrate des H-3 in einem Liter Regenwasser nicht bestimmen, wann es nach 1965 als Regen auf die Erde fiel?

Beim Zerfall eines H-3-Atoms entsteht ein stabiles Edelgasatom He-3.
Monsieur Gourmet hat sich eine sehr teure Flasche „Bordeaux" gekauft. Der Rotwein soll 25 Jahre alt sein. Da der Feinschmecker Zweifel hat, lässt er das Alter untersuchen. Dazu wird die Anzahl der H-3-Atome und der He-3-Atome in der Flasche gemessen.

c) Wie alt wäre der Wein, wenn es gleich viele wären? Begründe deine Antwort.

d) Tatsächlich sind es dreimal so viele He-3-Atome wie H-3-Atome. Ist der Wein 25 Jahre alt?

e) In welchen Fällen und für welchen Zeitraum ist auf diese Art eine Altersbestimmung möglich?

14 Grundwissen: Die Kugel

Einer Kugel mit dem Radius R = 5 cm ist ein Zylinder mit dem Radius r = 3 cm einbeschrieben. Berechne

a) die Höhe h des Zylinders,

b) das Kugel- und das Zylindervolumen,

c) den Inhalt der Oberfläche der Kugel und des Zylinders.

Wie viel Prozent

d) des Kugelvolumens beträgt das Zylindervolumen,

e) der Kugeloberfläche beträgt die Zylinderoberfläche?

Ausbau der Funktionenlehre

Achilles und die Schildkröte

Der griechische Philosoph Zenon verblüffte im 5. Jahrhundert vor Christus seine Zeitgenossen mit folgendem Paradoxon: Achilles, der schnellste Läufer der griechischen Sage, macht einen Wettlauf mit einer Schildkröte. Sie hat ein Stadion (ca. 200 m) Vorsprung. Ist Achilles das eine Stadion gelaufen, hat die Schildkröte einen neuen Vorsprung herausgelaufen. Hat Achilles diesen eingeholt, so ist die Schildkröte ihm bereits wieder ein Stück enteilt. Immer, wenn Achilles den jeweiligen Vorsprung der Schildkröte zurückgelegt hat, ist die Schildkröte wieder ein Stück weiter gekrochen. Also wird Achilles die Schildkröte nie einholen!

Wir wollen versuchen, dieses Paradoxon aufzulösen. Zur Vereinfachung nehmen wir an, dass Achilles nur doppelt so schnell wie die Schildkröte läuft.

a) Wie viele Stadien muss Achilles tatsächlich laufen, um die Schildkröte einzuholen?

Wir übersetzen Zenons Argumentation in die Mathematik. Dabei bauen wir den Weg des Achilles aus Zenon-Etappen auf:
Achilles legt zunächst den in Stadien gemessenen Weg
$s_1 = 1$ zurück, dann
$s_2 = 1 + \frac{1}{2} = \frac{3}{2}$, dann
$s_3 = 1 + \frac{1}{2} + \frac{1}{4} = \frac{7}{4}$.

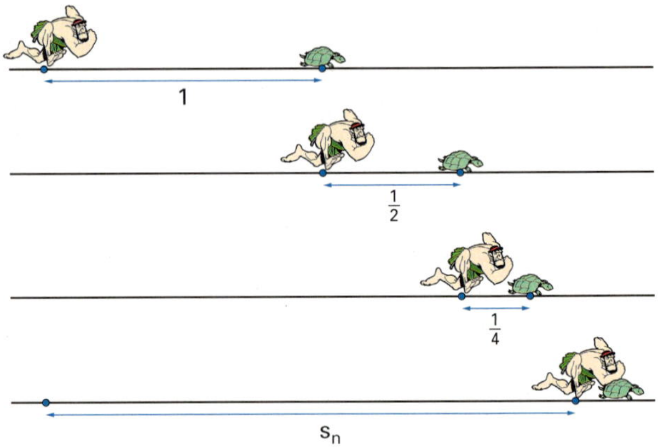

b) Gib s_4 und s_5 an. Schreibe den Summenwert jeweils als Bruch. Wie erhält man aus einem Summenwert den darauf folgenden Summenwert?

c) Schreibe zunächst den Nenner und dann den Zähler der Summenwerte $s_1, \ldots, s_5$ mithilfe von Zweierpotenzen.

d) Die Längen der einzelnen Etappen lassen sich als Potenzen von $\frac{1}{2}$ schreiben. Der Aufholweg nach n Etappen ist $s_n = 1 + \frac{1}{2} + \left(\frac{1}{2}\right)^2 + \left(\frac{1}{2}\right)^3 + \ldots + \left(\frac{1}{2}\right)^{n-1}$.
Erläutere, wie die Summanden des Summenterms zustande kommen. Stelle mithilfe von Zweierpotenzen den Term für den Bruch auf, der den Wert der Summe beschreibt.

8.1 Der Grenzwert

Konvergenz

Die Schildkröte hat ein Stadion Vorsprung vor Achilles (Seite 120). Läuft er doppelt so schnell, müsste er das Tier nach zwei Stadien einholen. Setzen wir dagegen wie Zenon den gesamten Einholweg aus den Vorsprung-Etappen der Schildkröte zusammen, stoßen wir auf eine Summe mit unendlich vielen Gliedern:

$$1 + \tfrac{1}{2} + \tfrac{1}{4} + \tfrac{1}{8} + \ldots$$

Kann eine Summe aus unendlich vielen positiven Gliedern einen endlichen Wert haben – in unserem Fall den Wert 2?
Zenons Schlussfolgerung, dass Achilles die Schildkröte nie einholt, würde bedeuten, dass der Summenwert unendlich groß sein müsste.
Dies wollen wir im Folgenden widerlegen.
Dazu betrachten wir zunächst die Summe ohne den ersten Summanden: $\tfrac{1}{2} + \tfrac{1}{4} + \tfrac{1}{8} + \tfrac{1}{16} + \ldots$
Eine Veranschaulichung hilft uns weiter: Rechts ist dargestellt, wie ein Quadrat fortlaufend halbiert wird. Zu $\tfrac{1}{2}$ Quadrat kommt $\tfrac{1}{4}$ Quadrat, dann $\tfrac{1}{8}$ Quadrat, dann $\tfrac{1}{16}$ Quadrat hinzu. Mit jedem weiteren Teil wird das ganze Quadrat immer besser angenähert: Mit jedem Summanden nähert sich der Summenwert der Zahl 1. Die Summe $1 + \tfrac{1}{2} + \tfrac{1}{4} + \tfrac{1}{8} + \ldots$ ist also nicht unendlich groß.

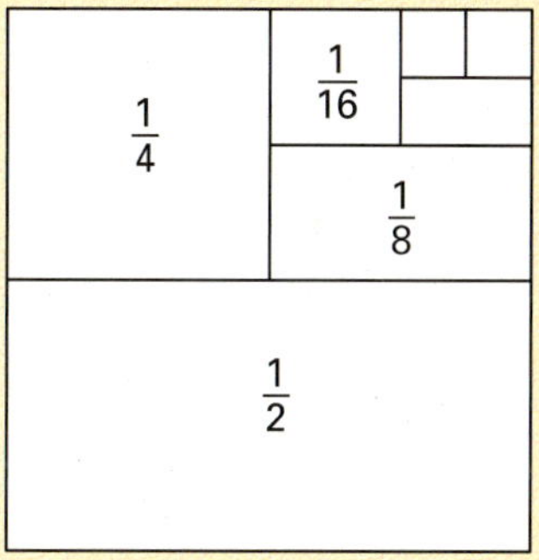

Die Werte der Teilsummen s_n nähern sich mit wachsendem n beliebig genau der Zahl 2. Man sagt: Die Werte der Teilsummen s_n streben gegen 2. Die Zahl 2 heißt **Grenzwert** der Folge der Teilsummen s_n.

Lassen sich diese Überlegungen auch algebraisch begründen? Dazu formen wir den Term für den Summenwert mithilfe des Ergebnisses von Aufgabe d) der Seite 120 um.

$$s_n = 1 + \frac{1}{2} + \left(\frac{1}{2}\right)^2 + \left(\frac{1}{2}\right)^3 + \ldots + \left(\frac{1}{2}\right)^{n-1} = \frac{2^n - 1}{2^{n-1}} = \frac{2^n}{2^{n-1}} - \frac{2 \cdot 1}{2 \cdot 2^{n-1}}$$

$$s_n = 2 - 2 \cdot \left(\frac{1}{2}\right)^n$$

Je größer die Anzahl n der Summanden ist, desto kleiner wird $2 \cdot (\tfrac{1}{2})^n$. Für $n \geq 11$ ist $2 \cdot (\tfrac{1}{2})^n$ kleiner als $\tfrac{1}{1000}$, für $n \geq 21$ kleiner als $\tfrac{1}{1\,000\,000}$. Mit wachsendem n kommen die Teilsummen s_n der Zahl 2 beliebig nahe, erreichen sie aber nie. Da Achilles seine Schrittlänge nicht beliebig verkleinern kann, wird er schon nach endlich vielen Schritten an der Schildkröte vorbeiziehen.

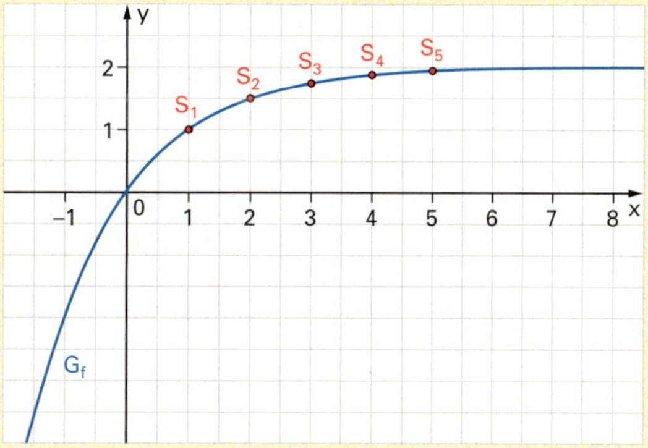

Die Werte der Folgenglieder $s_1, s_2, s_3, \ldots$ sind die Funktionswerte der Exponentialfunktion $f(x) = 2 - 2 \cdot (\frac{1}{2})^x$ für $x = 1, 2, 3, \ldots$ Wir gehen von der Folge s_n zu dieser Funktion (Aufgabe 2) über.

	A	B
1	x	f(x)=2-2*0,5^x
2	1	1,000000000000000
3	2	1,500000000000000
4	4	1,875000000000000
5	6	1,968750000000000
6	8	1,992187500000000
7	10	1,998046875000000
8	**11**	**1,999023437500000**
9	12	1,999511718750000
10	14	1,999877929687500
11	16	1,999969482421870
12	18	1,999992370605460
13	20	1,999998092651360
14	**21**	**1,999999046325680**
15	22	1,999999523162840
16	24	1,999999880790710

Die Funktionswerte f(1), f(2), f(3), … und auch die Zwischenwerte kommen mit wachsendem x der Zahl 2 beliebig nahe. Das zeigt auch die nebenstehende Wertetabelle.
Für den Graphen G_f bedeutet das: G_f schmiegt sich an die Gerade $y = 2$ immer besser an, ohne sie aber je zu erreichen. Die Gerade $y = 2$ ist **Asymptote** des Graphen.
Bei diesen Betrachtungen begeben wir uns auf der x-Achse immer weiter nach rechts und überschreiten dabei jeden noch so großen x-Wert. Man sagt dafür „x (strebt) gegen plus unendlich" und schreibt kurz „$x \to +\infty$". Die Funktionswerte kommen dabei dem Wert 2 beliebig nahe. Man sagt: „Die Funktion hat für $x \to +\infty$ den **Grenzwert** 2" und schreibt dafür kurz $\lim\limits_{x \to +\infty} f(x) = 2$.

„lim" ist die Abkürzung von „**Limes**", auf deutsch „Grenzwert".

Ein entsprechendes Verhalten können wir bei manchen Funktionen finden, wenn wir uns auf der x-Achse nach links in Richtung immer kleinerer x-Werte begeben, also für $x \to -\infty$.

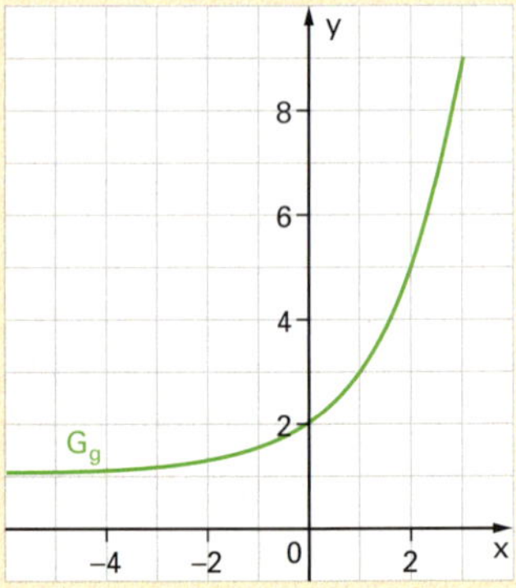

Beispiel $g(x) = 2^x + 1$
Für $x < -10$ ist $2^x < 2^{-10} = \frac{1}{1024} < \frac{1}{1000}$,
für $x < -20$ ist $2^x < 2^{-20} = \frac{1}{1048576} < \frac{1}{1000000}$.
2^x nähert sich für $x \to -\infty$ immer besser 0, g(x) immer besser 1 an. Der Graph G_g hat die waagrechte Asymptote $y = 1$.
g(x) hat für $x \to -\infty$ den Grenzwert 1:
$\lim\limits_{x \to -\infty} g(x) = 1$.

> Nähern sich die Funktionswerte f(x) für $x \to +\infty$ bzw. $x \to -\infty$ der Zahl a beliebig genau, heißt a **Grenzwert** der Funktion.
> Kurz: $\lim\limits_{x \to +\infty} f(x) = a$ bzw. $\lim\limits_{x \to -\infty} f(x) = a$
> Man sagt dazu auch: „Die Funktion **konvergiert** gegen die Zahl a".
> Die Gerade $y = a$ ist dann waagrechte Asymptote des Graphen G_f.

Die Funktion $f(x) = 2 - 2 \cdot (\frac{1}{2})^x$ konvergiert für $x \to +\infty$ gegen 2, die Funktion $g(x) = 2^x + 1$ konvergiert für $x \to -\infty$ gegen 1.

Divergenz

Wir betrachten das Verhalten der Funktionswerte $f(x) = 2 - 2 \cdot (\frac{1}{2})^x$ für $x \to -\infty$ und $g(x) = 2^x + 1$ für $x \to +\infty$.

- Die Funktionswerte f(x) werden für $x \to -\infty$ beliebig klein. Sie unterschreiten jede noch so kleine Zahl. Man sagt „die Funktion f(x) geht gegen minus unendlich" und schreibt dafür $\lim\limits_{x \to -\infty} f(x) = -\infty$.
- Die Funktionswerte g(x) werden für $x \to +\infty$ beliebig groß. Sie überschreiten jede noch so große Zahl. Man sagt „die Funktion g(x) geht gegen plus unendlich" und schreibt dafür $\lim\limits_{x \to +\infty} g(x) = +\infty$.

Die Funktionswerte nähern sich keinem festen Zahlwert. Sie konvergieren nicht. Im Gegensatz zur Konvergenz spricht man hier von **Divergenz**. Da die Funktionswerte entweder gegen $-\infty$ oder gegen $+\infty$ streben, spricht man von **bestimmter Divergenz**.

Im Gegensatz dazu gibt es auch Funktionen, die für $x \to +\infty$ bzw. $x \to -\infty$ zwischen verschiedenen Funktionswerten ständig hin und her schwanken, ohne einem bestimmten Wert beliebig nahe zu kommen (Aufgabe 3). Dann spricht man von **unbestimmter Divergenz**.

Beispiel $f(x) = \sin x$

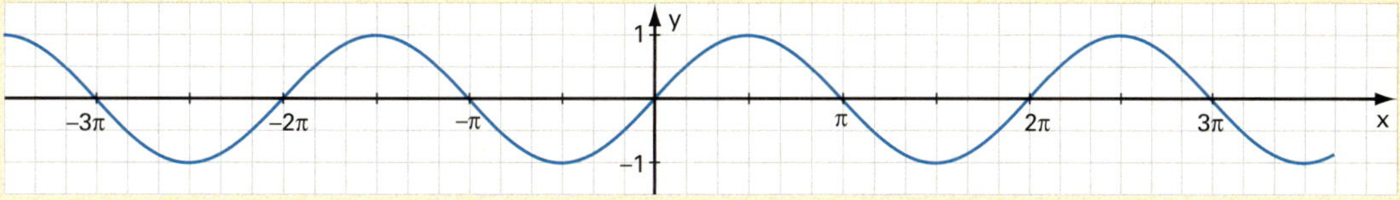

Die wellenförmige Sinuskurve nimmt jeden Funktionswert zwischen -1 und $+1$ beliebig oft und immer wieder an.

Verhalten von Funktionen im Unendlichen

Für $x \to +\infty$ halten wir drei Fälle fest (analog für $x \to -\infty$):

- $\lim\limits_{x \to +\infty} f(x) = a$ — Die Funktion **konvergiert** gegen a. Ihr Graph schmiegt sich für $x \to +\infty$ beliebig nahe an die waagrechte Asymptote $y = a$ an.
- $\lim\limits_{x \to +\infty} f(x) = \pm\infty$ — Die Funktion **divergiert bestimmt**. Ihr Graph verschwindet für $x \to +\infty$ entweder nach oben ($+\infty$) oder nach unten ($-\infty$).
- $\lim\limits_{x \to +\infty} f(x)$ gibt es nicht. — Die Funktion **divergiert unbestimmt**. Ihr Graph schwankt für $x \to +\infty$ hin und her, ohne einem bestimmten Wert beliebig nahe zu kommen.

Exponentialfunktionen

Das Verhalten von Exponentialfunktionen hängt vom Wert der Basis a ab (Aufgabe 5).

Verhalten von Exponentialfunktionen im Unendlichen

Für die Exponentialfunktion $f(x) = a^x$ mit $a \in \mathbb{R}^+$ gilt:

- $\lim\limits_{x \to -\infty} a^x = +\infty$ und $\lim\limits_{x \to +\infty} a^x = 0$, falls $a < 1$

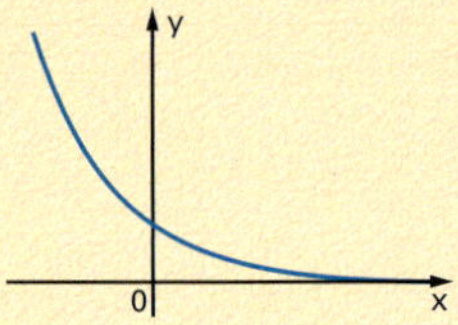

- $\lim\limits_{x \to -\infty} a^x = 0$ und $\lim\limits_{x \to +\infty} a^x = +\infty$, falls $a > 1$

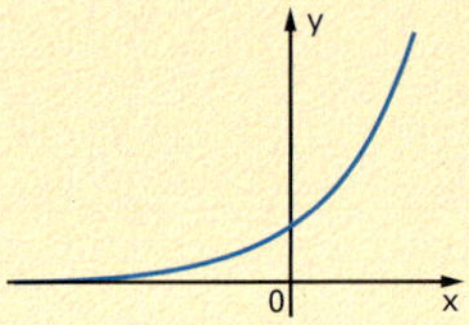

Aufgaben

1 **Achilles und die Schildkröte**

Lies Zenons Paradoxon auf Seite 120. Nimm an, dass Achilles 10-mal so schnell wie die Schildkröte ist. Wir zerlegen den Weg des Achilles in Zenons Vorsprung-Etappen. Die erste Etappe ist ein Stadion lang, die zweite $\frac{1}{10}$ Stadion. Also legt Achilles zunächst den in Stadien gemessenen Weg $s_1 = 1$ zurück, dann $s_2 = 1 + \frac{1}{10} = 1{,}1$.

a) Gib s_3, s_4, s_5 und s_n an.

b) Gegen welchen Grenzwert streben die Werte der Teilsummen s_n mit wachsendem n? Gib ihn als Bruch an. Ab welcher Etappe unterscheiden sich die Teilsummen s_n vom Grenzwert um weniger als $\frac{1}{1\,000\,000}$?

2 **Who is who?**

Gib an, welcher Graph zu welcher Gleichung gehört:

A) $y = 2^x$

B) $y = \left(\frac{1}{2}\right)^x$

C) $y = 2 \cdot \left(\frac{1}{2}\right)^x$

D) $y = -2 \cdot \left(\frac{1}{2}\right)^x$

E) $y = 2 - 2 \cdot \left(\frac{1}{2}\right)^x$

Beschreibe, wie man aus jedem Graphen den folgenden erhält: B aus A, C aus B, D aus C und schließlich E aus D.

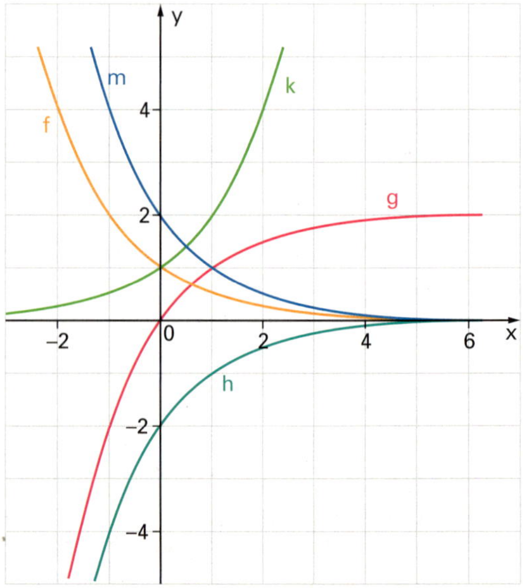

3 Konvergenz oder Divergenz – grafisch

Begründe anhand des Graphen G_f, ob für $x \to +\infty$ Konvergenz oder Divergenz vorliegt. Schreibe, wenn möglich, das Verhalten der zugehörigen Funktion f mithilfe der Limes-Schreibweise.

a)
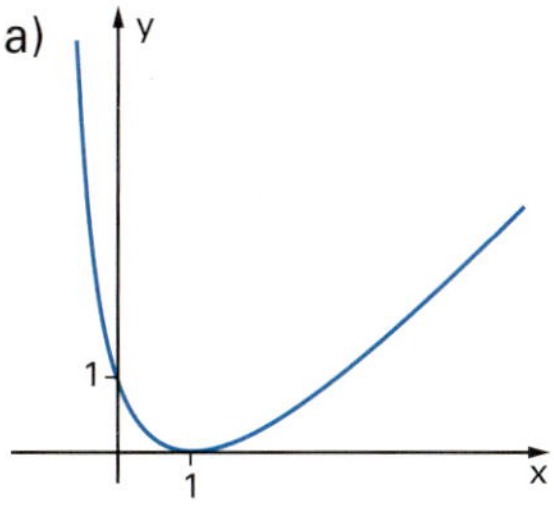

b)
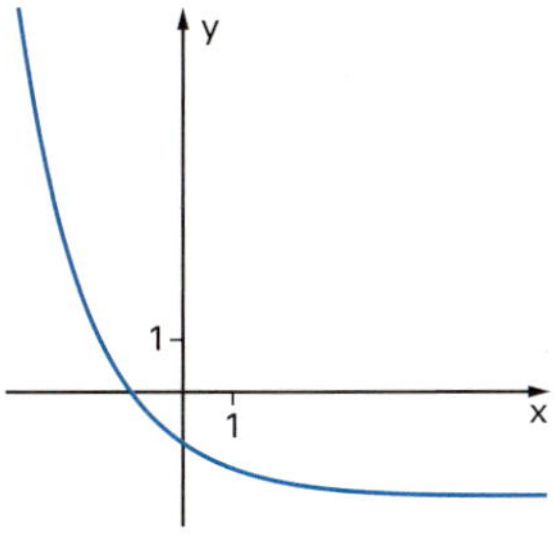

c)
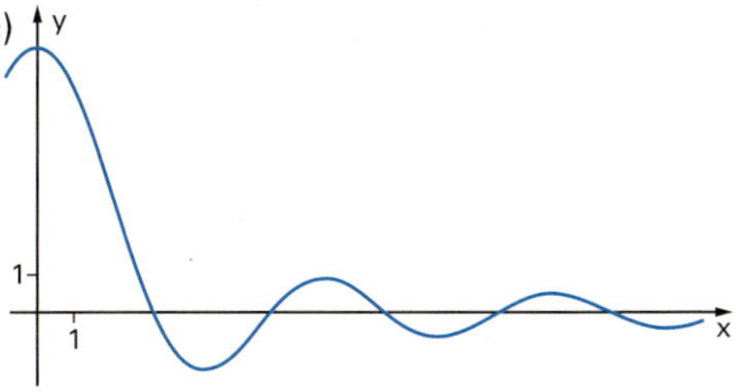

d)
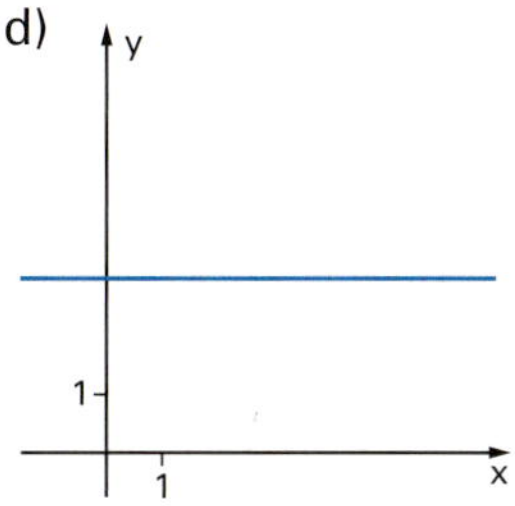

e)
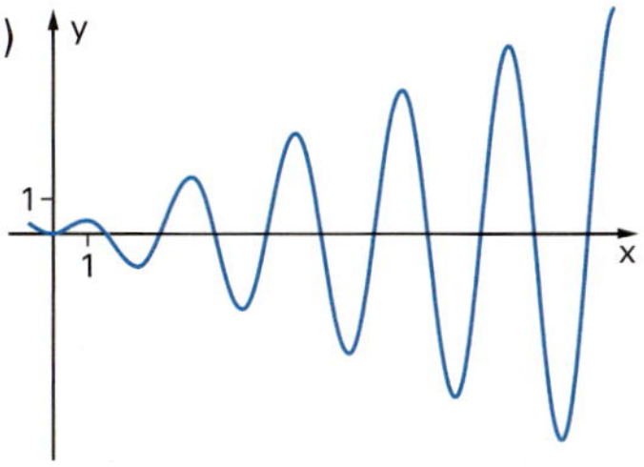

f)
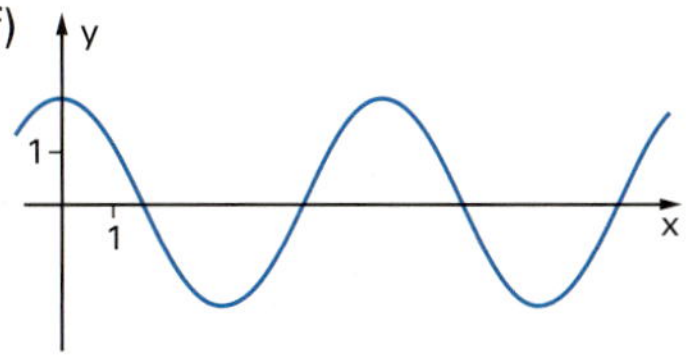

4 Konvergenz

Wir betrachten zunächst die Funktion $f(x) = \frac{1}{x}$.

a) Warum hat $f(x)$ für $x \to +\infty$ den Grenzwert 0?

b) Gegen welchen Wert konvergiert $f(x)$ für $x \to -\infty$?

c) Welchen Grenzwert hat die Funktion $g(x) = \frac{1}{x} + 2$ für $x \to +\infty$?

d) Welchen Grenzwert hat die Funktion $h(x) = \frac{1}{x+2}$ für $x \to +\infty$?

5 Verhalten von Exponentialfunktionen für $x \to +\infty$ und $x \to -\infty$

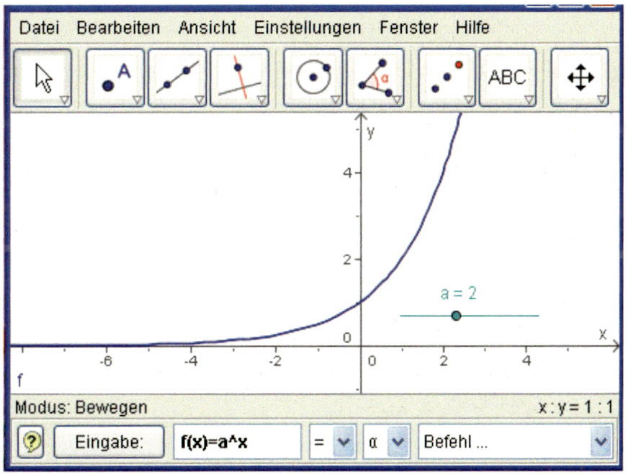

a) Definiere in GeoGebra einen Schieberegler a im Bereich von 0 bis 5 und anschließend die Funktion $f(x) = a^x$.
Untersuche das Verhalten der Funktion f für $x \to +\infty$ und $x \to -\infty$ in Abhängigkeit von a.

b) Gib für folgende Funktionen zunächst $\lim\limits_{x \to +\infty} f(x)$ und $\lim\limits_{x \to -\infty} f(x)$ an.
Überprüfe deine Ergebnisse anschließend mithilfe des Funktionsplotters.
$f_1(x) = 4^x$, $f_2(x) = 0{,}2^x$, $f_3(x) = 5^x + 2$, $f_4(x) = 4^x - 5$, $f_5(x) = 0{,}2^x - 1$

6 Konvergenz oder Divergenz?

Untersuche, ob die Funktion f für $x \to +\infty$ bzw. $x \to -\infty$ konvergiert oder divergiert. Gib – falls möglich – $\lim\limits_{x \to +\infty} f(x)$ und $\lim\limits_{x \to -\infty} f(x)$ an. Für welche x-Werte unterscheiden sich bei Konvergenz die Funktionswerte f(x) vom Grenzwert um weniger als $\frac{1}{1\,000\,000}$? Für welche x-Werte übersteigen bzw. unterschreiten bei bestimmter Divergenz die Funktionswerte 1 000 000 bzw. −1 000 000? Skizziere den groben Verlauf des Graphen G_f aufgrund deiner Ergebnisse.

a) $f(x) = (\frac{1}{10})^x$
b) $f(x) = 10^x$
c) $f(x) = (\frac{1}{10})^x - 2$
d) $f(x) = 3 - (\frac{1}{10})^x$
e) $f(x) = 2 - 10^x$
f) $f(x) = -2 - (\frac{1}{100})^x$
g) $f(x) = 2 + \cos x$
h) $f(x) = x^2$
i) $f(x) = x^2 + 2$
k) $f(x) = \frac{1}{x^2}$
l) $f(x) = \frac{1}{x^2} + 2$
m) $f(x) = \frac{1}{x^2} - 3$
n) $f(x) = \frac{1}{(x-2)^2}$
o) $f(x) = 3\sin(x - \frac{\pi}{2})$
p) $f(x) = x \cdot \sin x$

7 Wahr oder falsch?

Von einer Funktion f ist bekannt, dass $\lim\limits_{x \to +\infty} f(x) = 1$ ist. Überprüfe, ob folgende Aussagen über ihren Graphen G_f wahr sein können oder falsch sind. Begründe deine Antwort mit einer Skizze oder mit Worten.

a) G_f verläuft für alle reellen Zahlen x unterhalb der Geraden $y = 1$.
b) G_f verläuft oberhalb und unterhalb der Geraden $y = 1$.
c) G_f verläuft oberhalb der Geraden $y = 1$ und die Funktionswerte f(x) nehmen mit wachsenden x-Werten zu.
d) Für die Funktionswerte gilt: $f(10) = 1{,}1$, $f(100) = 1{,}01$, $f(1000) = 1{,}001$, …
e) Für alle $x > 100$ ist die Entfernung zwischen G_f und der Geraden $y = 1$ immer kleiner als $\frac{1}{100}$.
f) Für die natürlichen Zahlen n als x-Werte ist der Funktionswert $f(n) = (-1)^n$.
g) Für die natürlichen Zahlen n als x-Werte ist der Funktionswert $f(n) = 1 + (-1)^n \cdot \frac{1}{n}$.

8 Funktionen gesucht

Gib die Gleichung einer Funktion an, die für

a) $x \to +\infty$ konvergiert und für $x \to -\infty$ divergiert,
b) $x \to +\infty$ und für $x \to -\infty$ konvergiert,
c) $x \to +\infty$ und für $x \to -\infty$ divergiert,
d) $x \to +\infty$ gegen die Zahl 2 konvergiert,
e) $x \to +\infty$ und für $x \to -\infty$ gegen die Zahl 2 konvergiert,
f) $x \to +\infty$ und für $x \to -\infty$ konvergiert und deren Graph durch den Punkt $P(2|\frac{1}{4})$ geht,
g) $x \to +\infty$ und für $x \to -\infty$ bestimmt divergiert und deren Graph durch den Punkt $P(2|3)$ geht.
h) $x \to +\infty$ und für $x \to -\infty$ unbestimmt divergiert und deren Graph durch den Punkt $P(0|-2)$ geht.

9 Wirkstoff im Körper

Ein Arzt verordnet ein Medikament mit einem Wirkstoff, von dem in jeder Tablette 10 mg enthalten sind. Die Einnahme erfolgt einmal täglich am Morgen. Die Nieren waschen jeden Tag 40 % des jeweils vorhandenen gesamten Wirkstoffs wieder aus.

Tag Nr. n	Wirkstoffmenge w_n vor Einnahme der Tablette
1	0
2	6,0
3	…
…	…

a) Erstelle eine Tabelle nach folgendem Muster und berechne jeweils die vor der Einnahme der Tablette am n-ten Tag im Körper vorhandene Wirkstoffmenge w_n für $n = 3; 4; \ldots; 8$.

b) Zeichne ein n-w_n-Diagramm. (n-Achse: 1 Tag $\hat{=}$ 1 cm; w_n-Achse: 1 mg $\hat{=}$ $\frac{1}{2}$ cm)

c) Warum ist es sinnvoll, zur Beschreibung der Wirkstoffmenge w_n in Abhängigkeit von der Anzahl n der Tage eine Exponentialfunktion der Form $w_n = a - b \cdot 0{,}6^n$ anzusetzen? Bestimme die Werte der beiden Parameter a und b mithilfe von w_1 und w_2.

d) Gegen welchen Wert konvergiert w_n für $n \to \infty$? Welche Bedeutung hat dieser Grenzwert?

e) Zeige allgemein, dass der Übergang von der Wirkstoffmenge w_n des n-ten Tags zum $(n+1)$-ten Tag die Wirkstoffmenge w_{n+1} liefert.

10 Begrenztes Wachstum

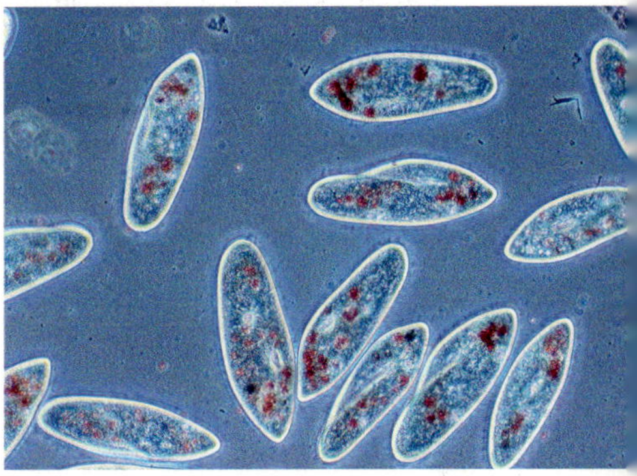

In einer Nährlösung befinden sich Pantoffeltierchen. Deren Anzahl nimmt zunächst exponentiell zu. Ab etwa 20 Pantoffeltierchen pro ml ist das nicht mehr der Fall.

a) Gib dafür Gründe an.

Die Anzahl N der Pantoffeltierchen pro ml in Abhängigkeit von der Zeit t lässt sich durch eine Gleichung der Form $N(t) = a - b \cdot c^t$ beschreiben. Anfangs $(t = 0)$ sind 20 Pantoffeltierchen pro ml vorhanden, nach einem Tag $(t = 1)$ 40 Pantoffeltierchen pro ml. Als Grenzwert stellen sich 100 Pantoffeltierchen pro ml ein.

b) Bestimme die Parameter a, b und c.

c) Zeichne mithilfe eines Funktionsplotters oder einer Wertetabelle ein t-N-Diagramm von $t = 0$ bis $t = 15$.

d) Nach wie vielen Tagen sind 80 bzw. 95 Pantoffeltierchen pro ml vorhanden?

11 Platzt der Kühlschrank?

In einem Kühlschrank mit 200 l Fassungsvermögen wird die Luft bei einer Außentemperatur von 33 °C auf 2 °C abgekühlt. Dabei zieht sich die Luft auf 90 % des ursprünglichen Volumens zusammen. Georg überlegt: „Wenn sich die 200 Liter warme Luft im Kühlschrank beim Abkühlen auf 180 Liter zusammenziehen, fließen 20 Liter warme Luft nach. Wenn sich diese auf 18 Liter zusammenziehen, fließen 2 Liter warme Luft nach, usw. Irgendwann platzt der Kühlschrank." Hat Georg Recht? Nimm zu seinem Gedankengang Stellung.

Zum Intensivieren

12 Konvergente und divergente Folgen

Setze die Folge jeweils um drei weitere Glieder fort. Konvergiert oder divergiert die Folge? Gib, falls sie konvergiert, den Grenzwert an. Falls sie nicht konvergiert: Divergiert sie bestimmt oder unbestimmt?

a) 2; 4; 6; 8; 10; …
b) 1; 4; 9; 16; 25; …
c) +1; −1; +1; −1; …
d) 2; 3; 6; 7; 14; …
e) $1; \frac{1}{2}; \frac{1}{3}; \frac{1}{4}; \frac{1}{5}; \dots$
f) $\frac{2}{1}; \frac{3}{2}; \frac{4}{3}; \frac{5}{4}; \frac{6}{5}; \dots$
g) $-1; \frac{1}{2}; -\frac{1}{3}; \frac{1}{4}; -\frac{1}{5}; \dots$
h) 0,3; 0,33; 0,333; …
i) 0,9; 0,99; 0,999; …

13 Grenzwerte von Folgen

Berechne Werte der Folge a_n für große natürliche Zahlen n mit dem TR oder mithilfe einer Tabellenkalkulation. Welchen Grenzwert a hat die Folge vermutlich? Subtrahiere den Grenzwert von den Folgegliedern und vereinfache den Term $|a_n - a|$. Versuche zu begründen, dass diese Differenz für $n \to \infty$ beliebig klein wird.

a) $a_n = \frac{3n+1}{n}$
b) $a_n = \frac{n}{n+1}$
c) $a_n = \frac{3n}{2n-1}$
d) $a_n = \frac{2^{n+1}-1}{2^n}$
e) $a_n = \frac{n+1}{n} + \frac{n}{n+1}$

14 Achterbahnfolge

Starte mit einer beliebigen natürlichen Zahl. Ist diese Zahl gerade, dann dividiere sie durch 2. Andernfalls musst du sie mit 3 multiplizieren und 1 addieren. Verfahre mit der so erhaltenen Zahl ebenso…

Beginne mit verschiedenen Startwerten. Was stellst du fest? Vorsicht! Deine Vermutung ist bisher weder widerlegt noch bewiesen worden. Sollte es dir gelingen, ist dir Ruhm sicher. Konvergiert die Folge?

15 Grundwissenstest

Entscheide jeweils ohne Verwendung des TR, ob die Aussage wahr oder falsch ist.

a) $-2,\overline{56}$ ist eine irrationale Zahl.
b) Der Graph einer quadratischen Funktion ist immer eine Parabel.
c) Die Funktion $f(x) = \frac{1}{2}(x-2)^2 + 3$ hat zwei Nullstellen.
d) Die Länge der Diagonalen in einem Quadrat ist immer eine irrationale Zahl.
e) $x^3 = -4,5$ hat genau eine Lösung.
f) Das Volumen einer quadratischen Pyramide mit Seitenlänge a = 10 cm und Höhe h = 6 cm beträgt 0,2 Liter.
g) $0,54^4 > 0,54^3$
h) $\sqrt{a^2 - b^2} = \sqrt{a^2} - \sqrt{b^2}$ für alle $a, b \in \mathbb{R}$
i) $\sqrt{a^2} = a$ für jede reelle Zahl a.
k) $\sin 0,5 < \cos 0,5$
l) Im rechtwinkligen Dreieck gilt: $\text{Sinus} = \frac{\text{Gegenkathete}}{\text{Hypotenuse}}$
m) $\log_5 0,2 = -1$
n) 10 % von 20 % sind 2 %.

8.2 Bruchfunktionen und ihr Verhalten im Unendlichen

Der Grenzwert von Bruchfunktionen für $x \to +\infty$ bzw. $x \to -\infty$

Neben den Exponentialfunktionen streben auch Bruchfunktionen, deren Graphen Hyperbeln sind, für $x \to +\infty$ bzw. $x \to -\infty$ gegen einen Grenzwert.

Beispiel Die Funktion $f(x) = \frac{1}{x-2} - 1$ hat die Definitionsmenge $D = \mathbb{R} \setminus \{2\}$. Ihr Graph entsteht aus der „Mutter aller Hyperbeln" $y = \frac{1}{x}$ durch eine Verschiebung um 2 nach rechts und um 1 nach unten. Die Hyperbel $y = \frac{1}{x}$ hat die y-Achse als senkrechte und die x-Achse als waagrechte Asymptote. Deshalb hat der Graph G_f $x = 2$ als senkrechte Asymptote und $y = -1$ als waagrechte Asymptote.

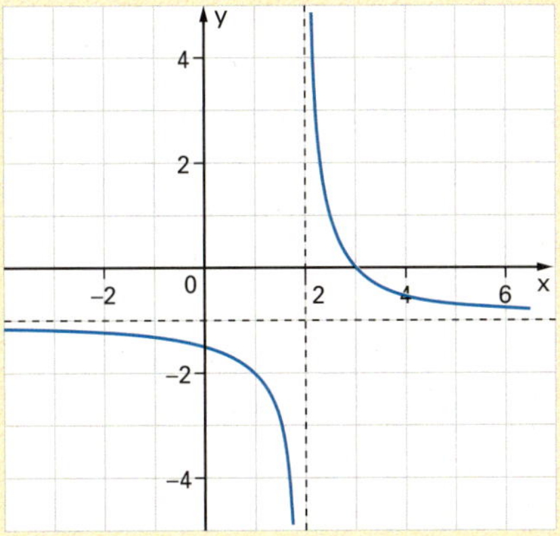

Somit ist $\lim\limits_{x \to -\infty} f(x) = -1$ und $\lim\limits_{x \to \infty} f(x) = -1$.

Berechnung des Grenzwertes

$f_1(x) = \frac{1}{x}$ kommt für $x \to +\infty$ bzw. $x \to -\infty$ der Null beliebig nahe:

$\left|\frac{1}{x}\right| < \frac{1}{100}$ für $x > 100$ bzw. $x < -100$, $\left|\frac{1}{x}\right| < \frac{1}{1000}$ für $x > 1000$ bzw. $x < -1000$, ...

$f_2(x) = \frac{1}{x^2}$ strebt für $x \to +\infty$ bzw. $x \to -\infty$ „noch schneller" gegen Null:

$\frac{1}{x^2} < \frac{1}{100}$ für $x > 10$ bzw. $x < -10$, $\frac{1}{x^2} < \frac{1}{1000}$ für $x > 34$ bzw. $x < -34$, ...

Allgemein: $f_n(x) = \frac{1}{x^n}$ mit $n \in \mathbb{N}$ strebt für $x \to +\infty$ bzw. $x \to -\infty$ gegen Null.

Verallgemeinert (Aufgabe 2) können wir festhalten:

Verhalten von Bruchfunktionen im Unendlichen

Für Bruchfunktionen $f(x) = \frac{1}{x^n}$ mit natürlichen Exponenten n gilt:

- $\lim\limits_{x \to +\infty} \frac{1}{x^n} = 0$ und
- $\lim\limits_{x \to -\infty} \frac{1}{x^n} = 0$

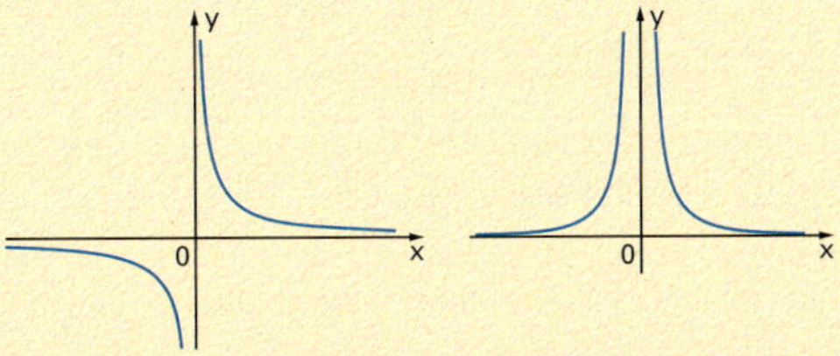

Mit dieser Erkenntnis können wir auch in schwierigeren Fällen die Grenzwerte von Bruchfunktionen rechnerisch bestimmen. Dazu dividieren wir jedes Glied im Zähler und Nenner durch die höchste Nennerpotenz.

Beispiele

a) $f(x) = \frac{1}{x-2} - 1$

$\frac{1}{x-2}$ strebt für $x \to +\infty$ gegen Null. Also strebt f(x) gegen −1.

$\lim\limits_{x \to +\infty} f(x) = \lim\limits_{x \to +\infty} \underbrace{\frac{1}{x-2}}_{\to 0} - 1 = -1$ Analog: $\lim\limits_{x \to -\infty} f(x) = -1$

b) $g(x) = \frac{3x-1}{2x^2+5x-9}$

Die höchste Nennerpotenz ist x^2. Wir dividieren alle Glieder des Zählers und Nenners durch x^2:

$$\lim_{x \to +\infty} g(x) = \lim_{x \to +\infty} \frac{3x-1}{2x^2+5x-9} = \lim_{x \to +\infty} \frac{\overbrace{\frac{3}{x} - \frac{1}{x^2}}^{\to 0}}{2 + \underbrace{\frac{5}{x} - \frac{9}{x^2}}_{\to 0}} = \frac{0}{2} = 0$$

Analog: $\lim\limits_{x \to -\infty} g(x) = 0$

Der Graph G_g hat die x-Achse als Asymptote.

c) $h(x) = \frac{x^2}{x+1}$

Durch Division aller Glieder durch x erhalten wir:

$$\lim_{x \to +\infty} h(x) = \lim_{x \to +\infty} \frac{x^2}{x+1} = \lim_{x \to \infty} \frac{\overbrace{x}^{\to +\infty}}{\underbrace{1 + \frac{1}{x}}_{\to 1}} = +\infty \quad \text{Analog: } \lim_{x \to -\infty} h(x) = -\infty$$

Aufgaben

1 **Grenzwerte von Bruchfunktionen**

Gib jeweils die Definitionsmenge D an. Beschreibe, wie der Graph G_f aus der Hyperbel $y = \frac{1}{x}$ hervorgeht. Gib die waagrechte Asymptote und den Grenzwert $\lim\limits_{x \to \infty} f(x)$ an. Skizziere den Graphen. Für welche x-Werte unterscheidet sich f(x) vom Grenzwert um weniger als $\frac{1}{100}$?

a) $f(x) = \frac{1}{x-3}$
b) $f(x) = \frac{1}{x+2}$
c) $f(x) = \frac{2}{x-3}$
d) $f(x) = \frac{1}{x} + 3$
e) $f(x) = \frac{1}{x-3} + 2$
f) $f(x) = \frac{-1}{x}$
g) $f(x) = \frac{-1}{x-3}$
h) $f(x) = \frac{-1}{x-3} + 2$

2 **Der Grenzwert der Funktion $f(x) = \frac{1}{x^n}$**

a) Starte einen Funktionsplotter bzw. ein dynamisches Geometrieprogramm. Definiere einen Schieberegler n für die Werte von 1 bis 10 mit der Schrittweite 1. Lass dir den Graphen der Funktion $f(x) = \frac{1}{x^n}$ anzeigen. Für n = 1 erhältst du die nebenstehende Abbildung.

b) Verändere nun den Schieberegler von n = 1 bis n = 10. Beobachte genau, wie sich der Graph dabei verändert.

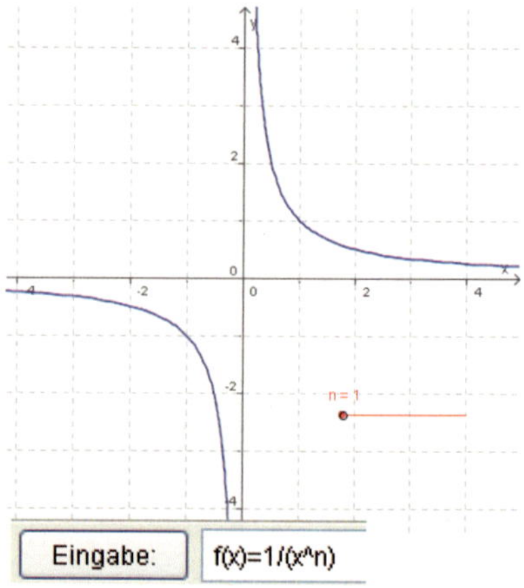

c) Für welche x-Werte unterscheiden sich die Funktionen $g(x) = \frac{1}{x}$ bzw. $h(x) = \frac{1}{x^2}$ um weniger als $\frac{1}{100}$ bzw. als $\frac{1}{1000}$ vom Wert 0?

d) Notiere in einer Tabelle die Definitionsmenge, die Wertemenge, die Symmetrie, gemeinsame Punkte der Graphen und $\lim\limits_{x \to \infty} f(x)$ in Abhängigkeit vom Exponenten n.

3 Funktion gesucht

Gib einen Funktionsterm f(x) an, der zum abgebildeten Graphen G_f passt.
Für welche x-Werte unterscheidet sich f(x) um weniger als $\frac{1}{100}$ vom Grenzwert?

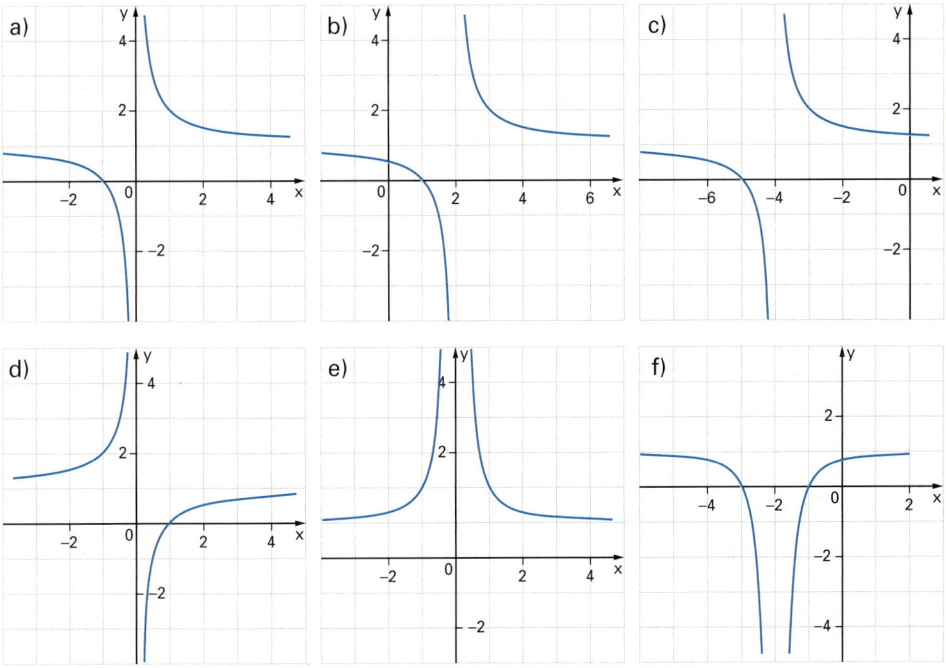

4 Division durch die höchste Nennerpotenz

Berechne jeweils die Grenzwerte $\lim\limits_{x \to +\infty} f(x)$ und $\lim\limits_{x \to -\infty} f(x)$.

a) $f(x) = \frac{3x+5}{2x-1}$

b) $f(x) = \frac{3x+5}{1-2x}$

c) $f(x) = \frac{x+5}{x-1} + 1$

d) $f(x) = \frac{-5}{2x^2-1}$

e) $f(x) = \frac{3x+5}{2x^2-1}$

f) $f(x) = \frac{5x^2+2x-5}{2x^2-1}$

g) $f(x) = \frac{3x^2}{2x+1}$

h) $f(x) = \frac{-2x^2+4x}{2x+1}$

i) $f(x) = \frac{10x-2x^2}{x^2+5}$

k) $f(x) = \frac{(x-1)^2}{x^2+1}$

l) $f(x) = \frac{2x-1}{(2x+1)^2}$

m) $f(x) = \frac{(2x-1)(2x+1)}{0{,}7x+0{,}1x^2}$

5 **Termumformung**
Untersuche jeweils das Verhalten der Funktion f für $x \to +\infty$ mithilfe einer Termumformung. Ab welchem x ist $|f(x) - \lim\limits_{x \to +\infty} f(x)| < \frac{1}{1000}$, falls f(x) konvergiert, bzw. $|f(x)| > 1000$, falls f(x) divergiert?

a) $f(x) = \frac{x^2 + 2x}{x^2}$ b) $f(x) = \frac{x+2}{x^2 + 2x}$ c) $f(x) = \frac{x^3 - x^2}{x-1}$

d) $f(x) = \frac{x^2 - 1}{x+1}$ e) $f(x) = \frac{2x+1}{4x^2 + 4x + 1}$ f) $f(x) = \frac{3x^2 - 3x - 6}{x-2}$

Zum Intensivieren

6 **Steckbrief gesucht**
Gib die Definitionsmenge, die Asymptoten und die Wertemenge folgender Funktionen an. Beschreibe den Verlauf des Graphen in Worten und skizziere ihn.

a) $f(x) = \frac{1}{x-5} + 1$ b) $f(x) = \frac{1}{x+3} - 2$ c) $f(x) = \frac{1}{(x-2)^2} + 1$

d) $f(x) = \frac{1}{(x+1)^2} + 3$ e) $f(x) = \frac{1}{x^2 + 8x + 16}$ f) $f(x) = \frac{1}{x^2 - 6x + 9} - 1$

7 **„Hexenlatein"**
Die Hexe Bibi Blocksberg lügt stets von Montag bis Mittwoch, während sie an den anderen Tagen immer die Wahrheit spricht. An welchem Tag sagt Bibi: „Ich habe gestern gelogen und werde morgen lügen."? Begründe deine Antwort.

8 **Grundwissen: Faktorisieren**
a) Beschreibe, welche Möglichkeiten es gibt, einen Term zu faktorisieren.

Faktorisiere die folgenden Terme so weit wie möglich:

b) $2ab + 6ac$ c) $15a - 45ab$ d) $16a^4 - 8a^3$
e) $9x^2 - 4y^2$ f) $25a^2 - 1$ g) $a^3b - ab^3$
h) $x^2 + 6x + 9$ i) $25 + x^2 - 10x$ k) $2x^2 + 12x + 18$
l) $10x - 25 - x^2$ m) $4x^3 + 4x^2 + x$ n) $18u^3 + 2uv^2 + 12u^2v$
o) $x^2 + 5x + 6$ p) $x^2 + x - 6$ q) $3x^2 + 15x + 18$
r) $x^2 + 3x - 10$ s) $x^2 - 7x + 10$ t) $0{,}5x^2 - 1{,}5x - 5$

9 **Kugel und Zylinder – formal anspruchsvoll!**
Einer Kugel mit dem Radius R ist ein Zylinder einbeschrieben, dessen Oberfläche halb so groß ist wie die der Kugel. Bestimme den Radius r und die Höhe h des Zylinders in Abhängigkeit von R.

8.3 Ganzrationale Funktionen und ihr Verhalten im Unendlichen

Definition der ganzrationalen Funktion

Der Term $4x^3 - 48x^2 + 144x$ beschreibt das Volumen der Schachtel von Aufgabe 1 in Abhängigkeit von der Schachtelhöhe x. Dieser Term ist eine Summe von Potenzen von x, die mit **Koeffizienten** (Vorfaktoren) versehen sind.

Ein Term der Form $a_n x^n + a_{n-1} x^{n-1} + \ldots + a_2 x^2 + a_1 x + a_0$, wobei n eine natürliche Zahl ist und die Koeffizienten $a_n, a_{n-1}, \ldots, a_2, a_1, a_0$ ($a_n \neq 0$) reelle Zahlen sind, heißt **Polynom n-ten Grades**.

Die griechische Bezeichnung *Poly-nom* bedeutet wörtlich übersetzt *Viel-ausdruck* (vielgliedriger Ausdruck). In unserem Beispiel liegt ein Polynom 3. Grades mit den Koeffizienten $a_3 = 4$, $a_2 = -48$, $a_1 = 144$ und $a_0 = 0$ vor. Das Polynom ist der Funktionsterm der Volumenfunktion $x \mapsto V$.

Eine Funktion f, deren Term als Polynom vom Grad n geschrieben werden kann, heißt **Polynomfunktion** oder auch **ganzrationale Funktion** n-ten Grades.

Die Volumenfunktion $V(x) = 4x^3 - 48x^2 + 144x$ ist eine ganzrationale Funktion dritten Grades.

Die Bausteine ganzrationaler Funktionen

Die **Potenzfunktionen** $f(x) = x^n$ mit natürlichen Exponenten n und der Definitionsmenge $D = \mathbb{R}$ sind die Bausteine ganzrationaler Funktionen. Bei den Graphen der Potenzfunktionen unterscheiden wir zwei Typen (Aufgabe 3):

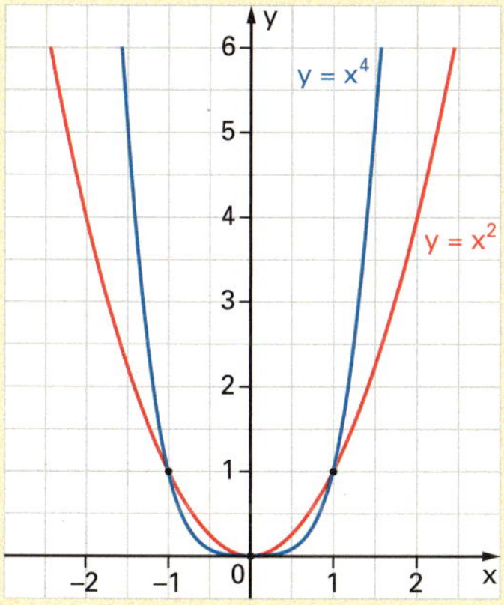

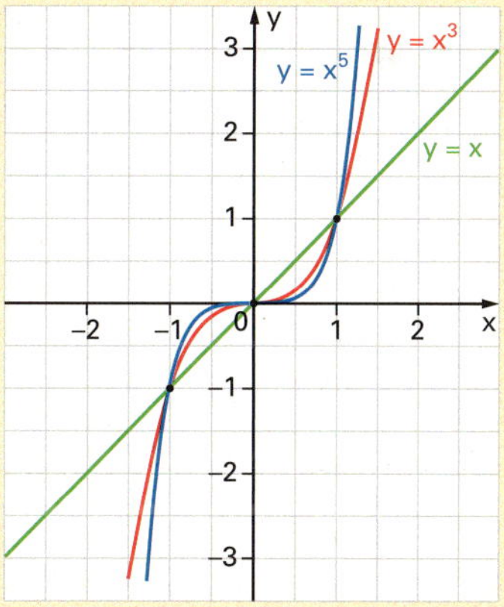

Der Graph ist für

- gerades n symmetrisch zur y-Achse. Die Funktionswerte f(x) wechseln beim Ursprung das Vorzeichen nicht.
- ungerades n punktsymmetrisch zum Ursprung. Die Funktionswerte f(x) wechseln beim Ursprung das Vorzeichen.

Je größer n ist, desto mehr schmiegt sich der Graph beim Ursprung an die x-Achse an.

Für $x \to +\infty$ bzw. $x \to -\infty$ verhalten sich die Funktionswerte **bestimmt divergent**. Auch hier muss man zwischen geraden und ungeraden Exponenten unterscheiden:

Verhalten von Potenzfunktionen im Unendlichen

Für Potenzfunktionen $f(x) = x^n$ mit natürlichen Exponenten n gilt:

- für gerades n

$$\lim_{x \to \pm\infty} x^n = +\infty$$

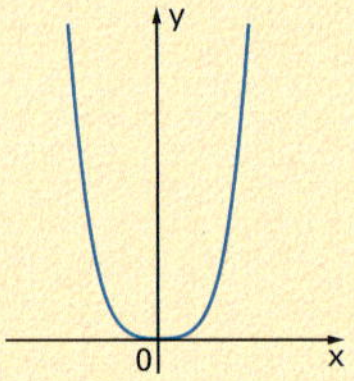

- für ungerades n

$$\lim_{x \to -\infty} x^n = -\infty$$

$$\lim_{x \to +\infty} x^n = +\infty$$

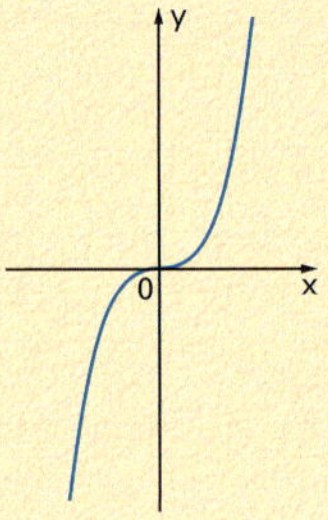

Der grobe Verlauf des Graphen ganzrationaler Funktionen

Wir können uns auch ohne die mühsame Berechnung vieler Funktionswerte einen groben Überblick über den Verlauf des Graphen verschaffen.

Beispiel $f(x) = x^3 + 2x^2$ mit der Definitionsmenge $D = \mathbb{R}$

Die **Nullstellen** der Funktion liefern uns die Schnittpunkte des Graphen mit der x-Achse. Um sie zu berechnen, faktorisieren wir den Funktionsterm:

$$f(x) = 0 \Leftrightarrow x^3 + 2x^2 = 0 \Leftrightarrow x^2(x+2) = 0$$
$$\Leftrightarrow x = 0 \text{ oder } x + 2 = 0 \Leftrightarrow x_1 = 0;\ x_2 = -2$$

Die beiden Nullstellen zerlegen die Definitionsmenge in drei Bereiche: von $-\infty$ bis -2, von -2 bis 0 und von 0 bis $+\infty$.

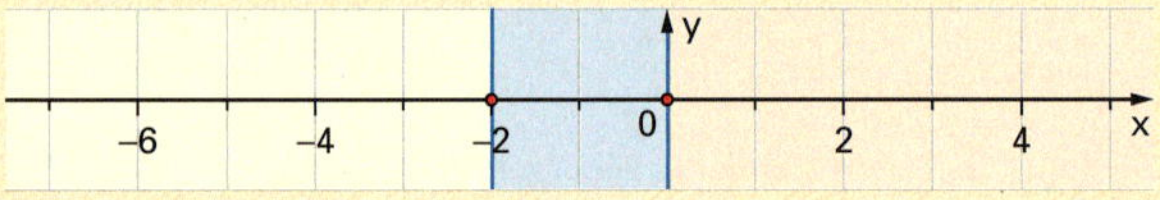

Wir untersuchen in einer Vorzeichentabelle, ob die Faktoren von $f(x) = x^2(x+2)$ in diesen Bereichen jeweils positive oder negative Werte annehmen und ob damit $f(x)$ positiv bzw. negativ ist.

	$-\infty < x < -2$	$x = -2$	$-2 < x < 0$	$x = 0$	$0 < x < +\infty$
x^2 $x+2$	+ –	+ 0	+ +	0 +	+ +
$f(x) = x^2(x+2)$	–	0	+	0	+
Also verläuft der Graph von f	unterhalb der x-Achse		oberhalb der x-Achse		oberhalb der x-Achse

Mit diesen Erkenntnissen skizzieren wir den Graphen:

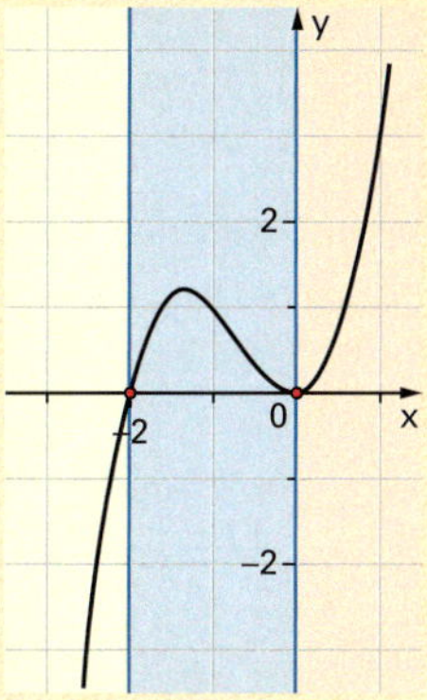

Das Verhalten von ganzrationalen Funktionen im Unendlichen

Betrachten wir das Verhalten der obigen Funktion $f(x) = x^3 + 2x^2$ für $x \to \pm\infty$, erkennen wir anhand des Graphen, dass $\lim\limits_{x \to -\infty} f(x) = -\infty$ und $\lim\limits_{x \to +\infty} f(x) = +\infty$ ist.

Dies kann man durch Betrachtung der einzelnen Potenzfunktionen, aus denen sich $f(x) = x^3 + 2x^2$ zusammensetzt, zunächst nicht erklären, da der erste Summand für $x \to -\infty$ nach $-\infty$ geht, während der zweite Summand nach $+\infty$ strebt.

Um das Verhalten zu verstehen, betrachten wir den Graphen der Funktion f(x) „aus der Ferne". Dazu wählen wir auf den Achsen eine größere Einheit, wodurch die Feinheiten des Graphen verloren gehen. Er sieht aus wie der Graph der Potenzfunktion $f(x) = x^3$. Vom Beitrag des zweiten Summanden $2x^2$ ist fast nichts zu sehen.

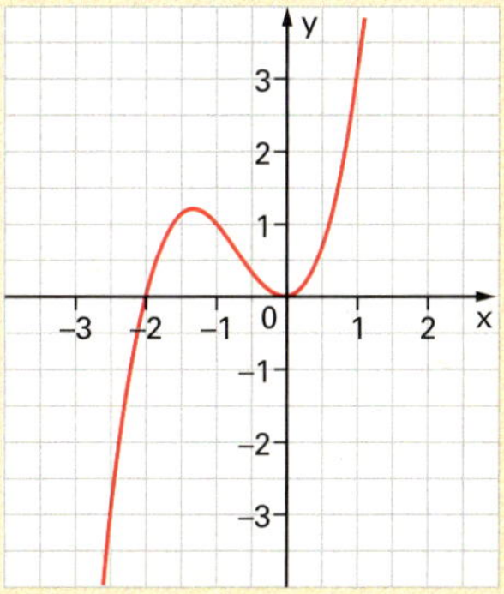

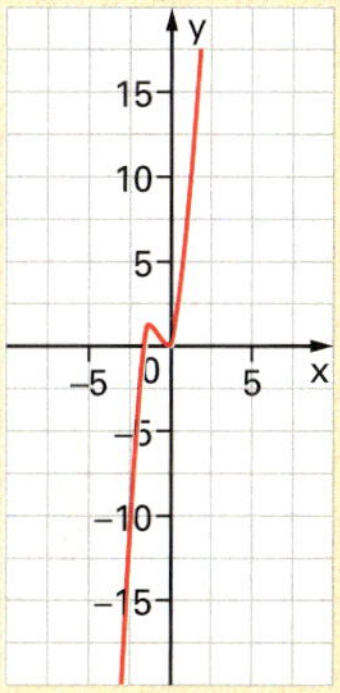

Das können wir rechnerisch bestätigen, indem wir bei der Berechnung von $\lim\limits_{x \to \infty} f(x)$ die höchste Potenz von x aus dem Funktionsterm ausklammern:

$$\lim_{x \to \pm\infty} f(x) = \lim_{x \to \pm\infty} (x^3 + 2x^2) = \lim_{x \to \pm\infty} \underbrace{x^3}_{\to \pm\infty} \underbrace{\left(1 + \tfrac{2}{x}\right)}_{\to 1} = \lim_{x \to \pm\infty} x^3$$

Da die Klammer gegen 1 strebt, verhält sich f(x) für $x \to \pm\infty$ wie x^3.
Diese Erkenntnis lässt sich auf beliebige ganzrationale Funktionen
$f(x) = a_n x^n + a_{n-1} x^{n-1} + \ldots + a_1 x + a_0$ verallgemeinern:

$$\lim_{x \to \pm\infty} (a_n x^n + a_{n-1} x^{n-1} + \ldots + a_1 x + a_0) = \lim_{x \to \pm\infty} x^n \left(a_n + \frac{a_{n-1}}{x} + \ldots + \frac{a_1}{x^{n-1}} + \frac{a_0}{x^n}\right) = \lim_{x \to \pm\infty} a_n x^n$$

Verhalten von ganzrationalen Funktionen im Unendlichen
Bei einer ganzrationalen Funktion $f(x) = a_n x^n + a_{n-1} x^{n-1} + \ldots + a_2 x^2 + a_1 x + a_0$ $(a_n \neq 0)$ bestimmt nur der Summand $a_n x^n$ ihr Verhalten für $x \to +\infty$ bzw. $x \to -\infty$.

Aufgaben

1 Basteln und Rechnen

Stelle jeweils den Term auf, der das Volumen V(x) in Abhängigkeit von x beschreibt. Für welche x-Werte ist V(x) definiert? Berechne das Volumen für drei verschiedene x-Werte deiner Wahl.

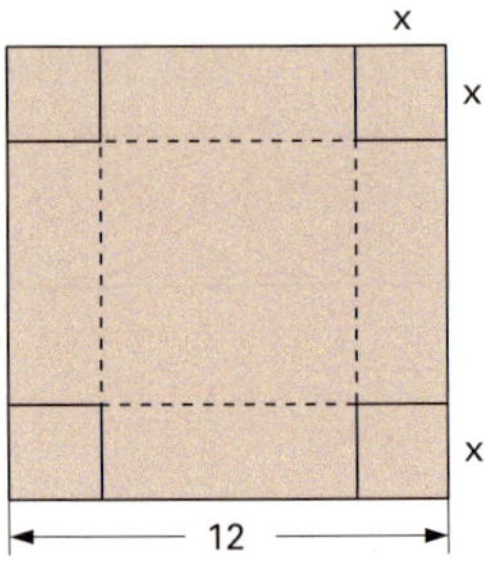

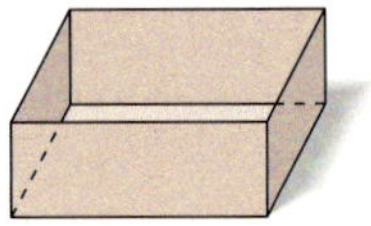

a) Schneiden wir von einem quadratischen Karton der Seitenlänge 12 cm an den vier Ecken jeweils Quadrate der Seitenlänge x cm ab und biegen die Seitenteile hoch, entsteht eine oben offene Schachtel.

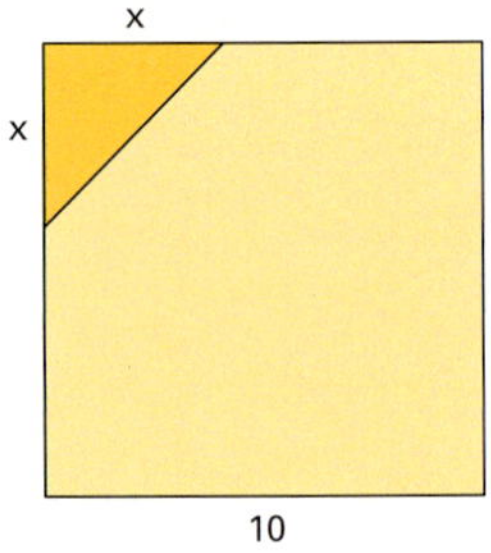

b) Wir biegen von einem quadratischen Karton der Seitenlänge 10 cm an einer Ecke ein gleichschenkliges Dreieck mit Schenkellänge x cm senkrecht nach oben. Verbinden wir (in Gedanken) die so entstehende Spitze mit den restlichen drei Ecken des Kartons, entsteht eine fünfseitige Pyramide.

2 Polynome

Forme den Term in ein Polynom um. Gib seinen Grad n und seine Koeffizienten a_n bis a_0 an.

a) $f(x) = (2x - 3)^2$

b) $f(x) = (x - \sqrt{5})(x + \sqrt{5})^2$

c) $f(x) = (x^2 + \sqrt{2}x + 1)(x^2 - \sqrt{2}x + 1)$

d) $f(x) = \frac{x+1}{2} \cdot (x^2 - x + 1)$

e) $f(x) = (x - \frac{1}{2})(x^3 + \frac{1}{2}x^2 + \frac{1}{4}x + \frac{1}{8})$

f) $f(x) = (x^2 + \frac{1}{3})(x^4 - \frac{1}{3}x^2 + \frac{1}{9})$

3 Potenzfunktionen mit natürlichen Zahlen als Exponenten

Funktionen der Form $f_n(x) = x^n$ mit einer natürlichen Zahl n als Exponenten heißen **Potenzfunktionen**.

a) Skizziere die Graphen der Potenzfunktionen $f_1(x) = x$ und $f_2(x) = x^2$.

b) Untersuche mithilfe von GeoGebra, welchen Einfluss der Exponent n auf den Verlauf des Graphen von f_n hat.
Beschreibe den groben Verlauf der Graphen in Abhängigkeit von n mit eigenen Worten. Gehe dabei auch auf die Symmetrie der Graphen ein.

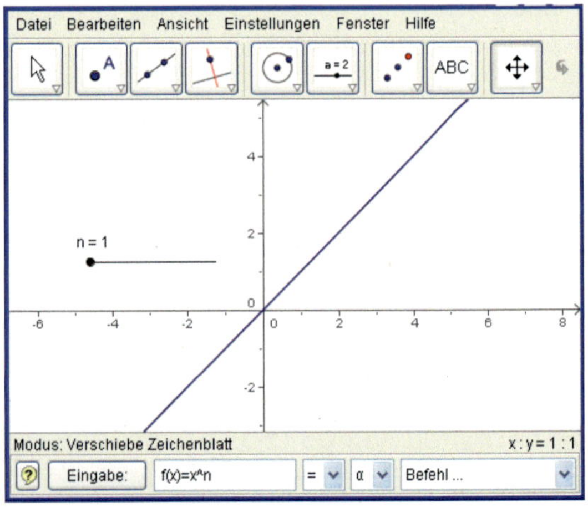

c) Welche Punkte haben die Graphen von Potenzfunktionen gemeinsam? Wie verlaufen diese vor, zwischen und nach den gemeinsamen Punkten zueinander?

d) Wie verlaufen die Graphen der Potenzfunktionen für $x \to \pm\infty$?

4 Leistung einer Windkraftanlage

Bei der 1,5-Megawatt-Windkraftanlage von Vestas wurde die abgegebene elektrische Leistung P bei verschiedenen Windgeschwindigkeiten v gemessen.

v in m/s	2,0	4,0	6,0	8,0	10,0	12,0	14,0
P in MW	0,0	0,06	0,22	0,51	0,95	1,35	1,60

a) Zeichne den Graphen der empirischen Funktion $v \mapsto P$. Bei welcher Windgeschwindigkeit wird die Nennleistung von 1,5 MW erreicht?

b) Nun zur Theorie: Wir betrachten die Moleküle der Luft, die auf die Rotorblätter treffen. Wie ändern sich ihre Anzahl und ihre kinetische Energie, wenn sich die Windgeschwindigkeit v verdoppelt bzw. verdreifacht? Warum ist die abgegebene elektrische Leistung P theoretisch proportional zu v^3?

c) Berechne für die von uns betrachtete Windkraftanlage den Wert des Proportionalitätsfaktors c in der Gleichung $P = c \cdot v^3$ mithilfe des Messwertes $(8{,}0 | 0{,}51)$. Zeichne den Graphen der theoretischen Leistungsfunktion P(v) in das Diagramm von a). Suche Gründe für Abweichungen der Messwerte von der theoretischen Kurve.

5 Grad gesucht

Ist f eine ganzrationale Funktion? Gib, falls das zutrifft, den Grad an.

a) $f(x) = -x$ b) $f(x) = \frac{x^3+1}{7}$ c) $f(x) = \frac{1}{x^3+7}$ d) $f(x) = \frac{1}{x^3}$

e) $f(x) = (x + \sqrt{2})^3$ f) $f(x) = (\sqrt{x} + 1)^2$ g) $f(x) = (\sqrt{x} + 2)(3\sqrt{x} - 6)$

6 Der Grenzwert von ganzrationalen Funktionen

Bestimme für folgende Funktionen jeweils $\lim_{x \to -\infty} f(x)$ sowie $\lim_{x \to +\infty} f(x)$. Begründe deine Ergebnisse!

a) $f(x) = x^4$ b) $f(x) = x^3$ c) $f(x) = x^4 + 1$

d) $f(x) = x^4 + x^3$ e) $f(x) = -x^6$ f) $f(x) = 2x^3 + x + 1$

g) $f(x) = -2x^3 + x + 1$ h) $f(x) = -\frac{1}{2}x^4 + 5x^2$ i) $f(x) = \frac{1}{2}x^5 - x^4 - 2x$

7 Verhalten für $x \to +\infty$ bzw. $x \to -\infty$

a) Gib zu jeder der folgenden ganzrationalen Funktionen das Verhalten für $x \to +\infty$ und für $x \to -\infty$ an.

$f(x) = 2x^3 - 128x^2 - 125x - 777$, $g(x) = 3x^4 - 256x^3 - 500x - 999$,

$h(x) = -\frac{1}{777}x^5 + 77x^4 - 7x^2 + 777$, $l(x) = -\frac{1}{99}x^6 + 111x^5 - 11x^4 + 1$

b) Welche vier Typen ganzrationaler Funktionen kann man hinsichtlich ihres Verhaltens für $x \to +\infty$ und für $x \to -\infty$ unterscheiden? Wie erkennt man an $a_n x^n$ den Typ sofort? Wie verläuft der Graph jeweils „von weitem“ gesehen?

c) Gib zu jedem Typ zwei Beispiele ganzrationaler Funktionen an.

8 Grober Verlauf des Graphen ganzrationaler Funktionen

Bestimme für die Funktion $\lim\limits_{x \to -\infty} f(x)$ sowie $\lim\limits_{x \to +\infty} f(x)$. Berechne die Nullstellen. Untersuche mithilfe einer Vorzeichentabelle das Vorzeichen der Funktionswerte vor, zwischen und nach den Nullstellen. Skizziere den Graphen. Überprüfe die Skizze mithilfe eines Funktionsplotters.

a) $f(x) = x^3 - 4x$
b) $f(x) = x^3 - 4x^2$
c) $f(x) = -x^3 + 9x$
d) $f(x) = x^4 - 4x^2$
e) $f(x) = x^4 + 2x$
f) $f(x) = -x^4 + 9x^2$
g) $f(x) = x^3 - 2x^2 - 3x$
h) $f(x) = x^4 - 6x^3 + 8x^2$
i) $f(x) = -x^3 + x^2 + \frac{15}{4}x$

9 Wer frisst mehr, die Maus oder der Elefant?

Da die Körpertemperatur warmblütiger Tiere über der Umgebungstemperatur liegt, geben sie Wärme ab. Die Körpertemperaturen der verschiedenen Warmblütler unterscheiden sich nicht sehr. Deshalb ist die Wärmeabgabe näherungsweise nur proportional zur Größe der Körperoberfläche O. Die Körperoberfläche ähnlicher Tiere ist zum Quadrat einer charakteristischen Länge der Tiere, z. B. der Schulterhöhe x, proportional: $O = c \cdot x^2$. Jede Energieumwandlung im Körper – sei es durch die Muskeln oder die Verdauung – erzeugt Wärme.

a) Übertrage die Tabelle in dein Heft und ergänze sie bei den folgenden Aufgaben. Die abgegebene Wärme ist zur täglich aufgenommen Nahrungsmenge proportional. Wie viel kg muss der Elefant täglich essen?

Tier	*Schaf*	*Rind*	*Elefant*
Schulterhöhe x in cm	*80*	*160*	*320*
abs. Nahrungsbedarf in kg	*6*	*24*	?
Masse in kg	*100*	*800*	?
rel. Nahrungsbedarf in %	*6*	?	?

b) Die Masse der Tiere ist proportional zu ihrem Volumen. Das Volumen V ähnlicher Tiere ist proportional zur dritten Potenz der Schulterhöhe x: $V = k \cdot x^3$. Berechne die Masse des Elefanten.

c) Der relative Nahrungsbedarf ist der Bruchteil der Nahrungsmasse an der Gesamtmasse des Tieres. Gib ihn für das Rind und den Elefanten in % an. Wie hängt der relative Nahrungsbedarf von der Schulterhöhe ab? Begründe deine Antwort mithilfe der Erkenntnisse über Potenzfunktionen.

d) Die Zwergspitzmaus ist das kleinste Säugetier. Sie ist ungefähr 5 cm lang und ihre Schulterhöhe beträgt 2,5 cm. Wie viel wiegt sie ungefähr? Ermittle ihren täglichen relativen Nahrungsbedarf in %. Warum sind kleinere Säugetiere nicht lebensfähig?

Zum Intensivieren: Gleichungen höheren Grades

Um Nullstellen von Polynomfunktionen zu bestimmen, müssen wir Gleichungen lösen.
Für die allgemeine Gleichung 2. Grades $ax^2 + bx + c = 0$ kennen wir die Lösungsformel $x_{1;2} = \frac{-b \pm \sqrt{b^2 - 4ac}}{2a}$.
Im 16. Jahrhundert wurde eine solche Formel für Gleichungen 3. Grades vom Italiener Geronimo **Cardano** veröffentlich, für Gleichungen 4. Grades vom Italiener Ludovico **Ferrari**. Dreihundert Jahre später bewies der Norweger Niels Henrik **Abel**, dass sich für Gleichungen 5. und höheren Grades keine solchen Lösungsformeln aufstellen lassen. Bereits die Cardanischen Formeln sind so kompliziert, dass man in der Schule darauf verzichtet.
In besonderen Fällen gelingt es uns aber, auch Gleichungen höheren Grades zu lösen.

10 Biquadratische Gleichungen

Eine Gleichung 4. Grades, in der die Unbekannte nur in der vierten und in der zweiten Potenz auftritt, heißt **biquadratische Gleichung**. Eine biquadratische Gleichung kann als quadratische Gleichung in x^2 geschrieben werden, z. B. $x^4 - 5x^2 + 4 = 0$ in der Form $(x^2)^2 - 5(x^2) + 4 = 0$. Durch die **Substitution** $x^2 = z$ erhalten wir eine quadratische Gleichung in z.

a) Führe die Substitution aus und berechne die beiden Lösungen z_1 und z_2. Berechne damit alle vier Lösungen $x_1, \ldots, x_4$.

Berechne mithilfe einer Substitution alle Lösungen:

b) $x^4 - 10x^2 + 9 = 0$
c) $y^4 - 9y^2 + 20 = 0$
d) $x^4 + 36 = -13x^2$
e) $z^4 - \frac{5}{4}z^2 - \frac{9}{4} = 0$
f) $2z^4 + 15 = 11z^2$
g) $y^4 + 1 = 4\frac{1}{4}x^2$
h) $7x^4 + 7 - 700{,}07x^2 = 0$
i) $x^4 = \frac{1}{6} + \frac{1}{6}x^2$
k) $y^4 + 4y^2 = 14{,}0625$

11 Gleichungen 5., 6. und 8. Grades

Berechne mithilfe einer geeigneten Substitution alle Lösungen:

a) $x^6 - 7x^3 - 8 = 0$
b) $y^6 + 19y^3 = 216$
c) $4t^3 + 5 = t^6$
d) $2z^6 + 7z^3 + 3 = 0$
e) $x^8 = 15x^4 + 16$
f) $5x^4 = x^8 + 6$
g) $4a^8 + 1 = 4a^4$
h) $z^8 + 2z^4 + 1 = 0$
i) $z^6 + 2z^3 + 1 = 0$
k) $16x^5 - 17x^3 + x = 0$
l) $6x^5 + x = 5x^3$
m) $x^5 = x$

12 Grundwissen: Formeln auflösen

Löse die folgenden Formeln nach r bzw. nach t auf:

a) $u = 2\pi r$
b) $O = 4\pi r^2$
c) $V = \frac{1}{3}\pi r^2 h$
d) $V = \frac{4}{3}\pi r^3$
e) $O = rm\pi + \pi r^2$
f) $A = 2\pi r^2 + 2\pi rh$
g) $v = v_0 + at$
h) $s = v_0 t + \frac{a}{2}t^2$
i) $F = G\,\frac{m_1 \cdot m_2}{r^2}$
k) $\frac{1}{r_1} + \frac{1}{r_2} = \frac{1}{r}$
l) $\frac{1}{g} + \frac{1}{b} = \frac{2}{r}$
m) $N = N_0 \cdot e^{-\lambda t}$

Klasseneinteilung

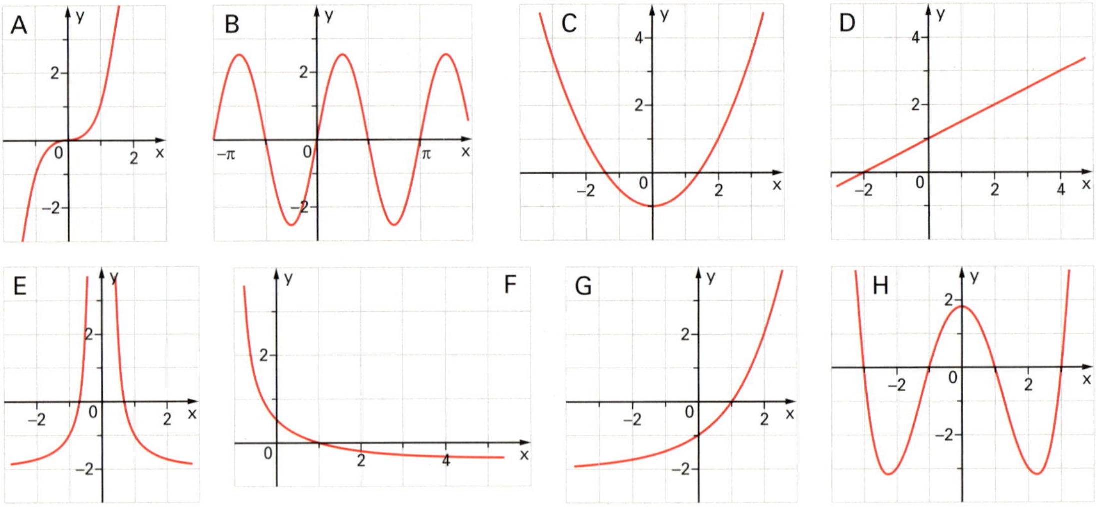

1. Who is who?

a) Ordne jedem abgebildeten Graphen die passende Funktion zu:

$f_1(x) = \frac{1}{2}x + 1$ $\quad f_2(x) = \frac{1}{2}x^2 - 1$ $\quad f_3(x) = x^3$ $\quad f_4(x) = 0{,}2x^4 - 2x^2 + 1{,}8$

$f_5(x) = \frac{1}{x+1} - \frac{1}{2}$ $\quad f_6(x) = 2^x - 2$ $\quad f_7(x) = \frac{1}{x^2} - 2$ $\quad f_8(x) = 2{,}5\sin(2x)$

b) Berechne die Nullstellen der Funktionen und überprüfe deine Ergebnisse mit den Zeichnungen.

c) Welche Symmetrien kannst du bei obigen Graphen erkennen?

2. Einteilung der Funktionen in Klassen

a) Ordne die obigen Funktionen folgenden Funktionsklassen zu:

I) Lineare Funktionen	II) Quadratische Funktionen
III) Potenzfunktionen	IV) Exponentialfunktionen
V) Bruchfunktionen	VI) Trigonometrische Funktionen
VII) Ganzrationale Funktionen	

b) Was kannst du über die Anzahl der Nullstellen der Funktionen jeder Klasse aussagen? Belege deine Aussagen durch Beispiele.

c) Was kannst du über die möglichen Symmetrien der Funktionsgraphen jeder Klasse aussagen? Gib auch hierfür Beispiele an.

d) Gib zu jeder Funktionsklasse die jeweilige Definitionsmenge an. Wie verhalten sich die zugehörigen Funktionen für $x \to \pm\infty$?

9.1 Nullstellen

Nullstellen und gemeinsame Punkte mit den Koordinatenachsen

Ein x-Wert, für den der Funktionswert $f(x) = 0$ ist, heißt Nullstelle der Funktion. Eine Nullstelle ist die x-Koordinate eines gemeinsamen Punktes des Graphen mit der x-Achse. Die y-Koordinate des Punktes ist 0.
Der Schnittpunkt des Graphen mit der y-Achse hat die x-Koordinate 0. Somit ist seine y-Koordinate $f(0)$.

Beispiel $f(x) = \frac{1}{(x-2)^2} - 4 \qquad D = \mathbb{R}\setminus\{2\}$

Wir berechnen zunächst die Nullstellen:

$$f(x) = 0 \iff \frac{1}{(x-1)^2} - 4 = 0$$

$$\iff \frac{1}{(x-1)^2} = 4 \iff \frac{1}{4} = (x-1)^2$$

$$\iff x - 1 = \pm\frac{1}{2}$$

Also ist $x_1 = 0{,}5$ und $x_2 = 1{,}5$.

Die Schnittpunkte mit der x-Achse sind $S_1(0{,}5\,|\,0)$ und $S_2(1{,}5\,|\,0)$.

Durch $f(0) = \frac{1}{(0-1)^2} - 4 = -3$ erhalten wir $S_3(0\,|\,-3)$ als Schnittpunkt mit der y-Achse.

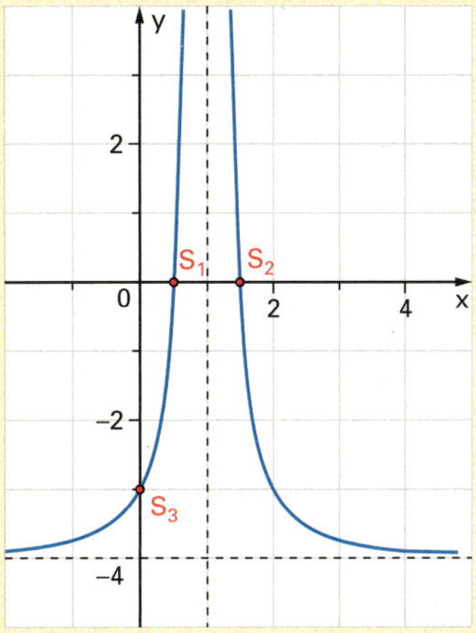

Mithilfe der Nullstellen können wir uns einen Überblick über den groben Verlauf von Graphen verschaffen. Nullstellen berechnen wir mit dem Ansatz $f(x) = 0$ (Seite 140). Bei ganzrationalen Funktionen vom Grad größer 2 gelingt das Lösen der Gleichung aber nur in besonderen Fällen.

Die ganzzahligen Nullstellen einer ganzrationalen Funktion

Setzen wir den Term der Funktion $f(x) = x^3 - 5x^2 + 5x + 3$ gleich 0, können wir die Gleichung dritten Grades nicht lösen. Lassen sich Nullstellen durch Probieren finden? Dabei hilft uns der Satz:

Teilersatz
Besitzt die Gleichung $a_n x^n + a_{n-1}x^{n-1} + \ldots + a_1 x + a_0 = 0$ nur *ganzzahlige* Koeffizienten $a_n, a_{n-1}, \ldots, a_1, a_0$, dann ist jede *ganzzahlige* Lösung ein Teiler von a_0.

Beweis: b sei eine *ganzzahlige* Lösung: $a_n b^n + a_{n-1} b^{n-1} + \ldots + a_1 b + a_0 = 0$.

Also ist $\quad a_0 = -(a_n b^n + a_{n-1} b^{n-1} + \ldots + a_1 b)$
$\qquad\qquad = -b(a_n b^{n-1} + a_{n-1} b^{n-2} + \ldots + a_1)$.

In der Klammer stehen lauter ganze Zahlen. Daher ist a_0 ein ganzzahliges Vielfaches der Lösung b. Folglich ist a_0 durch b teilbar.

Die ganzzahligen Lösungen einer Gleichung mit ganzzahligen Koeffizienten können wir also durch *systematisches Probieren* ermitteln.

Beispiel $x^3 - 5x^2 + 5x + 3 = 0$

Die Teiler von $a_0 = 3$ sind 1, -1, 3 und -3.
Durch Einsetzen finden wir: Nur 3 erfüllt die Gleichung. Somit ist $x_1 = 3$ die einzige *ganzzahlige* Lösung.

Zerlegung eines Polynoms in Faktoren mithilfe der Polynomdivision

Hat ein quadratisches Polynom $p(x) = a_2x^2 + a_1x + a_0$ die beiden Nullstellen x_1 und x_2, können wir es damit faktorisieren: $p(x) = a_2(x - x_1)(x - x_2)$ (Aufgabe 2).

Da das Polynom $p(x) = x^3 - 5x^2 + 5x + 3$ die Nullstelle $x_1 = 3$ hat, liegt die Vermutung nahe, dass es sich als Produkt mit dem Faktor $(x - 3)$ schreiben lässt: $p(x) = (x - 3) \cdot q(x)$. Dabei ist $q(x)$ ein Polynom vom Grad 2. $p(x)$ müsste durch $x - 3$ teilbar sein (Aufgabe 4). Wir führen diese **Polynomdivision** aus:

$$
\begin{array}{l}
(x^3 - 5x^2 + 5x + 3) : (x - 3) = x^2 - 2x - 1 \\
\underline{-(x^3 - 3x^2)} \\
\quad -2x^2 + 5x \\
\quad \underline{-(-2x^2 + 6x)} \\
\qquad\quad -x + 3 \\
\qquad\quad \underline{-(-x + 3)} \\
\qquad\qquad\quad 0
\end{array}
$$

Unsere Vermutung erweist sich als richtig. Die Division geht auf:

$$p(x) = x^3 - 5x^2 + 5x + 3 = (x - 3)(x^2 - 2x - 1)$$

Allgemein:

Faktorsatz
Ist b eine Nullstelle eines Polynoms $p(x)$ vom Grad n, dann lässt sich $p(x)$ als Produkt aus dem Faktor $x - b$ und einem Polynom $q(x)$ vom Grad $n - 1$ schreiben:

$$p(x) = (x - b) \cdot q(x)$$

Dabei ergibt sich $q(x)$ durch die Polynomdivision $p(x) : (x - b)$.

Beweis: Das Polynom $p(x)$ wird durch $x - b$, d. h. durch ein Polynom vom Grad 1 dividiert. Als Rest kann dann nur eine reelle Zahl r bleiben:
$p(x) : (x - b) = q(x) + \frac{r}{x - b}$ (Aufgabe 7).
Somit ist $p(x) = (x - b) \cdot q(x) + r$.
Da b Nullstelle von $p(x)$ ist, folgt: $0 = p(b) = (b - b) \cdot q(b) + r$
Also ist $r = 0$, d. h., die Division geht auf.

Die Produktform unseres Polynoms $p(x) = x^3 - 5x^2 + 5x + 3 = (x - 3)(x^2 - 2x - 1)$ können wir nun weiter faktorisieren. Dazu berechnen wir die Nullstellen des quadratischen Polynoms $q(x) = x^2 - 2x - 1$ mit der „Mitternachtsformel“:

$$x_{2;3} = \frac{2 \pm \sqrt{4 + 4}}{2} = \frac{2 \pm 2\sqrt{2}}{2} = 1 \pm \sqrt{2} \quad \Rightarrow \quad x_2 = 1 + \sqrt{2}; \quad x_3 = 1 - \sqrt{2}$$

Damit ist p(x) vollständig in Faktoren zerlegt: $p(x) = (x-3)\,(x-1-\sqrt{2})\,(x-1+\sqrt{2})$
Ein Faktor der Form $(x-b)$ heißt **Linearfaktor**. Aus ihm kann man die Nullstelle direkt ablesen. In unserem Beispiel haben wir ein Polynom vom Grad 3 in drei Linearfaktoren zerlegt. Das Polynom hat drei Nullstellen.

Wir verallgemeinern:

Zerlegungssatz
Ein Polynom vom Grad n kann höchstens in n Linearfaktoren zerlegt werden.
Es hat also höchstens n Nullstellen.

Im Jahr 1799 hat der 22-jährige Carl Friedrich Gauß in seiner Doktorarbeit bewiesen: Jedes Polynom mit reellen Koeffizienten lässt sich so weit faktorisieren, dass die Faktoren entweder linear oder quadratisch sind, wobei die quadratischen Faktoren keine reellen Nullstellen besitzen. Die linearen Faktoren liefern also die Nullstellen.

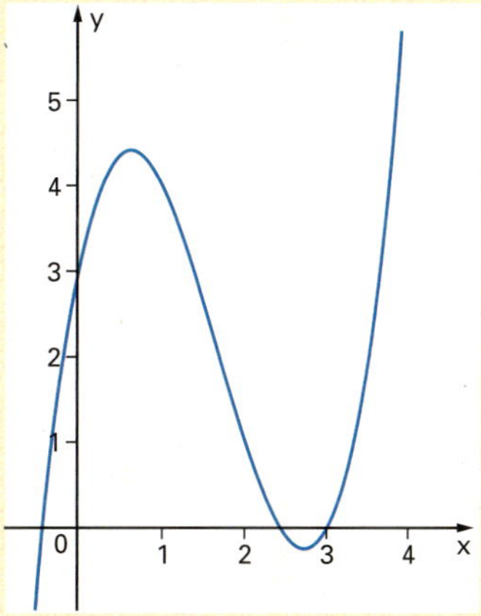

Zurück zur Polynomfunktion unseres Beispiels:
$p(x) = x^3 - 5x^2 + 5x + 3$

Für $x \to -\infty$ strebt x^3 und damit p(x) gegen $-\infty$.
Für $x \to +\infty$ strebt x^3 und damit p(x) gegen $+\infty$.
Im Koordinatensystem kommt der Graph also von „links unten", verläuft durch die Nullstelle $1-\sqrt{2}$, kehrt um, geht durch die Nullstelle $1+\sqrt{2}$, kehrt wieder um, verläuft durch die Nullstelle 3 und verschwindet „rechts oben". Außerdem schneidet der Graph die y-Achse im Punkt (0|3).

Mehrfache Nullstellen

Beim Faktorisieren eines Polynoms kann der gleiche Linearfaktor mehrfach auftreten. Z.B.:

$$f(x) = (x+3)\,(x+1)\,(x+1)\,(x+1)\,(x-2)\,(x-2) = (x+3)^1\,(x+1)^3\,(x-2)^2$$

In diesem Beispiel heißt -3 einfache Nullstelle, -1 dreifache Nullstelle und 2 zweifache Nullstelle. Allgemein:

b heißt **k-fache Nullstelle** von f(x), wenn sich f(x) in der Form $f(x) = (x-b)^k \cdot g(x)$ schreiben lässt, wobei $g(b) \neq 0$ ist.

Die Potenzfunktion $f(x) = x^n$ hat die n-fache Nullstelle $x = 0$. Die Vielfachheit n der Nullstelle spiegelt sich auch im Graphen wider (Seite 133): Wenn n ungerade ist, wechselt er bei der Nullstelle die Seite der x-Achse, wenn n gerade ist nicht. Je größer n ist, desto mehr schmiegt er sich bei der Nullstelle an die x-Achse an.
Untersuchungen mit einem Funktionsplotter (Aufgabe 11) zeigen, dass diese Aussagen auch für beliebige k-fache Nullstellen ganzrationaler Funktionen gelten.

Bedeutung mehrfacher Nullstellen für den Verlauf des Graphen

b sei eine k-fache Nullstelle der ganzrationalen Funktion f.

- Ist k ungerade, wechselt der Graph bei b die Seite der x-Achse.
- Ist k gerade, bleibt der Graph bei b auf der gleichen Seite der x-Achse.
- Je größer k ist, desto mehr schmiegt sich der Graph bei b an die x-Achse an.

Durch eine Vorzeichentabelle für die Funktionswerte lassen sich die Aussagen über den Seitenwechsel begründen.

Beispiel $f(x) = (x+3)(x+1)^3(x-2)^2$

	$-\infty < x < -3$	$x = -3$	$-3 < x -1$	$x = -1$	$-1 < x < 2$	$x = 2$	$2 < x < +\infty$
$(x+3)$	−	0	+	+	+	+	+
$(x+1)^3$	−	−	−	0	+	+	+
$(x-2)^2$	+	+	+	+	+	0	+
$f(x)$	+	0	−	0	+	0	+

Ist k ungerade, wechseln die Funktionswerte das Vorzeichen. Also wechselt der Graph die Seite der x-Achse.

Ist k gerade, wechseln die Funktionswerte das Vorzeichen nicht. Also bleibt der Graph auf der gleichen Seite der x-Achse.

Da $\lim\limits_{x \to \pm\infty} f(x) = \lim\limits_{x \to \pm\infty} x^6 = +\infty$ ist, kommt der Graph der von uns betrachteten Polynomfunktion 6. Grades im Koordinatensystem von „links oben", schneidet die x-Achse in der einfachen Nullstelle −3, kehrt um, schmiegt sich in der dreifachen Nullstelle −1 an die x-Achse und wechselt ihre Seite, kehrt wieder um, berührt in der zweifachen Nullstelle 2 die x-Achse von oben und verschwindet „rechts oben".

Außerdem schneidet der Graph die y-Achse bei $f(0) = 3 \cdot 1 \cdot (-2)^2 = 12$.

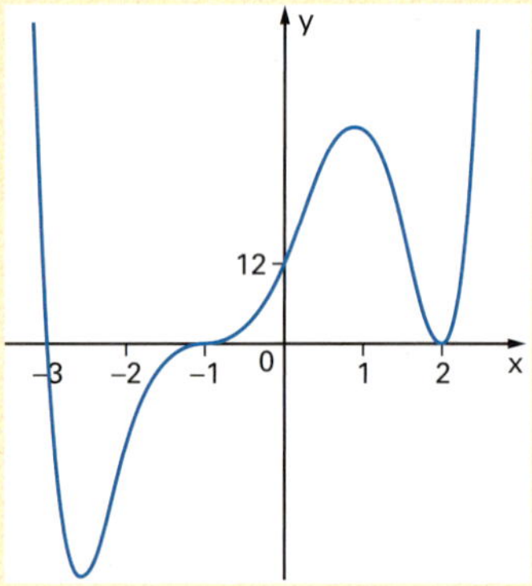

Aufgaben

1 Schnittpunkte mit den Koordinatenachsen

Bestimme jeweils die Schnittpunkte des Graphen mit den Koordinatenachsen.

a) $f(x) = -\frac{1}{3}x + 2$ b) $f(x) = (x-3)^2 - 1$ c) $f(x) = \frac{1}{2}x^2 - x - 4$

d) $f(x) = 0{,}5x^3 - 4{,}5x$ e) $f(x) = -2x^2 + 4x - 3$ f) $f(x) = \frac{1}{x+3} - 2$

g) $f(x) = \frac{1}{x-2} - 4$ h) $f(x) = 2^x - 4$ i) $f(x) = (\frac{1}{2})^x + 1$

2 Nullstellen und faktorisierte Form des Funktionsterms

Bestimme die Nullstellen x_1 und x_2 der Funktion $f(x) = a_2x^2 + a_1x + a_0$ und die faktorisierte Form $f(x) = a_2(x - x_1)(x - x_2)$.

a) $f(x) = x^2 - 4x + 3$ b) $f(x) = x^2 + 6x + 5$ c) $f(x) = \frac{1}{2}x^2 - 2x$

d) $f(x) = 2x^2 - 2x - 4$ e) $f(x) = 2x^2 + 4x - 6$ f) $f(x) = \frac{1}{2}x^2 + \frac{1}{2}x - 6$

3 Ganzzahlige Nullstellen

Bestimme durch systematisches Probieren alle ganzzahligen Nullstellen.

a) $f(x) = x^3 + x^2 + x + 1$ b) $f(x) = x^3 + x^2 - 4x - 4$ c) $f(x) = x^4 + 3x^3 - x - 3$

d) $f(x) = x^3 - 2x^2 - 5x + 6$ e) $f(x) = 3x^3 - 4x^2 - 17x + 6$ f) $f(x) = x^7 - x - 12$

g) $f(x) = x^3 - \frac{1}{2}x^2 - x + \frac{1}{2}$ h) $f(x) = x^3 - \frac{1}{3}x^2 - 4x + \frac{4}{3}$ i) $f(x) = x^3 - \frac{11}{2}x^2 + 6x + \frac{9}{2}$

4 Herleitung der Polynomdivision

Wir wollen das Divisionsverfahren für Zahlen auf Polynome übertragen.

$$\begin{array}{l} 3852 : 12 = 3\,.. \\ -36 \\ \hline \quad 25 \\ \quad - \\ \hline \qquad 12 \\ \qquad - \\ \hline \qquad\quad 0 \end{array} \qquad \begin{array}{l} (3 \cdot 10^3 + 8 \cdot 10^2 + 5 \cdot 10 + 2) : (1 \cdot 10 + 2) = 3 \cdot 10^2 + \ldots \\ -(3 \cdot 10^3 + 6 \cdot 10^2) \\ \hline \quad - \\ \hline \qquad - \\ \hline \qquad\qquad 0 \end{array}$$

a) Vervollständige das Schema der Division 3852 : 12 in deinem Heft.

b) Schreibe das Divisionsschema um, indem du alle Zahlen mithilfe von Zehnerpotenzen ausführlich darstellst (oben rechts).

c) Nun werden die Zehnerpotenzen zu Potenzen in x verallgemeinert. Schreibe damit das Schema für die Polynomdivision $(3x^3 + 8x^2 + 5x + 2) : (x + 2)$ auf.

d) Löse dich vom anfänglichen Zahlenbeispiel. Betrachte nun nur die Polynomdivision von Aufgabe c). Beschreibe, wie dabei schrittweise vorgegangen wird.

e) Berechne $(x^2 + 7x + 12) : (x + 3)$ und $(x^2 + x - 12) : (x - 3)$. Mache jeweils die Multiplikationsprobe.

5 Polynomdivision

a) $(x^3 + 5x^2 - x - 5) : (x + 1)$ b) $(4x^2 + 12x + 5) : (2x + 1)$

c) $(3x^3 - x^2 - 3x + 1) : (x - 1)$ d) $(x^3 + x^2 - 8x + 4) : (x - 2)$

e) $(2z^3 + z^2 + 3z + 9) : (2z + 3)$ f) $(6y^3 + 23y^2 + 38y + 24) : (3y + 4)$

g) $(-x^4 + 6x^3 - x^2 - 100) : (x - 5)$ h) $(2x^4 - 28x^3 + 98x^2) : (x - 7)$

i) $(x^3 + 1) : (x + 1)$ k) $(x^5 - 1) : (x - 1)$

l) $(3x^3 - 8x^2 + x + 2) : (x^2 - 2x - 1)$ m) $(5x^3 - 16x^2 + 58x - 11) : (x^2 - 3x + 11)$

n) $(4u^4 - 7u^3 + 27u^2 + 14u - 24) : (4u^2 + u - 3)$

o) $(42z^9 - 13z^7 - 104z^5 + 84z^3 + 9z) : (6z^4 + 11z^2 + 1)$

p) $(x^2 - 2ax - 3a^2) : (x + a)$ q) $(x^3 + 3ax^2 - 4a^3) : (x + 2a)$

6 **Vorsicht!**

a) $(x - 3x^3 - 2) : (1 + x)$
b) $(2x^2 - 5x + x^3 - 6) : (2 - x)$
c) $(12 + x^3 - x^2 - 8x) : (3x - 6)$
d) $(x^3 + \frac{1}{8}) : (1 + 2x)$
e) $(\frac{1}{6}x^2 + \frac{5}{36}x - \frac{1}{6}) : (\frac{1}{2}x - \frac{1}{3})$
f) $(\frac{1}{2}x^2 - \frac{37}{4}x - \frac{21}{4} + x^3) : (3x + 9)$

7 **Polynomdivision mit Rest**

Geht die Division ganzer Zahlen nicht auf, ist das Ergebnis eine gemischte Zahl, z. B. $41 : 7 = 5\frac{6}{7} = 5 + \frac{6}{7}$. Diese Summenschreibweise für das Ergebnis übertragen wir auf die Polynomdivision mit Rest. Welchen Grad hat jeweils der Rest?

a) $(x^2 + 2x + 3) : x$
b) $(z^3 - z^2 + 1) : (z - 1)$
c) $(x^2 - 3) : (x + 1)$
d) $(2x^3 - 5x + 8) : (x + 2)$
e) $x^5 : (x^2 + 1)$
f) $n : (n + 1)$

8 **Ein Trick zum Berechnen der Summe von Potenzen**

a) Führe die folgende Polynomdivision durch: $\frac{x^7 - 1}{x - 1}$.

b) Berechne die Summe der Dreierpotenzen $729 + 243 + 81 + 27 + 9 + 3 + 1$.

c) Forme mithilfe der Polynomdivision um: $\frac{x^n - 1}{x - 1}$.

Nach einer alten Anekdote wollte ein indischer König den Erfinder des Schachspiels Sessa Ebn Daher belohnen. Dieser wünschte sich für das erste Feld des Schachbretts 1 Reiskorn und für jedes folgende doppelt so viele Reiskörner wie für das vorhergehende.

d) Berechne die Gesamtzahl der Reiskörner mit dem TR. (Runde sinnvoll).

e) 40 Reiskörner wiegen etwa 1 g. Wie viele Tonnen wiegen die Reiskörner? Vergleiche mit der Weltjahresernte von etwa 600 Mio. Tonnen.

f) Der Aufholweg des Achilles (Seite 120) beträgt nach n Etappen $s_n = 1 + \frac{1}{2} + (\frac{1}{2})^2 + (\frac{1}{2})^3 + \ldots + (\frac{1}{2})^{n-1}$. Forme diese Summe mithilfe der Formel von c) um und zeige so, dass sich der Term von Seite 121 ergibt.

9 **Scheinbruch**

Für welche ganzen Zahlen n ist der Wert des Bruchs $\frac{2n^2 + 9n + 13}{n + 2}$ eine ganze Zahl?

10 **Grober Verlauf des Graphen ganzrationaler Funktionen**

Bestimme $\lim\limits_{x \to \pm\infty} f(x)$ und berechne die Schnittpunkte des Graphen mit den Achsen.

Gib die faktorisierte Form des Funktionsterms an. Skizziere den Graphen. (Stelle bei Bedarf eine Vorzeichentabelle auf.) Überprüfe die Skizze mithilfe eines Funktionsplotters.

a) $f(x) = x^3 - 3x^2 - x + 3$
b) $f(x) = x^3 + x^2 - 4x - 4$
c) $f(x) = x^3 - 6x^2 + 9x - 2$
d) $f(x) = -x^3 + 3x^2 + 2x - 6$
e) $f(x) = x^4 - 10x^2 + 9$
f) $f(x) = x^4 - 6x^3 - 7x^2 + 54x - 18$
g) $f(x) = -x^4 + 4x^3 + x^2 - 16x + 12$
h) $f(x) = x^5 - 6x^3 + 5x$

11 Mehrfache Nullstellen

Wir wollen mithilfe eines Funktionsplotters untersuchen, wie sich die Vielfachheit der Nullstellen einer Polynomfunktion f auf den Verlauf ihres Graphen auswirkt.

a) Definiere dazu einen Schieberegler n mit Werten von 1 bis 10 und einer Schrittweite 1 und eine Funktion $f(x) = (x+4)^n$. Beschreibe den Verlauf des Graphen in der Umgebung der Nullstelle in Abhängigkeit von ihrer Vielfachheit n. Verändere die Nullstelle anschließend und versuche, deine Beobachtung allgemein für die Funktion $f(x) = (x-a)^n$ festzuhalten.

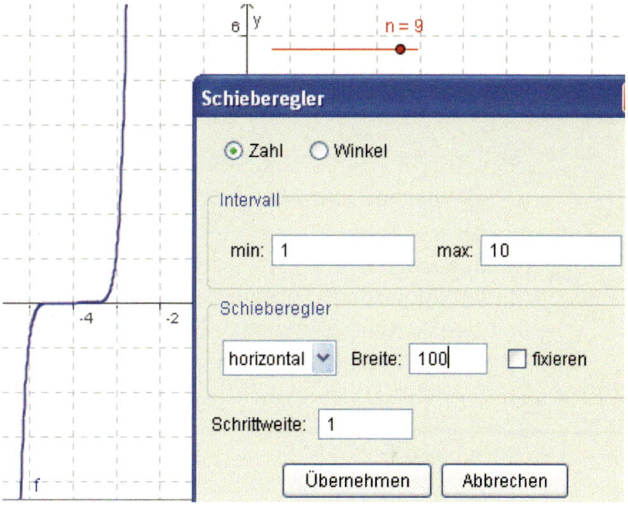

b) Untersuche mit dem Funktionsplotter, wie sich die Werte k = 1, 2, 3, 4, 5 auf den Verlauf des Graphen der Funktion $f(x) = (x+1)^k \cdot (x-2)$ in der Umgebung der Nullstelle −1 auswirken. Beschreibe deine Beobachtung.

c) Skizziere den Verlauf des Graphen der Funktion $f(x) = (x+1)^3 \cdot (x-2)^2$. Überprüfe deine Skizze mit dem Funktionsplotter.

12 Ganzrationale Funktionen mit mehrfachen Nullstellen

Gib die Nullstellen mit ihrer Vielfachheit an und bestimme das Verhalten der Polynomfunktion f für $x \to -\infty$ und für $x \to +\infty$. Skizziere dann den groben Verlauf des Graphen.

a) $f(x) = (x+3)(x-1)$
b) $f(x) = (x+3)^2(x-1)$
c) $f(x) = (x+3)(x-1)^2$
d) $f(x) = (x+3)^2(x-1)^2$
e) $f(x) = (x+3)^3(x-1)$
f) $f(x) = (x+3)^3(x-1)^2$
g) $f(x) = (x+3)^3(x-1)^3$
h) $f(x) = (x+3)^2(x^2+1)$
i) $f(x) = (x^2+3)(x-1)^3$

13 Grober Verlauf des Graphen ganzrationaler Funktionen

Gib das Verhalten der Polynomfunktion f für $x \to -\infty$ und für $x \to +\infty$ an. Berechne den Schnittpunkt mit der y-Achse. Faktorisiere den Funktionsterm so weit wie möglich. Skizziere dann den groben Verlauf des Graphen.

a) $f(x) = x^3 - 2x^2 - 4x + 8$
b) $f(x) = x^3 - 3x^2 + 3x - 1$
c) $f(x) = -x^3 + 9x$
d) $f(x) = x^4 - 8x^2 + 16$
e) $f(x) = x^4 - x^3 - 3x^2 + 5x - 2$
f) $f(x) = x^4 + 2x^3 - 4x^2 - 10x - 5$
g) $f(x) = x^5 - 13x^3 + 36x$
h) $f(x) = x^6 - 12x^4 + 48x^2 - 64$
i) $f(x) = x^3 + x^2 + x + 1$
k) $f(x) = x^4 + 4x^2 + 4$

14 Funktionen gesucht!

Gib jeweils eine Funktion f mit der folgenden Eigenschaft an.

- f ist eine ganzrationale Funktion 3. Grades und f(x) hat
  a) drei Nullstellen, b) nur die Nullstellen −2 und 3, c) keine Nullstelle.
- f ist eine Funktion 4. Grades und f(x) hat
  d) nur die Nullstellen −2 und 3, e) drei Nullstellen, f) keine Nullstelle.
- f ist eine Funktion 5. Grades und f(x) hat
  g) nur die Nullstellen −2 und 3, h) drei Nullstellen, i) vier Nullstellen.

15 Gleichungen gesucht!

In den folgenden Diagrammen sind die Koordinaten der Schnittpunkte des Graphen mit den Achsen ganzzahlig. Bestimme jeweils eine Gleichung der zugehörigen ganzrationalen Funktion.

a)
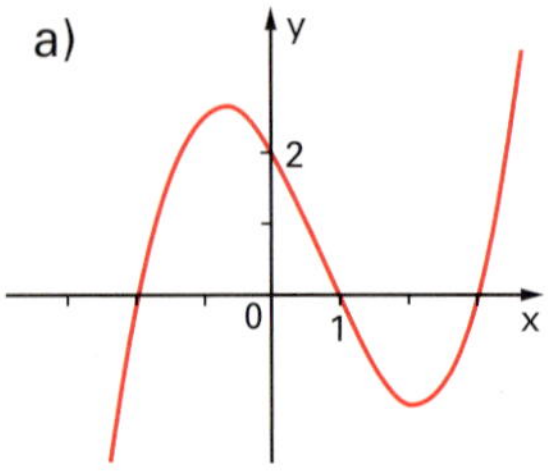

b)
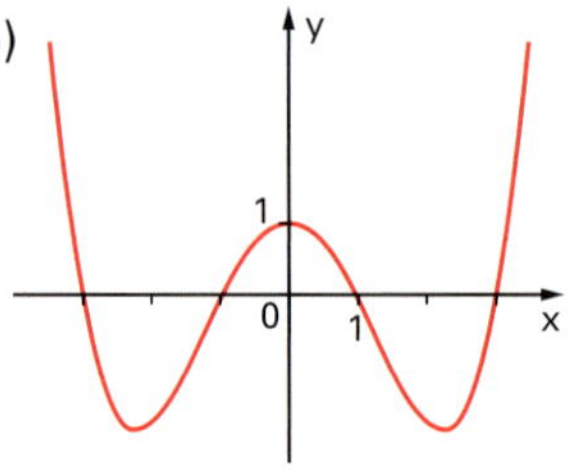

c)
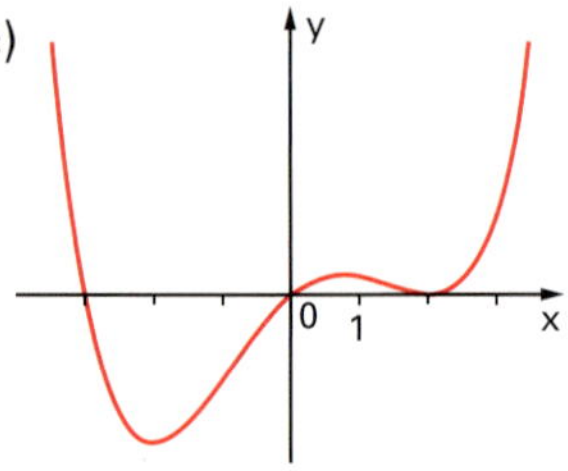

d)
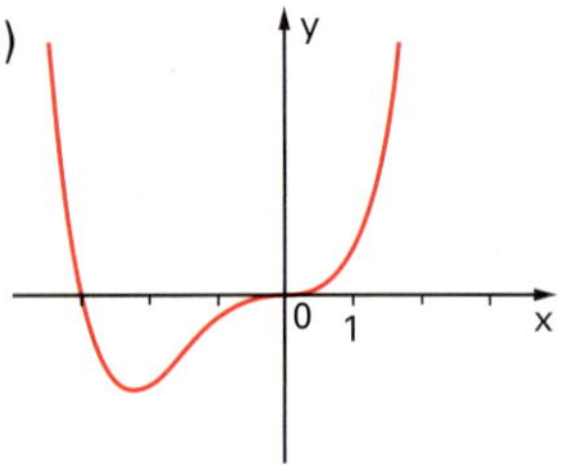

e)
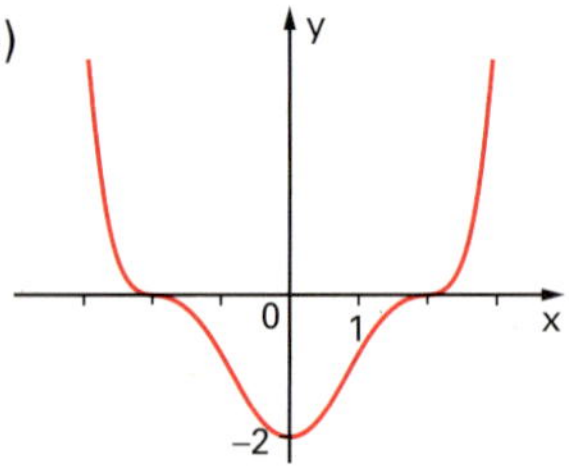

f)
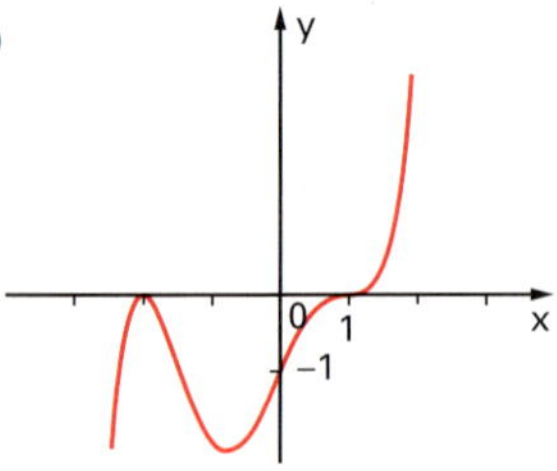

16 Geschnitten!

Berechne die **Schnittpunkte** der Graphen von f und g. Für welche x gilt $f(x) < g(x)$? Begründung!

a) $f(x) = 2x - 5$ und $g(x) = x^2 - 6x + 7$.

b) $f(x) = x^3 - 2x^2 - 201x + 102$ und $g(x) = 2x^2 + 50x - 408$.

Zum Intensivieren

17 Polynomdivision ohne Rest

a) $(x^2 - 6x - 27) : (x + 3)$

b) $(x^3 - 6x^2 + 11x - 6) : (x - 2)$

c) $(a^6 + 64) : (a^2 + 4)$

d) $(b^4 + 1) : (b^2 - \sqrt{2}b + 1)$

e) $(4x^4 - 12x^3 + 13x^2 - 6x + 1) : (2x^2 - 3x + 1)$

f) $(2x^5 + 5x^4 - 4x^3 + 17x^2 + 12x - 12) : (2x^2 + 6x - 4)$

18 Polynomdivision ohne oder mit Rest

a) $\frac{a^3+a^2-4a-4}{a-2}$ b) $\frac{b^3-b^2-8b+2}{b+2}$ c) $\frac{c^4-3c^2-4}{c^2-4}$

d) $\frac{d^4-5d^2+4}{d^2-3d+2}$ e) $\frac{8e^6-26}{2e^2-3}$ f) $\frac{81f^8+4}{9f^4+6f^2+2}$

g) $(m+1):(m+2)$ h) $(k^2+1):(k-1)$ i) $(2a^4-2a^2+1):(2a^2-3)$

19 Skizze von Graphen I

Skizziere die Graphen der folgenden Funktionen f.

a) $f(x)=x-2$ b) $f(x)=(x-2)^2$ c) $f(x)=(x-2)^3$

d) $f(x)=(x-2)^4$ e) $f(x)=x(x-2)$ f) $f(x)=x^2(x-2)$

g) $f(x)=x(x-2)^2$ h) $f(x)=x^2(x-2)^2$ i) $f(x)=x^3(x-2)^2$

k) $f(x)=x^3(x-2)^3$ l) $f(x)=x^2(x^2-2)$ m) $f(x)=x^2(x^2+2)$

20 Funktionsterm gesucht

a) Der abgebildete Graph (I) gehört zu einer ganzrationalen Funktion. Gib einen möglichen Funktionsterm an.

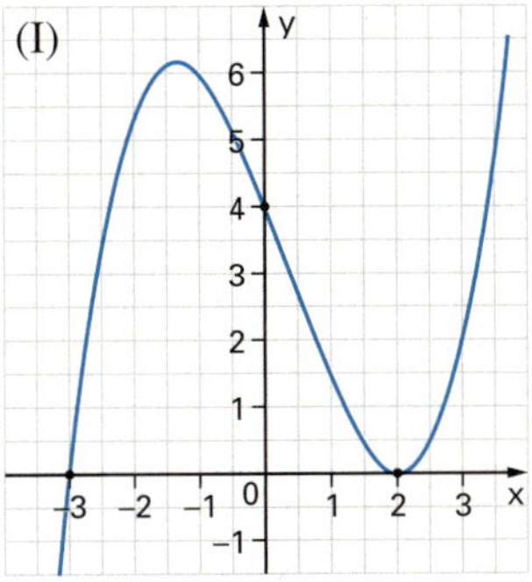

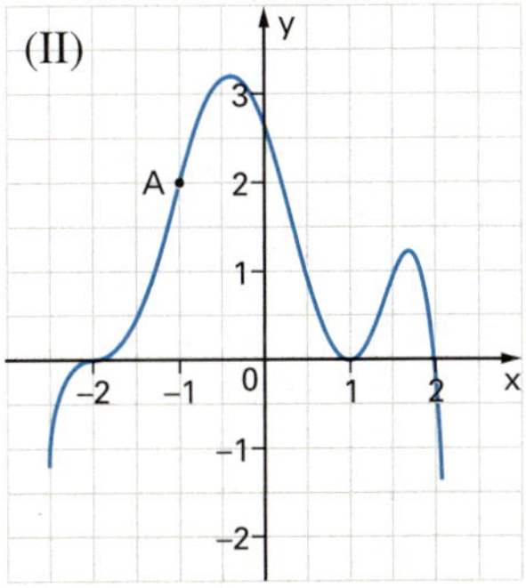

b) Die Abbildung (II) zeigt den Graphen einer ganzrationalen Funktion sechsten Grades. Nullstellen und Koordinaten des markierten Punktes sind ganzzahlig. Bestimme den zugehörigen Funktionsterm.

c) Eine ganzrationale Funktion vierten Grades hat bei 2 eine dreifache und bei −1 eine einfache Nullstelle. Der Schnittpunkt des Graphen mit der y-Achse ist $S(0|4)$. Wie lautet der zugehörige Funktionsterm?

d) Welcher der Funktionsterme passt zur Abbildung? Begründe deine Antwort.

A: $f(x)=(x-4)^3(x+3)^3$ B: $f(x)=(x+4)^3(x-3)^3$

C: $f(x)=(x+4)(x-3)$ D: $f(x)=(x+4)^2(x-3)$

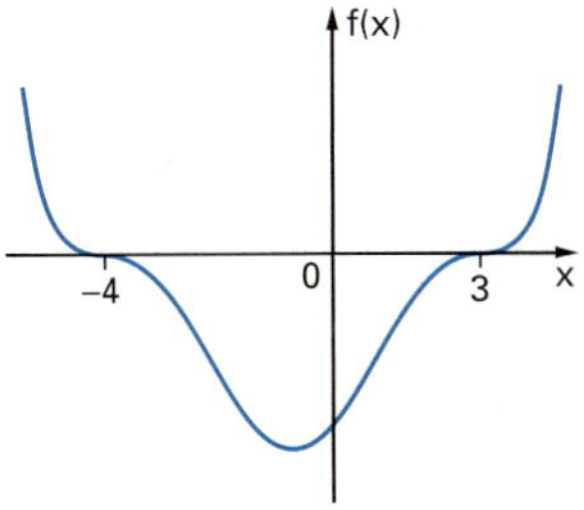

21 Skizze von Graphen II

Bestimme für die Funktion $\lim_{x \to \pm\infty} f(x)$ und berechne den Schnittpunkt mit der y-Achse.

Faktorisiere den Funktionsterm vollständig und bestimme die Nullstellen. Skizziere den Graphen.

a) $f(x)=x^3-x^2-4x+4$ b) $f(x)=x^3-3x-2$ c) $f(x)=x^4-18x^2+81$

d) $f(x)=x^4+4x^3-16x-16$ e) $f(x)=x^4-2x^3+2x-1$ f) $f(x)=x^4-4x^3+2x^2+4x-3$

g) $f(x)=x^5-10x^3+9x$ h) $f(x)=x^6-3x^4+3x^2-1$ i) $f(x)=x^3-6x^2+12x-8$

9.2 Manipulationen am Funktionsterm – Symmetrie

Wir haben die uns bekannten Funktionen in Klassen eingeteilt (Seite 140 und Aufgabe 1). Greifen wir aus einer Klasse eine Grundfunktion heraus, lassen sich durch Änderungen an ihrem Term viele weitere Funktionen der gleichen Klasse gewinnen. Auf diese Weise erhalten wir schnell Informationen über den Verlauf ihres Graphen.

Verschieben und Strecken des Graphen

- Bereits in der 9. Jahrgangsstufe haben wir den Term $f(x) = x^2$ der Mutter aller Quadratfunktionen „manipuliert" und die Wirkungen auf ihren Graphen, die Normalparabel, untersucht.
  - Ersetzen wir z. B. x durch $x - 3$, verschiebt das die Normalparabel um 3 Einheiten in x-Richtung.
  - Multiplizieren wir den Term $(x - 3)^2$ mit 2, werden die y-Werte verdoppelt. Die Parabel wird in y-Richtung mit 2 gestreckt. Sie ist schlanker als die Normalparabel.
  - Fügen wir zu $2(x - 3)^2$ den Summanden 1 hinzu, werden alle Funktionswerte um 1 erhöht. Die schlanke Parabel wir um 1 in Richtung der y-Achse verschoben.

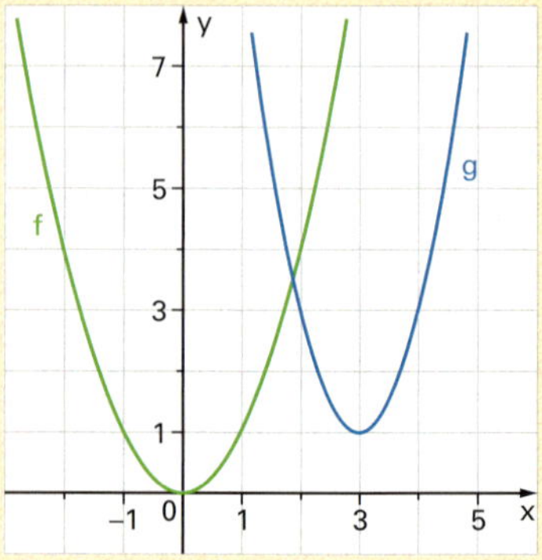

Rechts sind die Graphen der reinen Quadratfunktion $f(x) = x^2$ und der „manipulierten" quadratischen Funktion $g(x) = 2(x - 3)^2 + 1$ abgebildet.

- Auch den Term der Mutter aller Sinusfunktionen $f(x) = \sin x$ haben wir entsprechend manipuliert.
  - Der Graph der Sinusfunktion $g(x) = 1{,}5 \cdot \sin(x - \frac{\pi}{3})$ entsteht aus der Sinuskurve $y = \sin x$ durch Verschieben um $\frac{\pi}{3}$ in x-Richtung und Strecken mit 1,5 in y-Richtung.

Gegenüber der Quadratfunktion haben wir den Term der Sinusfunktion noch zusätzlich manipuliert; z. B. $h(x) = 1{,}5 \cdot \sin 2(x - \frac{\pi}{3})$.

- Der Faktor 2 vor $(x - \frac{\pi}{3})$ bewirkt, dass schon beim halben Wert der Klammer der gleiche Winkel erreicht wird. D. h. die Sinuskurve wird mit dem Faktor $\frac{1}{2}$ in x-Richtung gestaucht. Die Periode verringert sich von 2π auf π.

Die Sinuskurve von h startet also in der Nullstelle $x = \frac{\pi}{3}$ mit der Periode π und der Amplitude 1,5. Rechts sind G_f, G_g und G_h zu sehen.

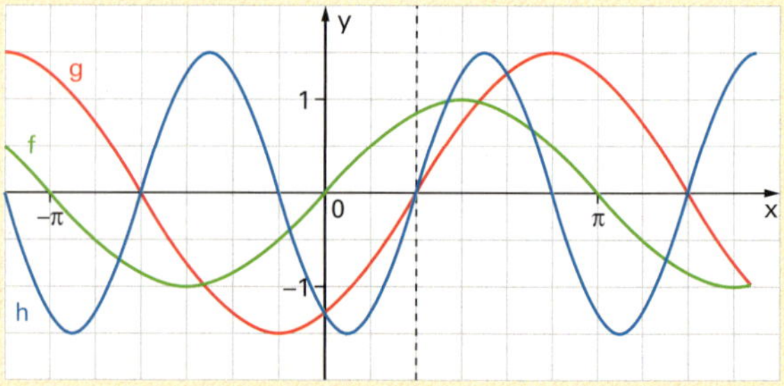

Diese Überlegungen lassen sich auf beliebige Funktionen übertragen (Aufgabe 3):

Verschieben und Strecken

Der Graph G_g der Funktion $g(x) = a \cdot f(b(x-c)) + d$ ergibt sich aus dem Graphen G_f der Funktion f durch

- Verschieben in x-Richtung um c,
- Strecken bzw. Stauchen in x-Richtung mit dem Faktor $\frac{1}{b}$,
- Strecken bzw. Stauchen in y-Richtung mit dem Faktor a,
- Verschieben in y-Richtung um d.

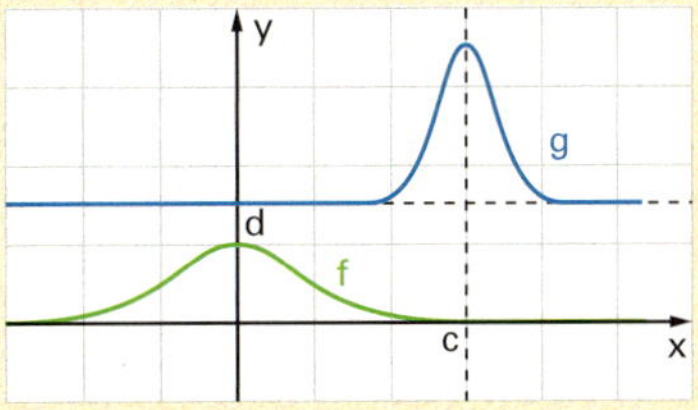

Beispiel Wir erhalten den Graphen G_g der Bruchfunktion $g(x) = \frac{1}{2} \cdot \frac{1}{x-3} + 1$ mit $D = \mathbb{R} \setminus \{3\}$, indem wir die Mutter aller Hyperbeln $y = \frac{1}{x}$ um 3 in x-Richtung verschieben, mit $\frac{1}{2}$ in y-Richtung stauchen und dann um 1 in y-Richtung verschieben.

Die Asymptoten der Hyperbel $y = \frac{1}{x}$ sind die x- und die y-Achse. Diese gehen beim Verschieben in die Geraden $y = 1$ und $x = 3$ über. Damit können wir G_g leicht zeichnen.

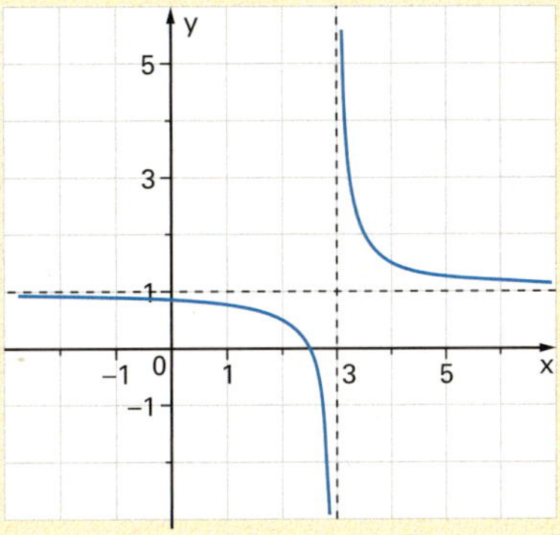

Spiegeln des Graphen

- Die Parabel $y = -x^2$ ist eine nach unten geöffnete Normalparabel mit dem Ursprung als Scheitel. Sie geht aus der Parabel $y = x^2$ durch Spiegelung an der x-Achse hervor.
  Kehren wir bei einer beliebigen Funktion f zu jedem x das Vorzeichen des Funktionswertes f(x) um, ändern wir also f(x) in −f(x) ab, wird der Graph an der x-Achse gespiegelt. Rechts ist dazu ein Beispiel abgebildet.

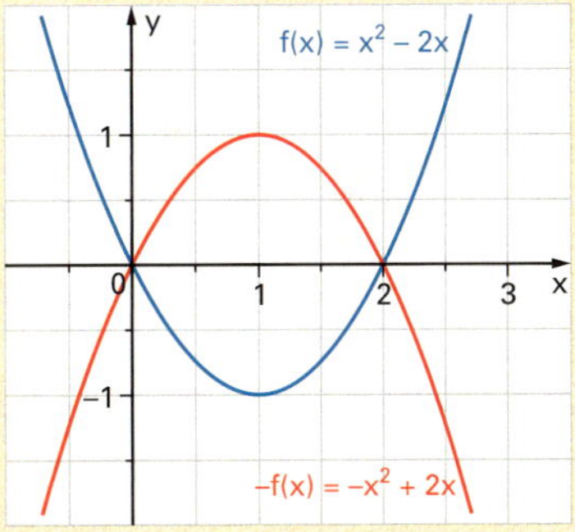

- Wir erhalten den Term der Exponentialfunktion $g(x) = (\frac{1}{2})^x = 2^{-x}$ aus dem Term der Funktion $f(x) = 2^x$, indem wir x durch −x ersetzen. Der Graph von g ergibt sich durch Spiegelung des Graphen von f an der y-Achse.
  Diese Eigenschaft bleibt bei jeder beliebigen Funktion f erhalten: Ersetzen wir in f(x) jedes x durch die Gegenzahl −x, nimmt die neue Funktion g für −x den Funktionswert an, den f für x annimmt. Der Graph von f wird also an der y-Achse gespiegelt. Rechts ist dazu ein Beispiel zu sehen.

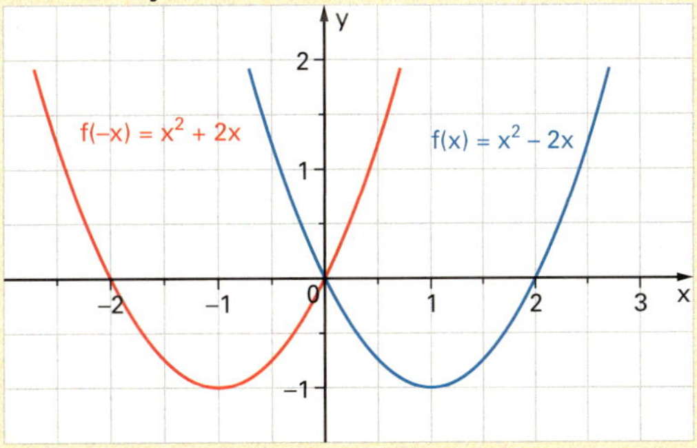

- Eine Achsenspiegelung an der x-Achse und eine anschließende Achsenspiegelung an der y-Achse wirken zusammen wie eine Punktspiegelung am Ursprung. Der Graph der Funktion $-f(-x)$ geht somit durch Spiegelung am Ursprung aus dem Graphen der Funktion f hervor.

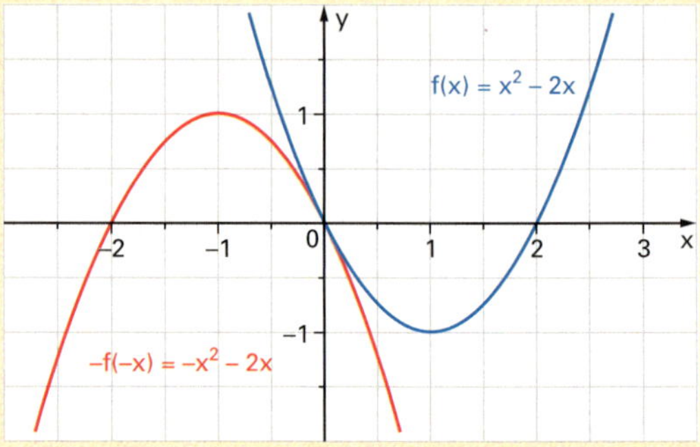

Wir halten fest:

Spiegeln
Gehen wir vom Funktionsterm $f(x)$ der Funktion f zum Term
- $-f(x)$ über, wird der Graph von f an der x-Achse gespiegelt,
- $f(-x)$ über, wird der Graph von f an der y-Achse gespiegelt,
- $-f(-x)$ über, wird der Graph von f am Ursprung gespiegelt.

Symmetrie zur y-Achse bzw. zum Ursprung

Stimmt der an der y-Achse gespiegelte Graph mit seinem Spiegelbild überein, wenn also $f(-x) = f(x)$ ist, dann ist der Graph symmetrisch zur y-Achse.

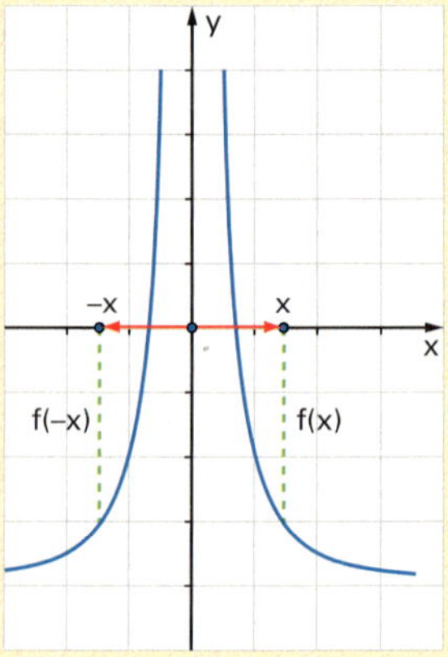

Beispiel $f(x) = \frac{2}{x^2} - 4$

Ersetzen wir x in f(x) durch −x, erhalten wir:

$$f(-x) = \frac{2}{(-x)^2} - 4 = \frac{2}{x^2} - 4 = f(x)$$

Stimmt der am Ursprung gespiegelte Graph mit seinem Spiegelbild überein, wenn also $-f(-x) = f(x)$ ist, dann ist der Graph symmetrisch zum Ursprung.

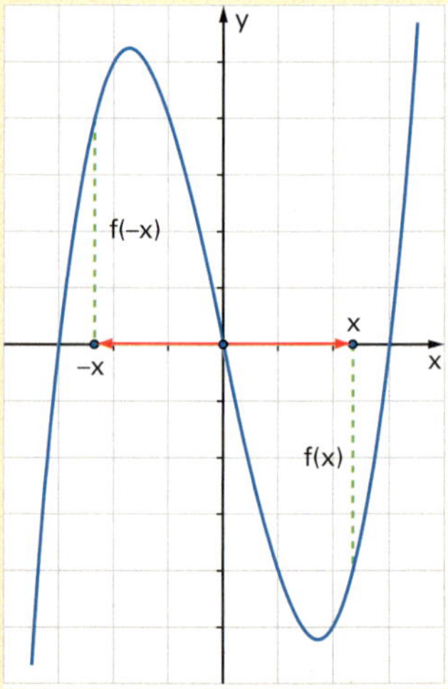

Beispiel $f(x) = 0{,}5x^3 - 4{,}5x$

Ersetzen wir x in f(x) durch −x, erhalten wir:

$$f(-x) = 0{,}5(-x)^3 - 4{,}5(-x)$$
$$= -0{,}5x^3 + 4{,}5x = -f(x)$$

Wir können nun für beliebige Funktionen anhand des Funktionsterms entscheiden, ob der Graph symmetrisch zur y-Achse oder zum Ursprung ist:

Symmetrie zur y-Achse bzw. zum Koordinatenursprung

$f(-x) = f(x)$ $\Leftrightarrow$ Der Graph von f ist symmetrisch zur y-Achse.

$f(-x) = -f(x)$ $\Leftrightarrow$ Der Graph von f ist symmetrisch zum Ursprung.

Da $(-x)^n = x^n$, falls n gerade ist und
$(-x)^n = -x$, falls n ungerade ist,

erkennen wir am Funktionsterm ganzrationaler Funktionen sofort, ob eine der beiden Symmetrien vorliegt und welche.

- Hat der Term lauter gerade Exponenten (auch 0 ist gerade!), dann ist $f(-x) = f(x)$: Somit liegt Achsensymmetrie zur y-Achse vor.

  Beispiel $f(x) = 3x^6 - x^2 + 7 = 3x^6 - 2x^2 + 7x^0$

- Hat der Term lauter ungerade Exponenten, dann ist $f(-x) = -f(x)$: Somit liegt Punktsymmetrie zum Ursprung vor.

  Beispiel $f(x) = 6x^7 + 4x^3 - x$

Monotonie

Durchlaufen wir die Normalparabel $y = x^2$ in Richtung wachsender x-Werte, nehmen die Funktionswerte bis $x = 0$ ab. Man sagt: „Die Normalparabel **fällt monoton** bis $x = 0$“. Dann nehmen die Funktionswerte zu. „Die Normalparabel **steigt monoton** ab $x = 0$“.
Statt „monoton fallend“ sagt man auch kurz „fallend“ und entsprechend statt „monoton steigend“ kurz „steigend“.

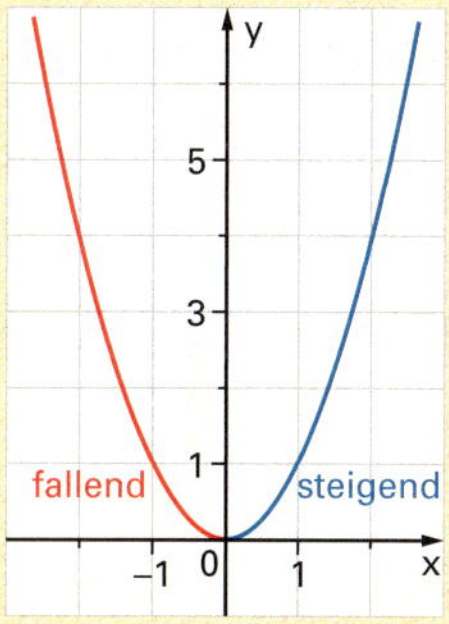

Nehmen in Richtung wachsender x-Werte die Funktionswerte f(x) einer Funktion f
- ab, sagt man, ihr Graph fällt,
- zu, sagt man, ihr Graph steigt.

Aufgaben

1 Klasseneinteilung

Wir haben die uns bekannten Funktionen in Klassen eingeteilt (Seite 140): in lineare Funktionen (Menge L), quadratische Funktionen (Q), Potenzfunktionen (P), Exponentialfunktionen (E), Bruchfunktionen (B), trigonometrische Funktionen (T) und ganzrationale Funktionen (G).

a) Gib zu jeder Klasse ein Beispiel an.

b) Welche der Mengen sind in einer anderen Menge vollständig enthalten? Erläutere das jeweils an einem Beispiel.

c) Welche Mengen haben kein Element gemeinsam?

d) Bei der *Zerlegung* einer Menge in Klassen fordert man in der Mathematik, dass alle Elemente erfasst werden und die Klassen kein Element gemeinsam haben. Gib eine Klassenzerlegung der Menge aller uns bekannter Funktionen an.

2 Bruchstücke von Graphen

Wir betrachten folgende Bruchstücke von Graphen:

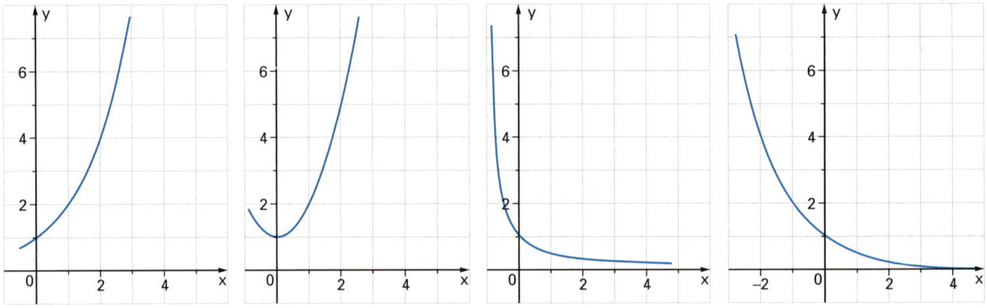

Die Bruchstücke sind Teile der Graphen folgender Funktionen:
$f(x) = (\frac{1}{2})^x$, $f(x) = 2^x$, $f(x) = x^2 + 1$, $f(x) = \frac{1}{x+1}$.
Ordne zu und begründe jeweils deine Entscheidung.

3 Einfluss der Parameter a, b, c und d in $g(x) = a \cdot f(b(x - c)) + d$

Diese Aufgabe eignet sich für Expertenarbeit. Dazu wird die Klasse in vier Gruppen eingeteilt. Jede Gruppe untersucht eine der vier Funktionen

A) $f(x) = x^2$ B) $f(x) = \sin x$ C) $f(x) = 2^x$ D) $f(x) = \frac{1}{x}$

mithilfe eines Funktionsplotters.

Definiere vier Schieberegler a, b, c und d im Bereich von 0 bis 5.

a) Untersuche die Wirkung der Parameter c und d:
Definiere dazu die Funktionen $g(x) = f(x) + d$, $h(x) = f(x - c)$, $k(x) = f(x - c) + d$ und beobachte ihre Graphen bei Veränderung der Schieberegler.

b) Untersuche die Wirkung der Parameter a und b:
Definiere dazu die Funktionen $g(x) = a \cdot f(x)$, $h(x) = f(bx)$, $k(x) = a \cdot f(bx)$ und beobachte ihre Graphen bei Veränderung der Schieberegler. Achte dabei insbesondere auf die Schnittpunkte mit den Koordinatenachsen.

c) Mischt jetzt die Gruppen neu, so dass sich in jeder Gruppe eine A-, B-, C- und D-Person befindet und stellt euch eure Ergebnisse gegenseitig vor.

4 Manipulationen an einem Funktionsterm

Wie ändert sich jeweils der Graph G_f der Funktion f, wenn man ihren Term f(x) wie folgt zu einem Term g(x) manipuliert? Fertige dazu eine Skizze eines glockenförmigen Graphen G_f an. Zeichne die einzelnen Schritte ein, die zum Graphen G_g führen.

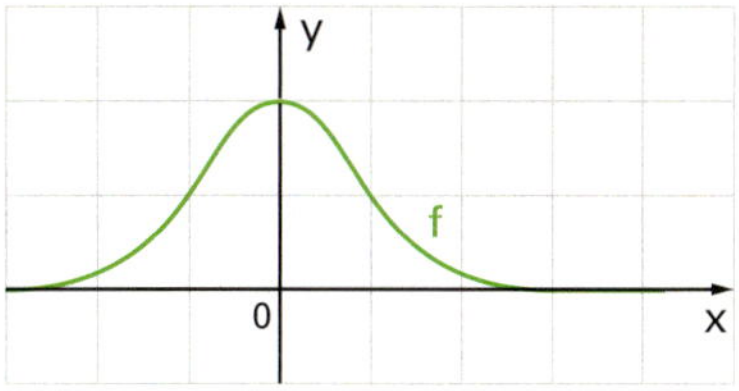

a) $g(x) = 2 \cdot f(x)$
b) $g(x) = f(x + 2)$
c) $g(x) = f(x - 2)$
d) $g(x) = f(x) - 2$
e) $g(x) = f(x) + 1$
f) $g(x) = f(2x)$
g) $g(x) = f(\frac{1}{2}x)$
h) $g(x) = \frac{1}{2} \cdot f(x - 3)$
i) $g(x) = f(\frac{1}{2}(x - 3))$
k) $g(x) = f(2(x + 2))$
l) $g(x) = f(2x + 4)$
m) $g(x) = f(\frac{1}{2}x - 1)$
n) $g(x) = \frac{1}{2} \cdot f(x - 2) - 1$
o) $g(x) = 2 \cdot f(x - 2) - 2$
p) $g(x) = 2 \cdot f(\frac{1}{2}x - 2) - 3$

5 Manipulationen an einer Potenzfunktion

a) Zeichne den Graphen der Funktion $f(x) = x^3$ im Intervall $-2 \leq x \leq 2$.

b) Verschiebe den Graphen um 1 nach links, halbiere die y-Werte und verschiebe dann um 2 nach oben. Stelle eine Gleichung dieser Funktion auf. Überprüfe ob die Gleichung zu deiner Zeichnung passt.

6 Verschobene Graphen

Die folgenden Graphen sind aus Graphen der Funktionen $f_1(x) = x^2$, $f_2(x) = x^3$, $f_3(x) = 2^x$, $f_4(x) = \frac{1}{x}$, $f_5(x) = \frac{1}{x^2}$ und $f_6(x) = \sin x$ hervorgegangen.

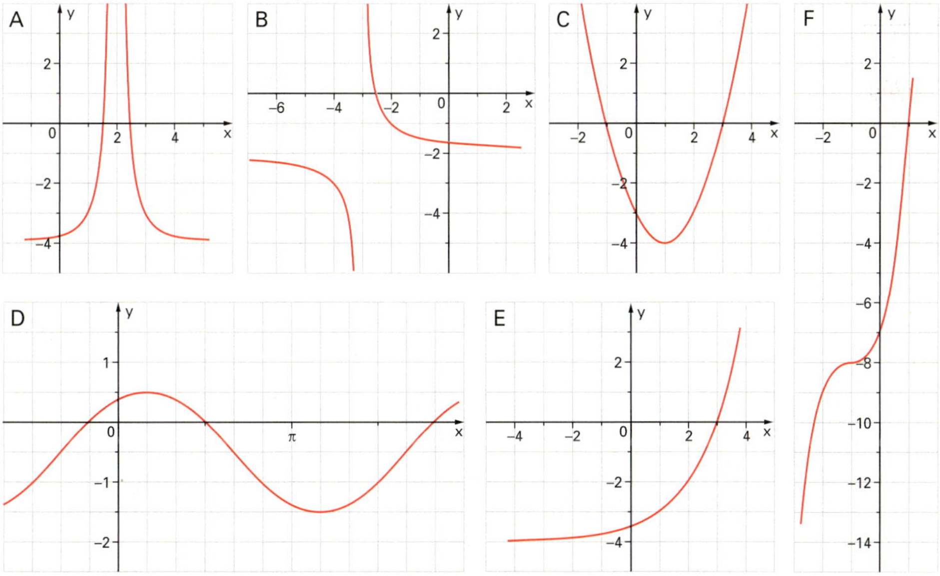

a) Wie lautet jeweils die Gleichung der zugehörigen Funktion? Überprüfe deine Gleichung mit einem Funktionsplotter.

b) Berechne die Koordinaten der Schnittpunkte der Graphen mit den Koordinatenachsen.

7 Manipulationen an linearen Funktionen

Der Graph der Mutter aller linearen Funktionen $f(x) = x$ ist die Gerade g.

a) Lege ein Koordinatensystem an und zeichne die Gerade g.
Verschiebe g um 2 in x-Richtung, strecke die y-Werte mit dem Faktor 1,5 und verschiebe g um 1 in y-Richtung. Die so erzeugte Gerade heißt h.
Stelle aufgrund dieser Manipulationen die Gleichung für h auf. Forme die Gleichung so um, dass du die Steigung m und den y-Abschnitt von h ablesen kannst. Welcher Parameter liefert die Steigung der Geraden h?
Überprüfe, ob die Gleichung zu deiner Zeichnung passt.

b) Von einer Geraden sind ein Punkt $P(x_o|y_o)$ und die Steigung m bekannt. Durch Manipulationen wollen wir eine Formel entwickeln, mit der man mit den Koordinaten von P und der Steigung m sofort die Gleichung der Geraden angeben kann. Um wie viel musst du dazu die Gerade g in x-Richtung verschieben, die y-Werte in y-Richtung strecken und schließlich in y-Richtung verschieben? Stelle die Gleichung auf.

c) Teste deine Formel an einer Geraden durch den Punkt $P(4|1)$ mit der Steigung $\frac{1}{2}$. Überprüfe deine Gleichung anhand einer Zeichnung.

8 Strecken von Parabeln

a) Zeichne die Normalparabel $y = x^2$ und strecke sie in x-Richtung mit dem Faktor 2. Gib die Gleichung der gestreckten Parabel an. Wie hätten wir in der 9. Jahrgangsstufe die „gestreckte“ Parabel aus der Normalparabel erzeugt?

b) Gib die Gleichung der in x-Richtung mit dem Faktor b gestreckten Normalparabel $y = x^2$ an. Warum haben wir in der 9. Jahrgangsstufe auf ein Strecken und Stauchen in x-Richtung verzichtet und trotzdem alle Parabelformen erhalten?

9 Suche nach Symmetrien zum Koordinatensystem

Entscheide anhand des Terms der Funktion f, ob ihr Graph G_f symmetrisch zur y-Achse bzw. symmetrisch zum Ursprung ist oder keine der beiden Symmetrien aufweist.
Bei Spiegelung an der x-Achse entsteht aus G_f der Graph G_g, bei Spiegelung an der y-Achse der Graph G_h und bei Spiegelung am Ursprung der Graph G_u. Gib jeweils $g(x)$, $h(x)$ und $u(x)$ an.

a) $f(x) = 2x - 1$ b) $f(x) = 5$ c) $f(x) = 3x^2 + 4$
d) $f(x) = x(x^2 - 1)$ e) $f(x) = -8x^2 + 8x$ f) $f(x) = 4x^3 - 2x$
g) $f(x) = \frac{1}{2}x^3 + 2x - 1$ h) $f(x) = \frac{4 + 2x^2}{x^2}$ i) $f(x) = 2\cos(\frac{1}{2}x) + 1$
k) $f(x) = x^2 \cdot \sin x$ l) $f(x) = x \cdot \sin x$ m) $f(x) = 2^x \cdot \cos x$

10 Symmetrie erzeugen

Für welche Werte von a sind die zugehörigen Graphen symmetrisch zur y-Achse bzw. zum Ursprung?

a) $f(x) = x - a$ b) $f(x) = x(x - a)$ c) $f(x) = x(x - a)^2$
d) $f(x) = x(x^2 - a)$ e) $f(x) = ax^2 - (1 - a)x + a$ f) $f(x) = x^2(x - 2a)(x + 2a)$

11 Diskussion ganzrationaler Funktionen

Bestimme $\lim\limits_{x \to \pm\infty} f(x)$. Untersuche auf Symmetrie zur y-Achse bzw. zum Ursprung. Berechne die Nullstellen und den Schnittpunkt mit der y-Achse. Skizziere den groben Verlauf des Graphen mithilfe einer Vorzeichentabelle. Beschreibe seinen Verlauf mit Worten.

a) $f(x) = -0{,}5x^2 - 0{,}3x + 1{,}4$ b) $f(x) = \frac{1}{3}x^3 - 3x$

c) $f(x) = 2x^4 - 10x^2 + 8$ d) $f(x) = -4x^5 + 29x^3 - 25x$

12 Ein neuer Typ

Wir betrachten die Bruchfunktion $f(x) = \frac{1}{1 + x^2}$. Ihr Graph heißt G_f.

a) Gib die Definitionsmenge D an. Untersuche G_f auf Symmetrie.

b) Warum lässt sich f(x) nicht durch unsere Manipulationen aus $g(x) = \frac{1}{x}$ oder $h(x) = \frac{1}{x^2}$ gewinnen?

c) Bestimme $\lim\limits_{x \to \pm\infty} f(x)$. Berechne die Koordinaten der Achsenschnittpunkte.

d) Warum fällt G_f für $x > 0$? Steigt oder fällt G_f für $x < 0$? Welche Koordinaten hat der höchste Punkt H von G_f?

e) Lege ein Koordinatensystem an und skizziere G_f. Beschreibe seinen Verlauf mit Worten.

f) Wie lautet die Gleichung der Bruchfunktion, deren Graph durch Spiegelung von G_f an der x-Achse entsteht? Beschreibe den Verlauf ihres Graphen mit Worten.

g) Wie lautet eine Gleichung einer Bruchfunktion, deren Graph den höchsten Punkt $H(2|3)$ hat?

13 Bruchfunktion

Wir betrachten die Bruchfunktion $f(x) = \frac{x}{1 + x^2}$. Ihr Graph heißt G_f.

a) Gib die Definitionsmenge D an. Untersuche G_f auf Symmetrie.

b) Bestimme $\lim\limits_{x \to \pm\infty} f(x)$. Berechne die Koordinaten der Achsenschnittpunkte.

c) Lege ein Koordinatensystem an und skizziere G_f. Beschreibe den Verlauf von G_f mit eigenen Worten.

14 Wachstums- und Abklingvorgänge

Wir betrachten zunächst die Mutter $f(t) = 2^t$ der Exponentialfunktionen.

a) Skizziere ihren Graphen G_f und beschreibe den Verlauf.

b) Wir haben exponentielle Wachstumsvorgänge durch Funktionen der Form $w(t) = b \cdot 2^{\frac{t}{t_V}}$ beschrieben. Wie erhält man den Graphen der Wachstumsfunktion w aus G_f? Wie wirkt es sich aus, wenn die Verdoppelungszeit t_V zunimmt?

c) Abkling- und Zerfallsvorgänge haben wir durch Funktionen der Form $z(t) = b \cdot \left(\frac{1}{2}\right)^{\frac{t}{t_H}}$ beschrieben. Wie erhält man den Graphen eines Abklingvorgangs aus dem Graphen einer Wachstumsfunktion, wenn die Verdoppelungszeit t_V und die Halbwertszeit t_H gleich sind.
Beschreibe den Verlauf der beiden Graphen mit eigenen Worten.

15 Gauß'sche Glockenkurve

Gegeben ist die Exponentialfunktion $f(x) = 2^{-x^2}$.

a) Gib die Definitionsmenge D an. Untersuche G_f auf Symmetrie.

b) Bestimme $\lim\limits_{x \to \pm\infty} f(x)$. Berechne die Koordinaten der Achsenschnittpunkte.

c) Beschreibe, in welchen Bereichen G_f fällt bzw. steigt.

d) Berechne f(0,5), f(1), f(1,5) und f(2). Lege ein Koordinatensystem an (Einheit: 2 cm) und zeichne G_f.

e) Carl Friedrich Gauß hat nachgewiesen, dass sich viele Vorgänge unseres Lebens durch eine angepasste Glockenkurve der obigen Art beschreiben lassen. Wir betrachten dazu Schachteln mit Streichhölzern. Bei 40 % aller Packungen stimmt die Anzahl der enthaltenen Hölzer; bei 24 % ist es ein Streichholz zu viel. Wie viel Prozent aller Schachteln enthalten ein Streichholz zu wenig, wie viel Prozent 2 bzw. 3 Hölzer zu wenig?

16 Beschränktes Wachstum

Wir untersuchen die Funktion $f(x) = \frac{8}{1 + 2^{-x}}$.

a) Gib die Definitionsmenge D an.

b) Bestimme $\lim\limits_{x \to \pm\infty} f(x)$. Welche Geraden sind Asymptoten des Graphen?

c) Berechne die Koordinaten des Schnittpunkts mit der y-Achse.

d) Steigt oder fällt G_f im gesamten Definitionsbereich?

e) Erstelle für $-3 \leq x \leq 3$ eine Wertetabelle mit der Schrittweite 1. Lege ein Koordinatensystem an und zeichne G_f. Beschreibe den Verlauf mit eigenen Worten.

f) Viele Wachstumsvorgänge lassen sich durch eine angepasste Funktion der obigen Art beschreiben. Das Diagramm zeigt, wie sich die Anzahl der Schafe im 19. Jahrhundert in Tasmanien entwickelt hat. Beschreibe den Verlauf. Gib qualitativ an, wie man aus f(x) den Term für eine Kurve erhalten könnte, welche die Entwicklung der Anzahl der Schafe näherungsweise beschreibt.

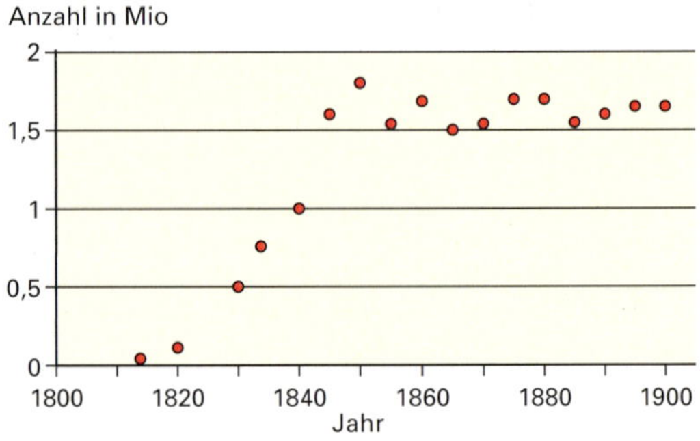

17 Typ und Gleichung gesucht!

Die unten abgebildeten Graphen sind jeweils durch die Manipulation eines Graphen der Grundfunktionen $f_1(x) = x^2$, $f_2(x) = \frac{1}{x}$, $f_3(x) = \frac{1}{x^2}$, $f_4(x) = 2^{-x^2}$, $f_5(x) = x^3 - 7x$ und $f_6(x) = x^2(x^2 - 2)$ hervorgegangen. Dabei wurde nie in Richtung der x-Achse gestaucht oder gestreckt.

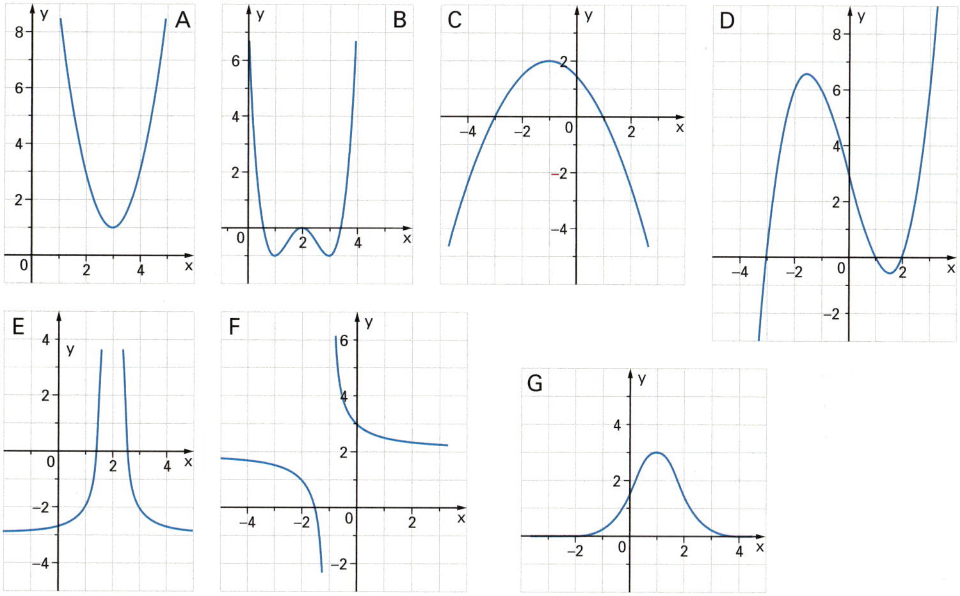

a) Beschreibe jeweils den Verlauf des Graphen mit eigenen Worten. Aus welchem Graphen und wie ist er entstanden?

b) Stelle die Gleichung der zugehörigen Funktion auf.

c) Berechne die Nullstellen der Funktion und überprüfe diese am Graphen.

Zum Intensivieren

18 Verschobene Exponentialfunktionen

a) Zeichne den Graphen G_f der Mutter der Exponentialfunktionen $f(x) = 2^x$.

Beschreibe jeweils, wie der Graph der folgenden Exponentialfunktion aus G_f entsteht und skizziere ihn.

b) $g(x) = 2^{x-1}$ c) $g(x) = \frac{1}{2} \cdot 2^x$ d) $g(x) = 2^{-x}$ e) $g(x) = 2^{-2x}$

f) $g(x) = \frac{1}{3} \cdot 2^x + 1$ g) $g(x) = 4 - 2^{-x}$ h) $g(x) = 2^{-x} - 4$ i) $g(x) = 3 \cdot (\frac{1}{2})^x - 2$

19 Grundwissen: Quadratische Ergänzung

Führe die Gleichung der Parabel jeweils in die Scheitelform über und beschreibe, wie die Parabel aus der Normalparabel $y = x^2$ durch Verschieben bzw. Strecken entsteht.

a) $f(x) = x^2 + 2x + 1$ b) $f(x) = x^2 - 6x + 10$ c) $f(x) = x^2 + 3x - 0{,}75$

d) $f(x) = 2x^2 - 6x$ e) $f(x) = 3x^2 - 6x$ f) $f(x) = \frac{1}{2}x^2 - x + 2$

Ergebnisse der Aufgaben zum Intensivieren

Seite 14

12. a) Mit wachsender Eckenzahl nähern sich die Werte der Kreiszahl π zunächst immer genauer an; dann verschlechtern sie sich wieder und enden mit 0.
    b) Tipp: Binomische Formel!
    d) Tipp: Wie wirken sich mit kleiner werdendem s_n in beiden Formeln Rundungsfehler aus, wenn der Computer z. B. auf 12 Stellen genau rechnet?

13. Tipp: Wie viel mal so groß sind Radius und Umfang des größeren Zahnrades?

14. Tipp: Nimm als eine Seite des Quadrats einen geeigneten Durchmesser des Dreiviertelkreises.

15. b) $A_B(a) = 3a^2\left(\frac{1}{16} + \frac{\pi}{64}\right)$

Seite 18

11. a) $u = \frac{3}{2}\pi \cdot a$ b) $A_{Stiel} = A_{Kappe} = \frac{1}{8}(\pi - 2) \cdot a^2$

12. b) Der Mittelpunktswinkel μ ist doppelt so groß wie der Umfangswinkel φ.
    c) Bezeichne die Teile, in die φ durch [MC] zerlegt wird mit φ_1 und φ_2.
    d) $\varphi + \psi = 180°$ (Tipp: Wähle für den Beweis C und D so, dass [CD] durch M verläuft. Warum ist dann der Winkel bei A bzw. B gleich 90°?)

13. b) Tipp: Betrachte [CD] als Sehne im blauen Kreis. Was folgt daraus über die Umfangswinkel bei A und F? Betrachte dann [CD] als Sehne im grünen Kreis.
    c) Tipp: Warum sind die beiden Dreiecke DBM_1 und EDM_1 kongruent?
    d) Tipp: Welcher Zusammenhang besteht zwischen γ_1 und μ_1, welcher zwischen γ_2 und μ_2?

Seite 26

18. a) $V = \frac{\pi}{6}d^3$ b) $O = \pi d^2$ c) $V = \frac{1}{6\pi^2} \cdot u^3$ d) $O = \frac{1}{\pi} \cdot u^2$

19. a) $V = 15\pi\,\text{cm}^3$; $O = 30\pi\,\text{cm}^2$ b) $V = \frac{8}{3}(1 + \sqrt{3})\pi\,\text{cm}^3$; $O = 24\pi\,\text{cm}^2$

20. a) $a = 3\,\text{cm}$ b) $a = \sqrt{3}\,\text{cm}$

Seite 30

5. a) $b = 5\,\text{cm}$, $\alpha = 36{,}9°$, $\tan\alpha = \frac{\sin\alpha}{\cos\alpha}$
   b) $a = \frac{1}{2}\,\text{cm}$; $b = \frac{\sqrt{3}}{2}\,\text{cm}$, $(\sin\alpha)^2 + (\cos\alpha)^2 = 1$ (Satz von Pythagoras)

6. a) $\alpha = \gamma = 109{,}9°$ und $\beta = 50{,}2°$; $e \approx 42{,}4\,\text{cm}$ und $f \approx 66{,}5\,\text{cm}$
   b) Tipp: 4 Aussagen sind wahr und 4 Aussagen sind falsch.

7. Ab dem 82. Breitengrad. In Alaska gibt es also (Gott sei Dank) noch Empfang.

Seite 39

13. c) $\sin 30°$ kann nicht negativ sein!

14. a) $x = \frac{\pi}{2}$ b) $x_1 = \frac{\pi}{2}$; $x_2 = \frac{3}{2}\pi$ c) $x_1 = 0$; $x_2 = \pi$
d) $x_1 = \frac{\pi}{6}$, $x_2 = \frac{5}{6}\pi$ e) $x_1 = \frac{\pi}{3}$, $x_2 = \frac{5}{3}\pi$ f) $x_1 = \frac{\pi}{4}$, $x_2 = \frac{3}{4}\pi$
g) $x_1 = \frac{2}{3}\pi$, $x_2 = \frac{4}{3}\pi$ h) $x_1 = \frac{4}{3}\pi$, $x_2 = \frac{5}{3}\pi$

15. a) $x_1 = +\sqrt{2}$; $x_2 = -\sqrt{2}$ b) $x_1 = 18$; $x_2 = -4$ c) $x_1 = -2$; $x_2 = 3$
d) $x = 1{,}5$ e) $x_1 = -3$; $x_2 = 5$ f) $x_1 = 0$; $x_2 = 5$
g) – h) $x_1 = 0$; $x_2 = 2\sqrt{2}$ i) $x_1 = 1{,}5$; $x_2 = -9$
k) $x_1 = 5 + \sqrt{3}$; $x_2 = 5 - \sqrt{3}$ l) $x_1 = -2$; $x_2 = 3$ m) $x_1 = \frac{2}{3}$; $x_2 = -\frac{1}{6}$

Seite 47

17. SSS, SWS, WSW, SWW, SsW

18. a) $\gamma = 81°$, $a = 7{,}5\,cm$, $b = 5{,}4\,cm$ b) $\alpha = 32{,}9°$, $\beta = 67{,}7°$, $\gamma = 79{,}4°$
c) $\alpha = 82{,}7°$, $\gamma = 67{,}3°$, $b = 4{,}3\,cm$ d) $\beta = 25{,}5°$, $\gamma = 57{,}5°$, $b = 4{,}3\,cm$
e) $\gamma = 107°$, $a = 4{,}2\,cm$, $c = 7{,}4\,cm$
f) $\beta_1 = 64{,}2°$, $\gamma_1 = 70{,}8°$, $c_1 = 7{,}3\,cm$, $\beta_2 = 115{,}8°$, $\gamma_2 = 19{,}2°$, $c_2 = 2{,}6\,cm$

19. 1. Tipp: $A_{Stern} = A_{Quadrat} - 8 \cdot A_{Dreieck}$
2. Tipp: Warum ist das betrachtete kleine Dreieck rechtwinklig? Ermittle die Längen seiner Katheten in Abhängigkeit von a mithilfe des Sinus und des Kosinus.

20. a) $D = \mathbb{R} \setminus \{0\}$; $y = 0$; $x = 0$
b) $g(x) = \frac{1}{x-1} - 2$; $D_g = \mathbb{R} \setminus \{1\}$; $y = -2$; $x = 1$
c) $g(x) = \frac{1}{x+2} - 1$; $D_h = \mathbb{R} \setminus \{-2\}$; $y = -1$; $x = -2$
d) $x = -\frac{5}{3}$

Seite 54

11. a) $\{-\frac{13}{6}\pi; -\frac{5}{6}\pi; \frac{11}{6}\pi; \frac{19}{6}\pi; \frac{31}{6}\pi\}$, $\{-\frac{7}{6}\pi; \frac{\pi}{6}; \frac{13}{6}\pi; \frac{17}{6}\pi\}$, $\{-\frac{5}{3}\pi; \frac{13}{3}\pi\}$, $\{\frac{5}{3}\pi; \frac{11}{3}\pi\}$
b) $\{-\frac{13}{6}\pi; \frac{\pi}{6}; \frac{11}{6}\pi; \frac{13}{6}\pi\}$, $\{-\frac{7}{6}\pi; -\frac{5}{6}\pi; \frac{17}{6}\pi; \frac{19}{6}\pi; \frac{31}{6}\pi\}$, $\{-\frac{5}{3}\pi; \frac{5}{3}\pi; \frac{11}{3}\pi; \frac{13}{3}\pi\}$

12. a) $0 \mid \frac{1}{\sqrt{3}} \mid 1 \mid \sqrt{3} \mid - \mid -\sqrt{3} \mid -1 \mid -\frac{1}{\sqrt{3}} \mid 0 \mid \frac{1}{\sqrt{3}} \mid 1 \mid \sqrt{3} \mid - \mid -\sqrt{3} \mid -1 \mid -\frac{1}{\sqrt{3}} \mid 0$
b) $x_1 = \frac{\pi}{2}$ und $x_2 = \frac{3}{2}\pi$ sind senkrechte Asymptoten. d) $W = \mathbb{R}$

13. a) $y = (x-2)^2 - 3$ b) $y = (x+3)^2 + 2$ c) $y = (x - x_S)^2 + y_S$
d) Für $|a| > 1$ wird die Normalparabel gestreckt, für $|a| < 1$ gestaucht; ein Minuszeichen bewirkt eine Spiegelung an der x-Achse.
e) $y = 2(x+1)^2 + 5$; Scheitel $S(-1|5)$; nach oben geöffnet; schlanker.
f) Keine Nullstellen.

Seite 64

17. a) $f(x) = \sin(x+2)$ b) $f(x) = 2\sin 2x$ c) $f(x) = 3\sin 2(x - \frac{\pi}{6})$
d) $f(x) = \sin(x + \frac{\pi}{3}) + 2$ e) $f(x) = \frac{1}{2}\sin 4x$ f) $f(x) = 2\sin\frac{2}{3}(x - \pi) + 1$

18. a) 16 kg b) 27,2 Mio. t c) 3,6% bzw. 0,9%

Seite 76

18. a) $\frac{7}{253} \approx 2{,}8\%$ b) $\frac{246}{253} \approx 97{,}2\%$ c) $\frac{70}{253} \approx 27{,}7\%$

19. a) 5G, 5R b) 8G, 2R oder 2G, 8R c) 3G, 7R oder 7G, 3R
d) 4G, 6R e) 9G, 1R oder 1G, 9R f) 2G, 8R oder 8G, 2R

21. a) $2 \cdot 10^4$ m b) $2{,}5 \cdot 10^{-4}$ km c) $2{,}5 \cdot 10^{-4}$ km d) $2 \cdot 10^7$ m²
e) $2{,}5 \cdot 10^5$ m² f) $2{,}5 \cdot 10^{-4}$ km² g) $2{,}5 \cdot 10$ m³ h) $2{,}5 \cdot 10^2$ l
i) 2,5 hl k) $2 \cdot 10^5$ l) $3{,}6 \cdot 10$ m) $9 \cdot 10^8$
n) $1 \cdot 10^{13}$ o) $4{,}8 \cdot 10^{18}$ p) $3 \cdot 10$

Seite 82

12. G: „Befund gesund“ $P_G(\overline{B}) = 0{,}99756 \approx 99{,}8\%$

13. a) $p = 0{,}25$ b) F: „Gepäckstück wird fehlgeleitet.“ $P_M(\overline{F}) = 99{,}2\%$

14. b) am 21.05: Zunahme von 190 cm oder 85%, am 22.05: Zunahme um 35 cm oder 0,8%, dann Abnahme von 110 cm oder 25%, am 23.05: Abnahme von 70 cm oder 20%.
d) Eindeutige Zuordnung! Die umgekehrte Zuordnung ist nicht eindeutig.

Seite 91

13. a) – b) pro halbe Stunde um 14%, pro Stunde um 30%
c) $N(-0{,}5) = 439$ e) Verdopplungszeit ca. 2,6 h

14. a) auf 10500 € bzw. 11000 € bzw. 11500 €
b) Wachstumsfaktor = 1,05; $K(t) = K_0 \cdot 1{,}05^t$
c) Verdoppelung nach 20 bzw. 14,2 Jahren. Nach 15 Jahren werden 17500 € bzw. 20790 € ausbezahlt.

15. a) $y = b + 0{,}3x$ b) $y = b \cdot 1{,}3^x$ c) $y = b - 0{,}25 \cdot x$ d) $y = b \cdot 0{,}75^x$

16. a) $x = 3$ b) $x = -3$ c) $x = \pm 3$ d) keine Lösung
e) $a = 2$ f) $z = -2$ g) $x = -\frac{3}{2}$ h) $x = \pm 2{,}5$
i) $x = \sqrt[3]{3}$ k) $z = \pm\sqrt{2}$ l) $a = \pm\frac{1}{2}$ m) $z = -10$
n) $x = -3$ o) $a = \pm 1$ p) keine Lösung q) $z = -\sqrt[3]{2}$
r) $x_1 = 2;\ x_2 = 3$ s) $x = \frac{1}{2}$ t) $x = 0$ u) $x_1 = 0;\ x_2 = 1$

Seite 98

17. b) $K(t) = K_0 \cdot (1 + \frac{p}{100})^t$ c) $K_2(t) = K_0 \cdot (1 + \frac{p}{2 \cdot 100})^{2t}$
d) $K_n(t) = K_0 \cdot (1 + \frac{p}{100n})^{nt}$; n = 1 jährliche, n = 2 halbjährliche, n = 4 vierteljährliche, n = 52 wöchentliche, n = 360 tägliche Verzinsung.
e) $K_n(1) = 1 \cdot (1 + \frac{1}{n})^n$; $K_1 = 2$; $K_2 = 2{,}25$; $K_4 = 2{,}4414$; $K_{52} = 2{,}6926$; $K_{360} = 2{,}7145$

18. a) $x = -2$ b) $x = -1$ c) $x_1 = 0$; $x_2 = -2$ d) $x = \pm 2$ e) $x_1 = -2$; $x_2 = \frac{1}{2}$
f) –
g) $x_1 = -1$; $x_2 = -3$
h) grafisch: $x_1 \approx 3{,}7$; $x_2 \approx 0{,}14$; $x_3 \approx -3{,}8$
i) $x = -\sqrt[3]{6}$ k) $x = 3$ l) $x = 1$ m) $x \approx 1{,}6$

Seite 103

10.
a) 3	b) −3	c) 2	d) 5	e) 0	f) –	g) $\frac{1}{2}$	h) $\frac{1}{3}$
i) 2	k) −2	l) 3	m) $\frac{1}{2}$	n) $\frac{3}{2}$	o) $\frac{2}{3}$	p) $\frac{5}{2}$	q) 5

11. a) $a = 1{,}5$ b) $r = -2$
c) $a = \sqrt[r]{u} = u^{\frac{1}{r}}$ bzw. $r = \log_a u$ d) Kommutativgesetz

12. a) $a = \sqrt{\frac{3V}{h}}$ b) $a = 2{,}5$ c) $\alpha = 63{,}4°$, $\beta = 54{,}7°$ d) C e) E

Seite 110

13. a) 2,1 (0,2%) b) 2,5 (1,4%) c) 2,6 (1,2%) d) 0,9 (7,9%)
e) −0,9 (7,9%) f) −1,5 (2,4%) g) 4,5 (2,4%) h) 5 (1,4%)

14. a) $y = (x-2)^2 - 4$ b) $y = -(x+2)^2$ c) $y = -(x-3)^2 + 4$
d) $y = -(x+2)^2 - 3$ e) $y = \frac{1}{2}(x+1)^2 + 2$ f) $y = 2(x-2)^2$

15. a) $f(x) = -2x + 4$ b) $-f(x) = 2x - 4$ c) $f(-x) = 2x + 4$ d) $-f(-x) = -2x - 4$

16. 81 weiße und 100 blaue Fliesen

Seite 118

12.
a) $x = -2$	b) $x = 4$	c) $x \approx 9{,}966$	d) $x \approx 2{,}508$	e) $x = 3$
f) $x \approx -0{,}406$	g) $x = -1$	h) $x = 1{,}5$	i) $x = 0$	k) $x = -\frac{1}{2}$
l) $x = 2$	m) $x \approx 2{,}944$	n) $x \approx 2{,}893$	o) $x = 3$	p) $x = 0$

13. a) $A_0 = 65$
b) Die Zerfallsrate des Regenwassers ist nicht konstant, sondern sie nimmt ab.
c) ca. 12,4 Jahre d) 24,8 Jahre, also ca. 25 Jahre
e) Nur nach dem Jahr 1965; die entstehenden He-3-Atome dürfen nicht entweichen.

14. a) h = 8 cm b) $V_{Kugel} = \frac{500}{3}\pi\,cm^3$; $V_{Zyl} = 72\pi\,cm^3$
c) $O_{Kugel} = 100\pi\,cm^2$; $O_{Zyl} = 66\pi\,cm^2$ d) 43% e) 66%

Seite 128

12. a) 12; 14; 16; bestimmt divergent
    b) 36; 49; 64 bestimmt divergent
    c) +1; −1; +1; unbestimmt divergent
    d) 15; 30; 31; bestimmt divergent
    e) $\frac{1}{6}$; $\frac{1}{7}$; $\frac{1}{8}$; konvergiert gegen 0
    f) $\frac{7}{6}$; $\frac{8}{7}$; $\frac{9}{8}$; konvergiert gegen 1
    g) $\frac{1}{6}$; $-\frac{1}{7}$; $\frac{1}{8}$; konvergiert gegen 0
    h) ... konvergiert gegen $\frac{1}{3}$
    i) ... konvergiert gegen 1

13. a) 3; $\left|\frac{3n+1}{n} - 3\right| = \frac{1}{n}$
    b) 1; $\left|\frac{n}{n+1} - 1\right| = \frac{1}{n}$
    c) $\frac{3}{2}$; $\left|\frac{3n}{2n-1} - \frac{3}{2}\right| = \frac{3}{2(2n-1)}$
    d) 2; $\left|\frac{2^{n+1}-1}{2^n} - 2\right| = \frac{1}{2^n}$
    e) 2; $\left|\frac{n+1}{n} + \frac{n}{n+1} - 2\right| = \frac{1}{n(n+1)}$

14. Folge nimmt immer wieder die Zahl 1 an (was bisher noch nicht bewiesen wurde). Unbestimmte Divergenz!

15. a) f b) w c) f d) f e) w f) w g) f h) f i) f k) w l) w m) w n) w

Seite 132

6. a) $D = \mathbb{R}\setminus\{5\}$; $x = 5$; $y = 1$; $W = \mathbb{R}\setminus\{1\}$
   b) $D = \mathbb{R}\setminus\{-3\}$; $x = -3$; $y = -2$; $W = \mathbb{R}\setminus\{-2\}$
   c) $D = \mathbb{R}\setminus\{2\}$; $x = 2$; $y = 1$; $W =]1; +\infty[$
   d) $D = \mathbb{R}\setminus\{-1\}$; $x = -1$; $y = 3$; $W =]3; +\infty[$
   e) $D = \mathbb{R}\setminus\{-4\}$; $x = -4$; $y = 0$; $D = \mathbb{R}^+$
   f) $D = \mathbb{R}\setminus\{3\}$; $x = 3$; $y = -1$; $W =]-1; +\infty[$

7. Tipp: Welche Tage kommen nur in Frage? Trifft diese Aussage für einen dieser Tage zu?

8. a) Ausklammern, Binomische Formeln, Satz von Vieta
   b) $2a(b+3c)$
   c) $15a(1-3b)$
   d) $8a^3(2a-1)$
   e) $(3x+2y)(3x-2y)$
   f) $(5a+1)(5a-1)$
   g) $ab(a+b)(a-b)$
   h) $(x+3)^2$
   i) $(5-x)^2$
   k) $2(x+3)^2$
   l) $-(5-x)^2$
   m) $x(2x+1)^2$
   n) $2u(3u+v)^2$
   o) $(x+2)(x+3)$
   p) $(x-2)(x+3)$
   q) $3(x+2)(x+3)$
   r) $(x+5)(x-2)$
   s) $(x-5)(x-2)$
   t) $0{,}5(x-5)(x+2)$

9. $r = \frac{1}{\sqrt{5}}R$ und $h = \frac{4R}{\sqrt{5}}$

Seite 139

10. a) ± 1; ± 2
    b) ± 1; ± 3
    c) ± 2; $\pm\sqrt{5}$
    d) –
    e) $\pm\frac{3}{2}$
    f) $\pm\sqrt{3}$; $\pm\sqrt{\frac{5}{2}}$
    g) ± 2; $\pm\frac{1}{2}$
    h) ± 10; $\pm\frac{1}{10}$
    i) $\pm\frac{1}{2}\sqrt{2}$
    k) $\pm\frac{3}{2}$

11. a) 2; −1
    b) 2; −3
    c) −1; $\sqrt[3]{5}$
    d) $-\sqrt[3]{3}$; $-\sqrt[3]{\frac{1}{2}}$
    e) ± 2
    f) $\pm\sqrt[4]{3}$; $\pm\sqrt[4]{2}$
    g) $\pm\sqrt[4]{\frac{1}{2}}$
    h) –
    i) −1
    k) 0; ± 1; $\pm\frac{1}{4}$
    l) 0; $\pm\sqrt{\frac{1}{2}}$; $\pm\sqrt{\frac{1}{3}}$
    m) 0; ± 1

12. a) $r = \frac{u}{2\pi}$ b) $r = \frac{1}{2}\sqrt{\frac{O}{\pi}}$ c) $r = \sqrt{\frac{3V}{\pi h}}$

d) $r = \sqrt[3]{\frac{3V}{4\pi}}$ e) $r = \frac{-\pi m + \sqrt{\pi^2 m^2 + 4\pi O}}{2\pi}$ f) $r = \frac{-2\pi h + \sqrt{4\pi^2 h^2 + 8\pi A}}{4\pi}$

g) $t = \frac{v - v_0}{a}$ h) $t = \frac{-v_0 + \sqrt{v_0^2 + 2as}}{a}$ i) $r = \sqrt{\frac{F}{G m_1 m_2}}$

k) $r = \frac{r_1 r_2}{r_1 + r_2}$ l) $r = 2\frac{bg}{b+g}$ m) $t = -\frac{1}{\lambda} \cdot \log_e \frac{N}{N_0}$

Seite 148

17. a) $x - 9$ b) $x^2 - 4x + 3$ c) $a^4 - 4a^2 + 16$

d) $b^2 + \sqrt{2}b + 1$ e) $2x^2 - 3x + 1$ f) $x^3 - 0{,}5x^2 + 1{,}5x + 3$

18. a) $a^2 + 3a + 2$ b) $b^2 - 3b - 2 + \frac{6}{b+2}$ c) $c^2 + 1$

d) $d^2 + 3d + 2$ e) $4e^4 + 6e^2 + 9 + \frac{1}{2e^2 - 3}$ f) $9f^4 - 6f^2 + 2$

g) $1 - \frac{1}{m+2}$ h) $k + 1 + \frac{2}{k-1}$ i) $a^2 + 0{,}5 + \frac{2{,}5}{2a^2 - 3}$

20. a) $f(x) = \frac{1}{3}(x+3)(x-2)^2$ b) $f(x) = -\frac{1}{6}(x+2)^3(x-1)^2(x-2)$

c) $f(x) = -\frac{1}{2}(x+1)(x-2)^3$ d) B

21. a) $f(x) = (x-2)(x-1)(x+2)$ b) $f(x) = (x-2)(x+1)^2$

c) $f(x) = (x-3)^2(x+3)^2$ d) $f(x) = (x-2)(x+2)^3$

e) $f(x) = (x-1)^3(x+1)$ f) $f(x) = (x-3)(x+1)(x-1)^2$

g) $f(x) = x(x-3)(x-1)(x+1)(x+3)$ h) $f(x) = (x-1)^3(x+1)^3$

i) $f(x) = (x-2)^3$

Seite 159

18. b) Verschieben um +1 in x-Richtung
c) Stauchen in y-Richtung mit $\frac{1}{2}$
d) Spiegeln an der y-Achse
e) Spiegeln an der y-Achse und Stauchen mit Faktor $\frac{1}{2}$ in x-Richtung
f) Stauchen in y-Richtung mit $\frac{1}{3}$, Verschieben um +1 in y-Richtung
g) Spiegeln am Ursprung und Verschieben um +4 in y-Richtung
h) Spiegeln an der y-Achse und Verschieben um −4 in y-Richtung
i) Strecken mit 3 in y-Richtung, Spiegeln an der y-Achse, Verschieben um −2 in y-Richtung.

19. a) $(x+1)^2$ b) $(x-3)^2 + 1$ c) $(x+1{,}5)^2 - 3$

d) $2(x-1{,}5)^2 - 4{,}5$ e) $3(x-1)^2 - 3$ f) $\frac{1}{2}(x-1)^2 + 1{,}5$

Grundwissen

- Kopiere die folgenden Seiten auf dünnen Karton und zerschneide ihn in „Lernkarten".
- Ergänze damit deine Lernkartei der vergangenen Jahre: Wenn im Unterricht ein neuer Lehrstoff behandelt wurde, nimmst du die zugehörige Karte in deine Kartei auf.
- Schreibe das Thema der Karte und die Aufgabenstellung der Beispiele auf die Rückseite. Dann kannst du dich besser selbst abfragen, ohne gleich die Lösung vor dir zu sehen.
- Ist dir eine Testaufgabe beim Intensivieren schwer gefallen, so halte sie auf einer Lernkarte fest.
- Trainiere den Lehrstoff etwa einmal in der Woche: Mische dazu die Karten und versuche, den Inhalt möglichst selbstständig mündlich wiederzugeben. Die Karten, bei denen das gut gelingt, legst du auf die Seite. Fahre so fort, bis du alle Karten zur Seite gelegt hast.
- Dieses Verfahren garantiert gute Lernfortschritte in der Mathematik. In diesem Jahr lernst du nämlich wichtige Grundlagen, die auch in der Oberstufe immer wieder in Prüfungen von dir verlangt werden.

Der Kreis

Alle Kreise sind zueinander ähnlich: Der Kreisumfang u_{Kreis} ist proportional zum Radius r des Kreises, der Flächeninhalt A_{Kreis} zum Quadrat r^2 des Radius:

$$u_{Kreis} = 2\pi \cdot r = \pi \cdot d \qquad A_{Kreis} = \pi \cdot r^2$$

Die Kreiszahl π ist eine irrationale Zahl: $\pi = 3{,}14\ldots$

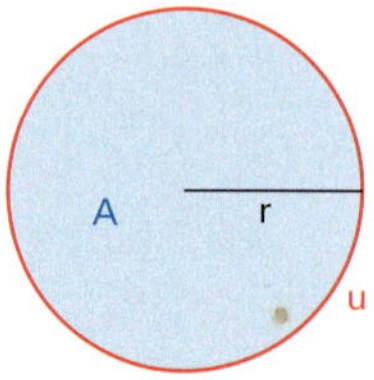

Der Kreissektor (Kreisausschnitt)

Die Bogenlänge b_{Sektor} bzw. der Flächeninhalt A_{Sektor} eines Kreisausschnitts mit dem Mittelpunktswinkel μ ist $\frac{\mu}{360°}$ des Umfangs bzw. des Flächeninhalts des Vollkreises:

$$b = \frac{\mu}{360°} \cdot 2\pi \cdot r \qquad A_{Sektor} = \frac{\mu}{360°} \cdot \pi \cdot r^2$$

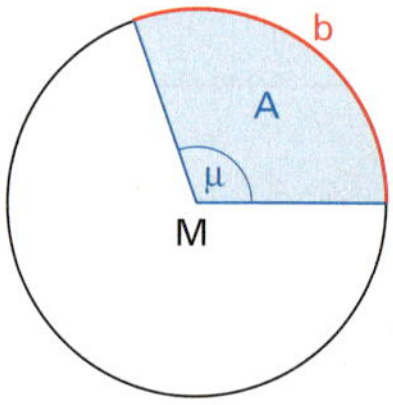

Die Kugel

Alle Kugeln sind zueinander ähnlich: Der Inhalt der Kugeloberfläche O_{Kugel} ist proportional zum Quadrat r^2 des Kugelradius, das Volumen V_{Kugel} zur dritten Potenz r^3 des Kugelradius:

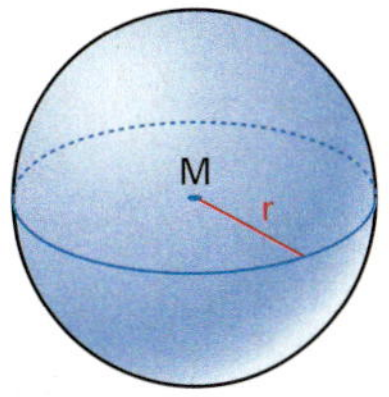

$$O_{Kugel} = 4\pi \cdot r^2 \qquad V_{Kugel} = \tfrac{4}{3}\pi \cdot r^3$$

Die Oberfläche O einer Kugel ist viermal so groß wie die Fläche eines Großkreises.
Das Volumen einer Kugel ist etwas mehr als die Hälfte des Volumens $V_{Würfel} = (2\,r)^3$ des umbeschriebenen Würfels.

Die Kugeloberfläche lässt sich im Gegensatz zur Oberfläche des Zylinders und des Kegels nicht in die Ebene abwickeln.

Sinus-, Kosinus- und Tangenswerte für beliebige Winkel

Durch Addition oder Subtraktion von Vielfachen von 360° führen wir den Winkel auf einen Winkel zwischen 0° und 360° zurück.

Winkel zwischen 0° und 360°

Für den Sinus-, Kosinus- oder Tangenswert eines Winkels φ über 90° liefert

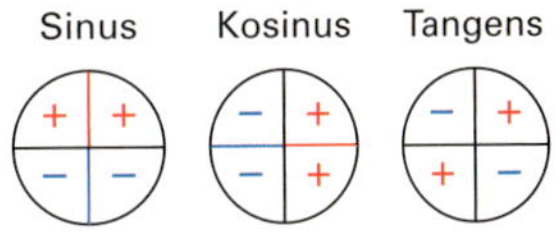

- der Quadrant das Vorzeichen und
- die Differenz zwischen φ und 180° bzw. zwischen 360° und φ den zugehörigen spitzen Winkel.

Beispiele:

a) $\sin 150° = +\sin(180° - 150°) = \sin 30° = \frac{1}{2}$

b) $\cos 210° = -\cos(210° - 180°) = -\cos 30° = -\frac{1}{2}\sqrt{3}$

c) $\tan(-405°) = \tan(-405° + 360°) = \tan(-45°) = -\tan 45° = -1$

d) $\sin 990° = \sin(990° - 720°) = \sin 270° = -\sin 90° = -1$

Das Bogenmaß

Das **Bogenmaß** x eines Winkels φ ist die Länge des zugehörigen Bogens im Einheitskreis:

$$x = \frac{\varphi}{180°} \cdot \pi$$

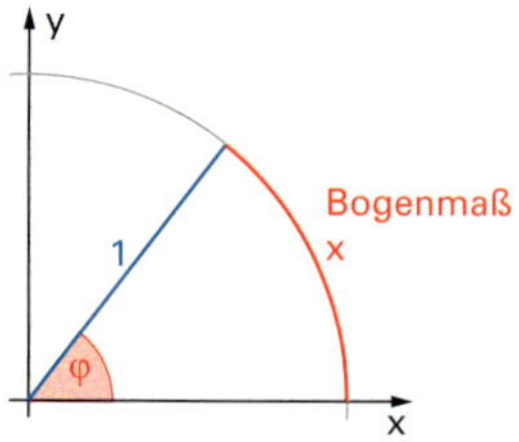

Besondere Werte

Gradmaß φ	30°	45°	60°	90°	180°	270°	360°
Bogenmaß x	$\frac{\pi}{6}$	$\frac{\pi}{4}$	$\frac{\pi}{3}$	$\frac{\pi}{2}$	π	$\frac{3}{2}\pi$	2π

Sinussatz

In jedem Dreieck verhalten sich die Längen zweier Seiten wie die Sinuswerte ihrer Gegenwinkel:

$$\frac{a}{b} = \frac{\sin\alpha}{\sin\beta}; \quad \frac{a}{c} = \frac{\sin\alpha}{\sin\gamma}; \quad \frac{b}{c} = \frac{\sin\beta}{\sin\gamma}$$

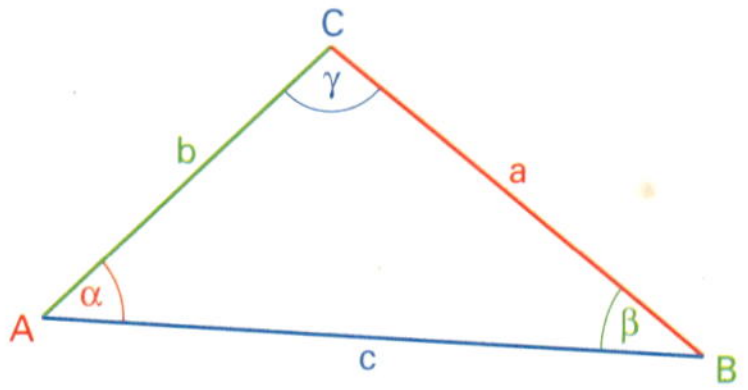

Beispiel: Im Dreieck ABC sind $a = 8\,\text{cm}$, $c = 6\,\text{cm}$ und $\alpha = 45°$ gegeben.

Winkel γ: $\frac{\sin\gamma}{\sin\alpha} = \frac{c}{a} \Rightarrow \sin\gamma = \frac{c}{a} \cdot \sin\alpha = \frac{6}{8} \cdot \sin 45° = 0{,}530$

$\Rightarrow \gamma_1 = 32°; \gamma_2 = 148°;$

Winkel β: $\beta = 180° - (\alpha + \gamma) \Rightarrow \beta_1 = 103°; \beta_2 = -13°$

β_2 und γ_2 liefern also keine Lösung.

Seite b: $\frac{b}{a} = \frac{\sin\beta}{\sin\alpha} \Rightarrow b = a \cdot \frac{\sin\beta_1}{\sin\alpha} = 8\,\text{cm} \cdot \frac{\sin 103°}{\sin 45°} = 11{,}0\,\text{cm}$

Kosinussatz

Das Quadrat einer Seite ist gleich der Summe der Quadrate der beiden anderen Seiten, vermindert um das doppelte Produkt dieser Seiten und des Kosinus ihres Zwischenwinkels:

$$a^2 = b^2 + c^2 - 2bc \cdot \cos\alpha;$$
$$b^2 = a^2 + c^2 - 2ac \cdot \cos\beta;$$
$$c^2 = a^2 + b^2 - 2ab \cdot \cos\gamma$$

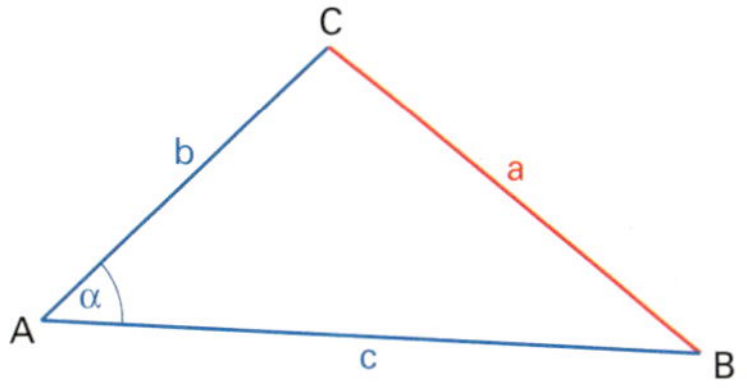

Beispiel: Im Dreieck ABC sind a = 6 cm, b = 7 cm und c = 8 cm gegeben.

Winkel α: $a^2 = b^2 + c^2 - 2bc \cdot \cos\alpha \quad \Rightarrow \quad 2bc \cdot \cos\alpha = b^2 + c^2 - a^2$

$$\cos\alpha = \frac{b^2 + c^2 - a^2}{2bc} = \frac{49 + 64 - 36}{112} = \frac{77}{112} = \frac{11}{16} \quad \Rightarrow \quad \alpha = 46{,}6°$$

Sinus- und Kosinusfunktion

- Sinusfunktion $f(x) = \sin x$
  Definitionsmenge $D = \mathbb{R}$,
  Wertemenge $W = [-1;\ 1]$
  Periode 2π: $\sin(x + 2\pi) = \sin x$
  punktsymmetrisch zum Ursprung:
  $\sin(-x) = -\sin x$

- Kosinusfunktion $f(x) = \cos x$
  Definitionsmenge $D = \mathbb{R}$
  Wertemenge $W = [-1;\ 1]$
  Periode 2π: $\cos(x + 2\pi) = \cos x$
  achsensymmetrisch zur y-Achse:
  $\cos(-x) = \cos x$

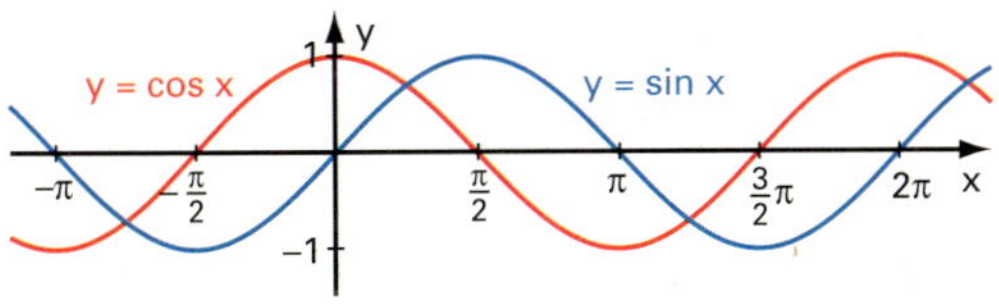

Die allgemeine Sinuskurve

Die Sinuskurve $y = a \cdot \sin b(x - c)$

- ist gegenüber der normalen Sinuskurve $y = \sin x$ um c in x-Richtung verschoben. Sie „startet" bei der Nullstelle $x = c$ auf der x-Achse.
- b verändert die Periode: Ihre Länge ist $\frac{2\pi}{b}$.
- $|a|$ ist die Amplitude. Die y-Werte liegen also zwischen $-a$ und a. Bei negativem a wird noch an der x-Achse gespiegelt.

Beispiel: $y = 1{,}5 \cdot \sin 2(x + \frac{\pi}{2})$

Die Sinuskurve startet bei $-\frac{\pi}{2}$, die Periode ist π, die Amplitude 1,5.

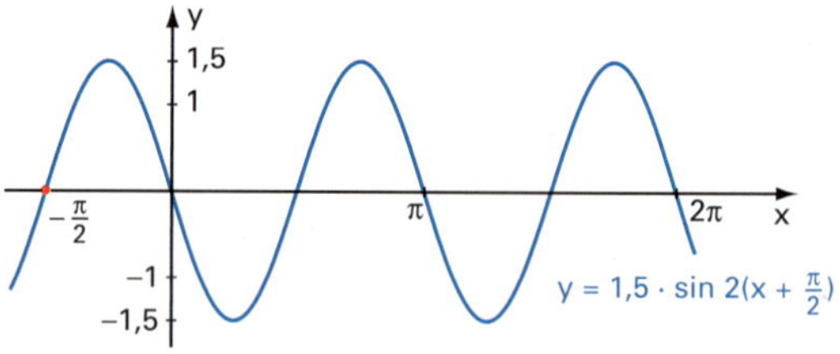

Im Funktionsterm $y = a \cdot \sin b(x - c) + d$ bewirkt der Summand d eine Verschiebung in y-Richtung.

Bedingte Wahrscheinlichkeit

$P_A(E)$ ist die Wahrscheinlichkeit von E unter der Bedingung, dass A *eingetreten* ist. Die *möglichen Ergebnisse* sind nur noch die Ergebnisse von A. Die *günstigen Ergebnisse* sind die Ergebnisse von A, bei denen zusätzlich E eintritt.

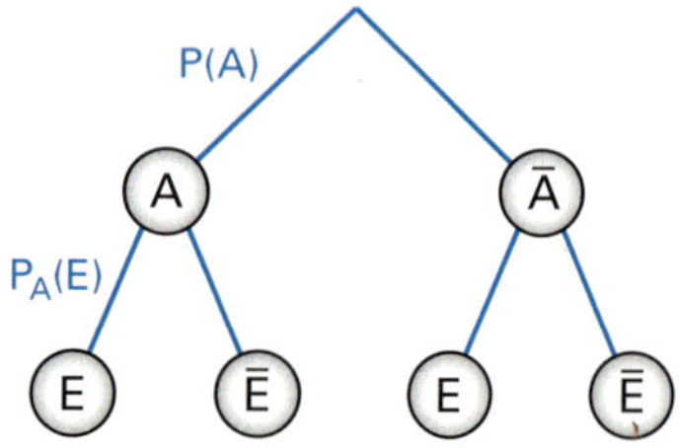

Ist das Ereignis A eingetreten, dann ist **bedingte Wahrscheinlichkeit** für das Eintreten eines Ereignisses E gleich der *speziellen Wahrscheinlichkeit* von A und E durch die *totale Wahrscheinlichkeit* von A:

$$P_A(E) = \frac{P(A \text{ und } E)}{P(A)}$$

Bedingte Wahrscheinlichkeit

Beispiel: *Falscher Alarm*

In einem Juweliergeschäft wird in 2% aller Nächte ein Einbruchsversuch (E) unternommen. In 90% dieser Fälle spricht die Alarmanlage an (A). Wenn in einer Nacht kein Einbruch vorliegt, wird mit einer Wahrscheinlichkeit von 5% trotzdem ein Alarm ausgelöst, z. B. durch eine Maus.

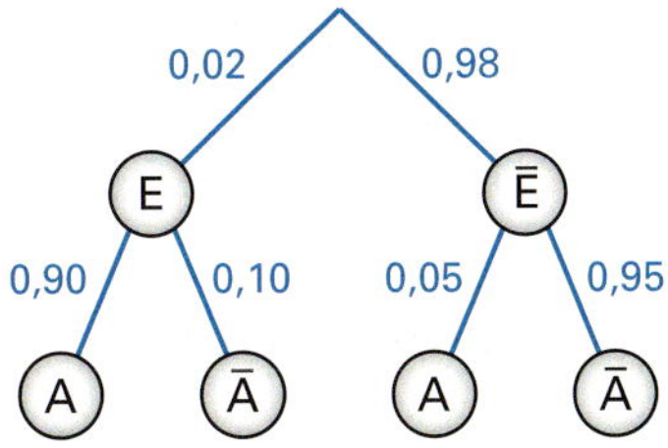

$P_E(A)$ ist die bedingte Wahrscheinlichkeit, dass die Alarmanlage anspricht, wenn eingebrochen wird. Diese ist gegeben: $P_E(A) = 90\%$

$P_A(E)$ ist die bedingte Wahrscheinlichkeit, dass eingebrochen wird, wenn die Anlage Alarm gibt. Diese müssen wir mit der Formel „spezielle Wahrscheinlichkeit durch totale Wahrscheinlichkeit" berechnen:

$$P_A(E) = \frac{P(\text{Alarm und Einbruch})}{P(\text{Alarm})} = \frac{0{,}02 \cdot 0{,}90}{0{,}02 \cdot 0{,}90 + 0{,}98 \cdot 0{,}05} = \frac{0{,}18}{0{,}67} = 26{,}9\%$$

Lineares Wachstum

Der Zuwachs d pro Einheit ist konstant.
Zum Anfangsbestand b ist nach x Einheiten x-mal d hinzugekommen:

$$y = b + \underbrace{d + d + d + \ldots + d}_{\text{x-mal}} = b + d \cdot x$$

Diese Gleichung beschreibt eine Gerade mit dem y-Abschnitt b und der Steigung d.

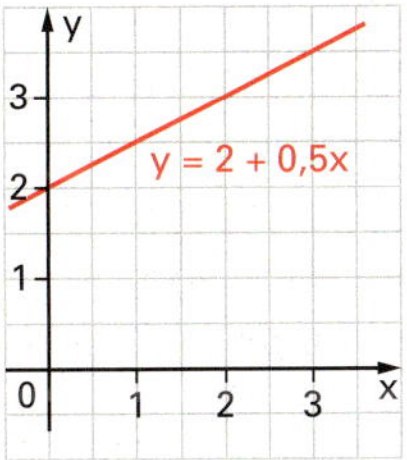

Beispiel: b = 2, Zuwachs pro Einheit: d = 0,5
$\Rightarrow \quad y = 2 + 0{,}5x$

Exponentielles Wachstum

Der Zuwachs pro Einheit ist zum jeweiligen Bestand proportional.
Während jeder Einheit ändert sich der Bestand um den gleichen **Wachstumsfaktor** a.
Der Anfangsbestand b hat sich nach x Einheiten x-mal ver-a-facht:

$$y = b \cdot \underbrace{a \cdot a \cdot a \cdot \ldots \cdot a}_{\text{x-mal}} = b \cdot a^x$$

Beispiel: b = 2, Zuwachs pro Einheit: 50 % $\Rightarrow$ a = 1,5
$\Rightarrow$ $y = 2 \cdot 1{,}5^x$

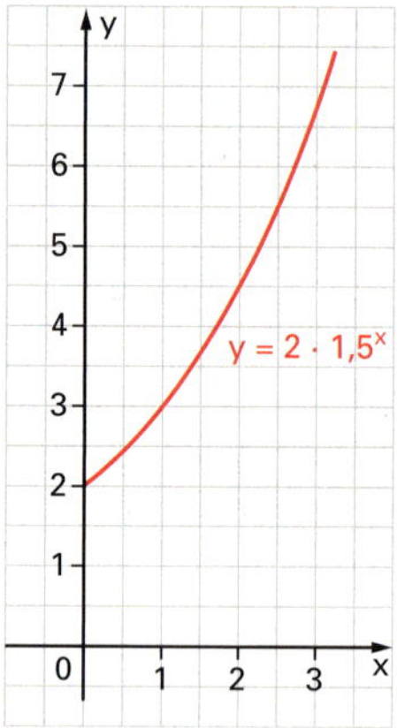

Exponentialfunktion $f(x) = a^x$ $(a > 0, a \neq 1)$

- **Definitionsmenge** ist $D = \mathbb{R}$.
- Alle Funktionswerte y sind positiv.
- Schnittpunkt mit der y-Achse ist P(0|1).
- Der Graph nähert sich der x-Achse beliebig genau, erreicht sie aber nie. Die x-Achse ist **Asymptote**.
- Spiegelt man den Graphen an der y-Achse, erhält man den Graphen der Funktion $g(x) = \left(\frac{1}{a}\right)^x = a^{-x}$.
- Mit wachsendem x nehmen die Funktionswerte für
  a < 1 ab (**exponentielle Abnahme**),
  d. h., der Graph fällt,
  a > 1 zu (**exponentielle Zunahme**),
  d. h., der Graph steigt.

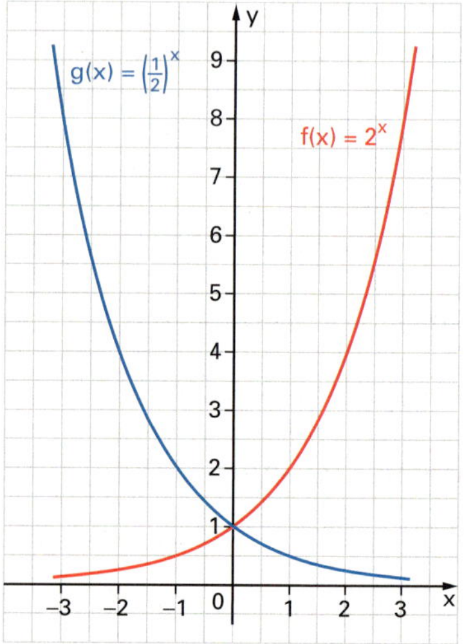

Die allgemeine Exponentialfunktion

Den Graphen G_f der Exponentialfunktion $f(x) = b \cdot a^{x-c} + d$ (mit $a > 0$, $a \neq 1$) erhält man aus dem Graphen G_g der Exponentialfunktion $g(x) = a^x$, indem man

- diesen um c in Richtung der x-Achse verschiebt,
- die y-Werte mit $|b|$ streckt bzw. staucht und für negatives b zusätzlich an der x-Achse spiegelt,
- um d in Richtung der y-Achse verschiebt. Dadurch wird die Gerade $y = d$ zur Asymptote.

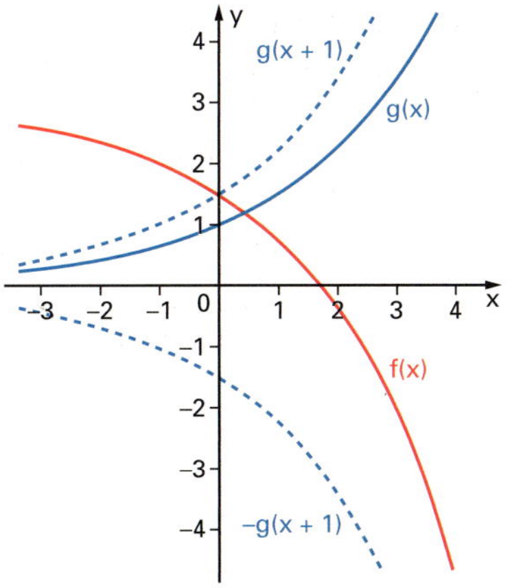

Beispiel: $f(x) = -1{,}5^{x+1} + 3$

erhält man aus $g(x) = 1{,}5^x$ durch Verschieben um 1 nach links, Spiegeln an der x-Achse und anschließendes Verschieben um 3 nach oben.

Der Logarithmus

Der **Logarithmus** von u zur Basis a ist diejenige Zahl r, mit der man a potenzieren muss, um u zu erhalten:

$$a^r = u \quad \Leftrightarrow \quad \log_a u = r$$
$$2^3 = 8 \quad \Leftrightarrow \quad \log_2 8 = 3$$

„Logarithmus“ ist ein Name für „Exponent zu einer bestimmten Basis“.

$$3^x = 81 \quad \Leftrightarrow \quad x = \log_3 81 = 4$$

Für den Zehnerlogarithmus $\log_{10} u$ schreibt man kurz $\lg u$ oder $\log u$: $\lg 1000 = 3$

Für jede positive Basis a ist $a^0 = 1$. Also gilt: $\log_a 1 = 0$

Rechenregeln

- $\log_2 (4 \cdot 8) = \log_2 4 + \log_2 8 = 5$ (*Produktregel*)
- $\log_2 \frac{1}{8} = \log_2 1 - \log_2 8 = -3$ (*Quotientenregel*)
- $\log_2 (\frac{1}{8})^5 = 5 \cdot \log_2 \frac{1}{8} = -15$ (*Potenzregel*)

Exponentialgleichungen

In einer Exponentialgleichung tritt die Unbekannte nur im Exponenten auf. Einfache Exponentialgleichungen können wir durch Logarithmieren nach dem gesuchten Exponenten auflösen. Dabei wenden wir die Potenzregel an.

Beispiele:

a)
$$\begin{aligned} 2^x &= 3 && |\lg\ldots \\ \lg 2^x &= \lg 3 && \\ x \cdot \lg 2 &= \lg 3 && |:\lg 2 \\ x &= \frac{\lg 3}{\lg 2} \approx 1{,}585 && \end{aligned}$$

b)
$$\begin{aligned} 21 \cdot 3^{\frac{x}{2}} &= 7 && |:21 \\ 3^{\frac{x}{2}} &= \tfrac{1}{3} && |\log_3\ldots \\ \tfrac{x}{2} &= -1 && |\cdot 2 \\ x &= -2 && \end{aligned}$$

c)
$$\begin{aligned} 2^{x+1} \cdot 3^x &= 72 && |\lg\ldots \\ (x+1) \cdot \lg 2 + x \cdot \lg 3 &= \lg 72 && |-\lg 2 \\ x \cdot (\lg 2 + \lg 3) &= \lg 72 - \lg 2 && \\ x &= \frac{\lg 72 - \lg 2}{\lg 2 + \lg 3} = \frac{\lg (72:2)}{\lg (2 \cdot 3)} = \frac{\lg 36}{\lg 6} = \frac{2 \cdot \lg 6}{\lg 6} = 2 && \end{aligned}$$

Verhalten im Unendlichen

Konvergenz

Nähern sich die Funktionswerte $f(x)$ für $x \to +\infty$ bzw $x \to -\infty$ der Zahl a beliebig genau, heißt a **Grenzwert** (Limes) der Funktion f.

Beispiel:

$f(x) = 2 - (\frac{1}{10})^x$ unterscheidet sich von 2 um weniger als $\frac{1}{10}$ für $x > 1$,
um weniger als $\frac{1}{100}$ für $x > 2$,
um weniger als $\frac{1}{1000}$ für $x > 3$.

Also: $\lim\limits_{x \to +\infty} (2 - \underbrace{(\tfrac{1}{10})^x}_{\to 0}) = 2$

Der Graph der Funktion f nähert sich von unten der **Asymptote** $y = 2$.

Verhalten im Unendlichen

Divergenz

Wachsen die Funktionswerte $f(x)$ für $x \to +\infty$ bzw. $x \to -\infty$ unbegrenzt nach $+\infty$ oder sinken sie unbegrenzt nach $-\infty$, so divergiert die Funktion bestimmt.

Beispiel:

Für $x \to -\infty$ erhalten wir zu $f(x) = 2 - (\frac{1}{10})^x$ die Funktionswerte
$f(-1) = -8$; $f(-2) = -98$; $f(-3) = -998$; $f(-4) = -9998$; ...

Also: $\lim\limits_{x \to -\infty} (2 \underbrace{- (\tfrac{1}{10})^x}_{\to -\infty}) = -\infty$

Neben dieser **bestimmten Divergenz** gibt es noch die **unbestimmte Divergenz**.

Beispiel:

$f(x) = \cos x$ schwankt für $x \to +\infty$ bzw. $x \to -\infty$ ständig zwischen -1 und $+1$ hin und her. $\lim\limits_{x \to +\infty} f(x)$ bzw. $\lim\limits_{x \to -\infty} f(x)$ gibt es nicht.

Strategien zum Untersuchen des Verhaltens im Unendlichen

Bei **ganzrationalen Funktionen** die **höchste Potenz ausklammern**:

Beispiele:

a) $\lim\limits_{x \to +\infty} (\underbrace{x^3}_{\to +\infty} \underbrace{- x^2}_{\to -\infty}) = \lim\limits_{x \to +\infty} \underbrace{x^3}_{\to +\infty} \cdot \underbrace{(1 - \tfrac{1}{x})}_{\to +1} = +\infty$

b) $\lim\limits_{x \to +\infty} (\underbrace{x^3}_{\to +\infty} \underbrace{- 3x^4}_{\to -\infty}) = \lim\limits_{x \to +\infty} \underbrace{x^4}_{\to +\infty} \cdot \underbrace{(\tfrac{1}{x} - 3)}_{\to -3} = -\infty$

Die höchste Potenz mit ihrer Vorzahl entscheidet das Verhalten für $x \to \pm\infty$.

Bei **Bruchfunktionen** jedes Glied des Zählers und Nenners **durch die höchste Nennerpotenz dividieren**:

Beispiel: $\lim\limits_{x \to +\infty} \frac{\overbrace{x^2 - x}^{\to +\infty}}{\underbrace{1 + 2x^2}_{\to +\infty}} = \lim\limits_{x \to +\infty} \frac{\frac{x^2}{x^2} - \frac{x}{x^2}}{\frac{1}{x^2} + \frac{2x^2}{x^2}} = \lim\limits_{x \to +\infty} \frac{\overbrace{1 - \frac{1}{x}}^{\to +1}}{\underbrace{\frac{1}{x^2} + 2}_{\to +2}} = \frac{1}{2}$

Nullstellen ganzrationaler Funktionen

Ein Term der Form $a_n x^n + a_{n-1} x^{n+1} + \ldots + a_1 x + a_0$ mit $a_n \neq 0$ heißt **Polynom** n-ten Grades. Eine Funktion, deren Funktionsterm als Polynom geschrieben werden kann, nennt man **ganzrationale Funktion** n-ten Grades.

Die ganzzahligen Nullstellen eines Polynoms mit ganzzahligen Koeffizienten sind Teiler des konstanten Glieds a_0 des Polynoms.

Tritt in der vollständig faktorisierten Form eine Nullstelle x_k

- ungeradzahlig oft auf, wechselt $f(x)$ bei x_k das Vorzeichen,
- geradzahlig oft auf, wechselt $f(x)$ bei x_k das Vorzeichen nicht.

Je häufiger die Nullstelle auftritt, desto mehr schmiegt sich G_f bei x_k an die x-Achse an.

Nullstellen ganzrationaler Funktionen

Beispiel: $f(x) = x^3 - 6x^2 + 7x + 2$; Teiler von 2 sind ± 1 und ± 2.

Da $f(2) = 0 \Rightarrow x_1 = 2$

Polynomdivision durch $(x-2)$:

$$(x^3 - 6x^2 + 7x + 2) : (x - 2) = x^2 - 4x - 1$$
$$-(x^3 - 2x^2)$$
$$-4x^2 + 7x$$
$$-(-4x^2 + 8x)$$
$$-x + 2$$
$$-(-x + 2)$$
$$0$$

$$x^2 - 4x - 1 = 0$$
$$x_{2;3} = \frac{4 \pm \sqrt{16+4}}{2} = \frac{4 \pm 2\sqrt{5}}{2} = 2 \pm \sqrt{5}$$

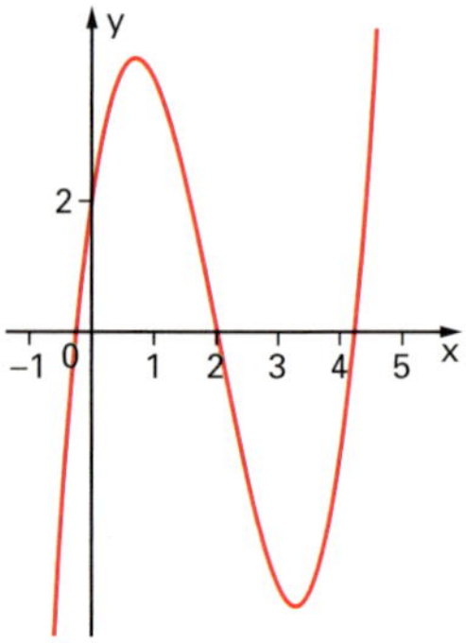

$\Rightarrow$ vollständig faktorisierte Form
$f(x) = (x-2)(x-2-\sqrt{5})(x-2+\sqrt{5})$

Spiegeln von Funktionsgraphen

Kehren wir zu jedem x das Vorzeichen des Funktionswerts f(x) um, ändern wir also **f(x)** in **−f(x)** ab, wird der Graph an der **x-Achse gespiegelt**.

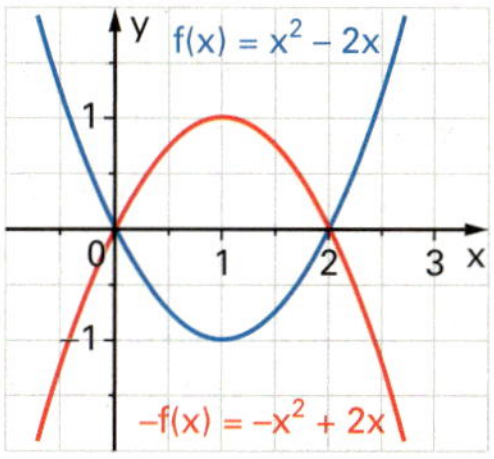

Ersetzen wir in f(x) jedes x durch die Gegenzahl −x, also **f(x)** durch **f(−x)**, wird der Graph an der **y-Achse gespiegelt**.

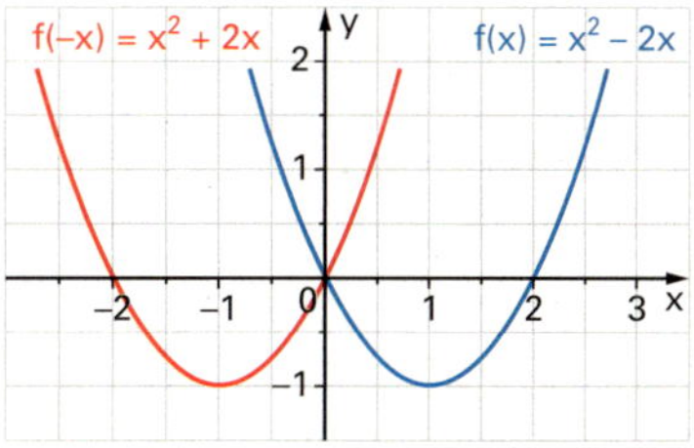

Eine Spiegelung an der x-Achse und eine anschließende Spiegelung an der y-Achse lässt sich durch eine Punktspiegelung am Ursprung ersetzen. Also geht der Graph der Funktion **−f(−x)** durch **Spiegelung am Ursprung** aus dem Graphen der Funktion f(x) hervor.

Symmetrie von Funktionsgraphen

$f(-x) = f(x)$ ⇔ Der Graph von f ist **symmetrisch zur y-Achse**.

$f(-x) = -f(x)$ ⇔ Der Graph von f ist **symmetrisch zum Ursprung**.

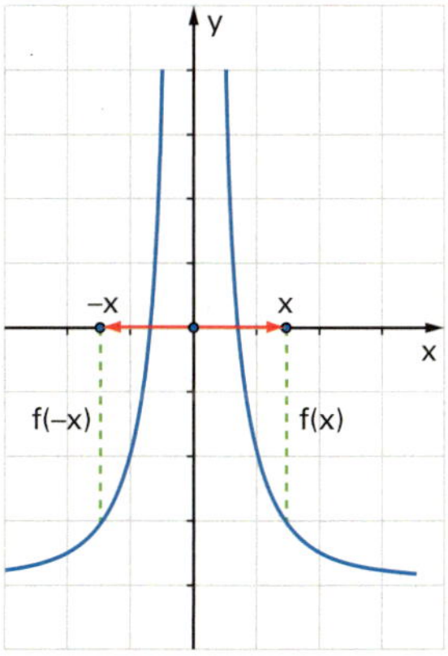

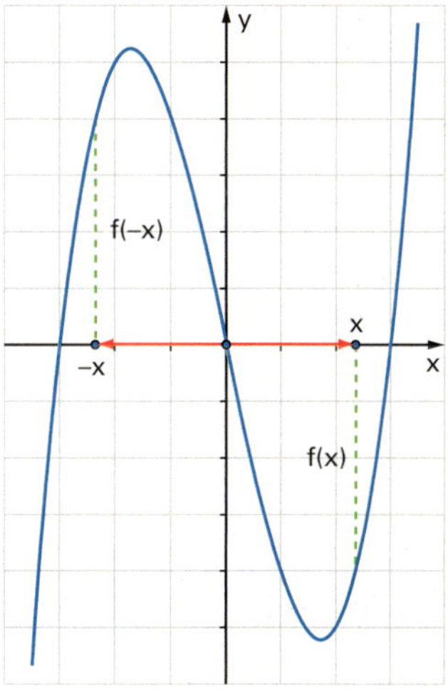

Grundfunktionen

Lineare Funktion $f(x) = x$

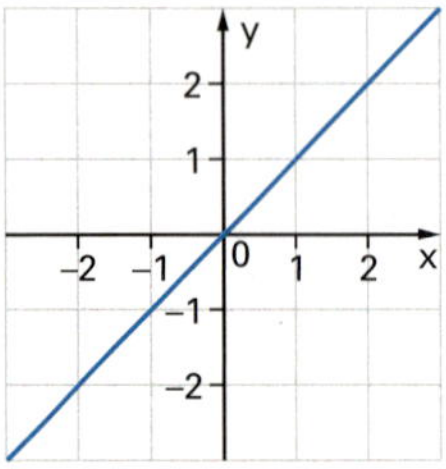

Bruchfunktion $f(x) = \frac{1}{x}$

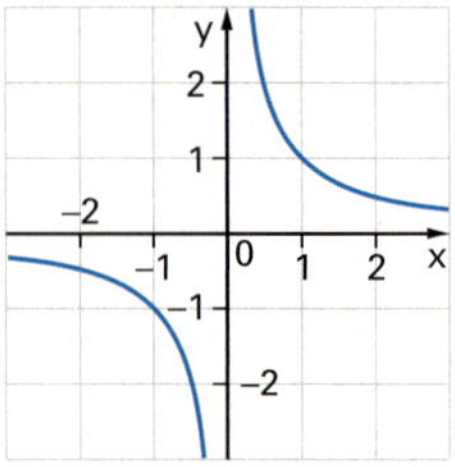

Potenzfunktion $f(x) = x^3$

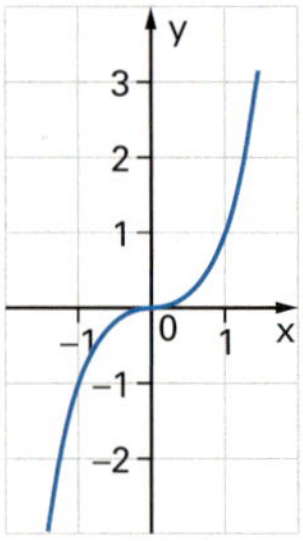

Quadratische Funktion $f(x) = x^2$

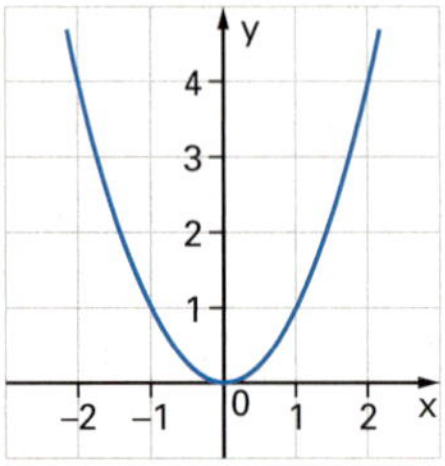

Exponentialfunktion $f(x) = 2^x$

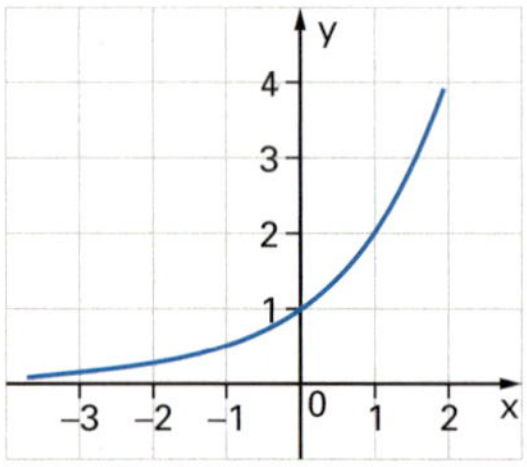

Sinusfunktion $f(x) = \sin x$

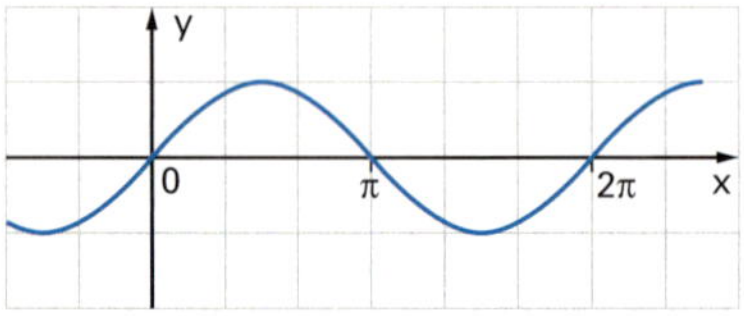

Manipulierte Grundfunktionen

$f(x) = -\frac{1}{2}x + 2$

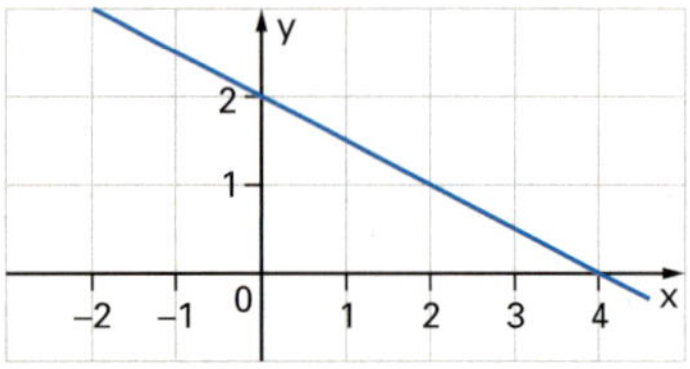

$f(x) = -\frac{1}{(x-2)^2}$

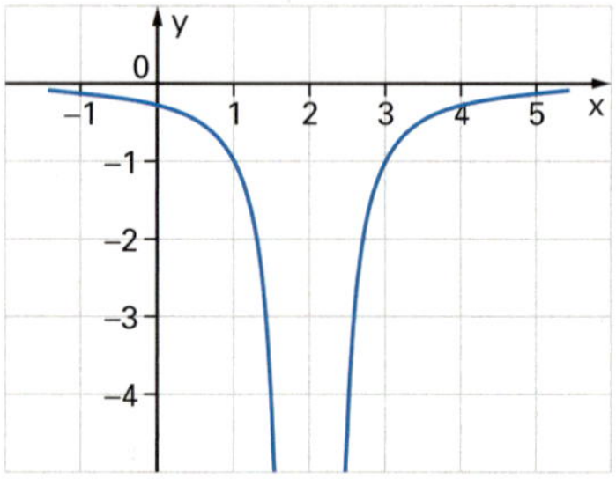

$f(x) = 0{,}2 \cdot x^3 - 2$

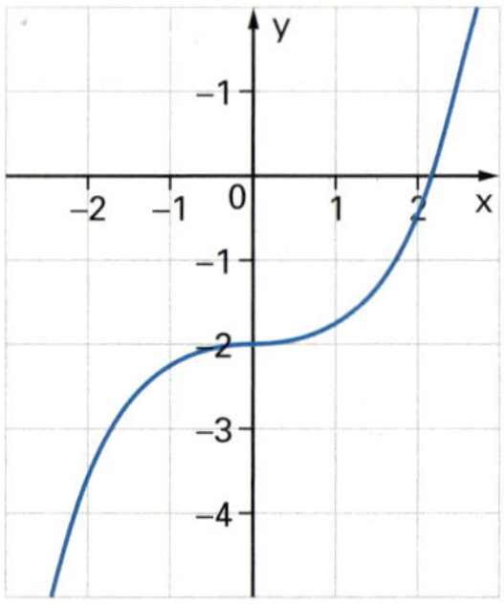

$f(x) = -\frac{1}{2}(x+1)^2 + 2$

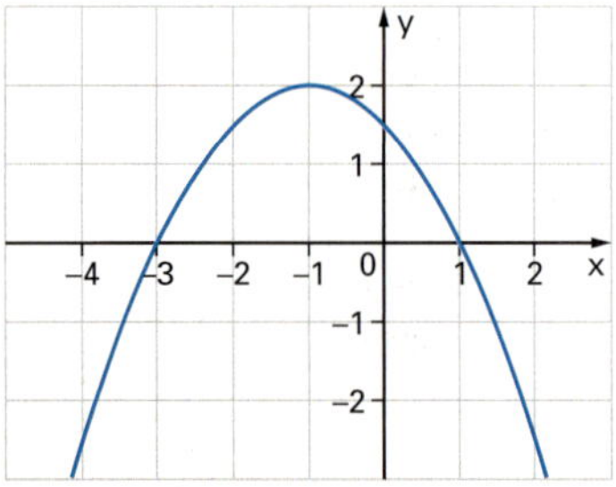

$f(x) = 1{,}5 \cdot 2^{-x} = 1{,}5 \cdot (\frac{1}{2})^x$

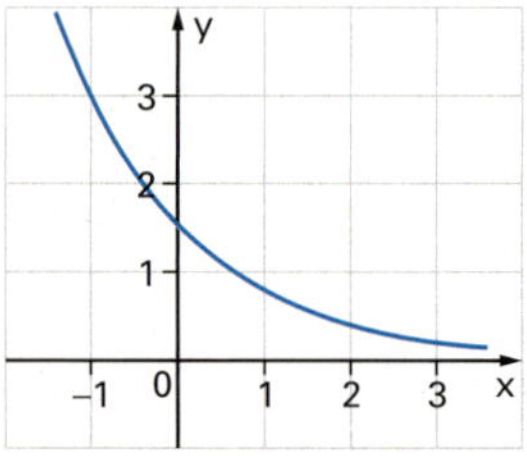

$f(x) = 1{,}5 \cdot \sin 2x - 1$

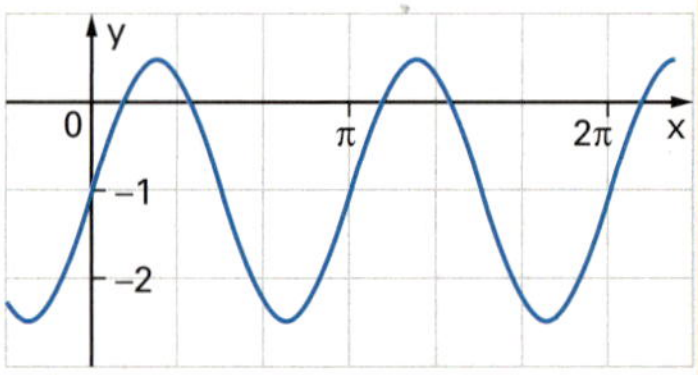

Stichwortverzeichnis

Lektorat: Michael Link
Herstellung und Layout: Heiko Jegodtka
Bildredaktion: Stefanie Portenhauser
Umschlagentwurf: Lutz Siebert-Wendt
Mathematische Zeichnungen: Detlef Seidensticker, München
Reproarbeiten: Repro Ludwig, Zell am See
Technische Umsetzung: Tutte Druckerei GmbH, Salzweg, Passau

www.oldenbourg-bsv.de

1. Auflage, 2. Druck 2012

Alle Drucke dieser Auflage sind inhaltlich unverändert
und können im Unterricht nebeneinander verwendet werden.

Druck: Stürtz GmbH, Würzburg

ISBN 978-3-7627-0004-3

Inhalt gedruckt auf säurefreiem Papier aus nachhaltiger Forstwirtschaft